# 实用推荐系统

[丹麦] Kim Falk 著
李源 朱罡罡 温睿 译

Practical Recommender Systems

电子工业出版社
Publishing House of Electronics Industry
北京·BEIJING

## 内 容 简 介

要构建一个实用的"智能"推荐系统,不仅需要有好的算法,还需要了解接收推荐的用户。本书分为两部分,第一部分侧重于基础架构,主要介绍推荐系统的工作原理,展示如何创建推荐系统,以及给应用程序增加推荐系统时,应该如何收集和应用数据;第二部分侧重于算法,介绍推荐系统的算法,以及如何使用系统收集的数据来计算向用户推荐什么内容。作者还讲述了如何使用最流行的推荐算法,并剖析它们在 Amazon 和 Netflix 等网站上的实际应用。

本书适合对推荐系统感兴趣的开发人员阅读,从事数据科学行业的读者也能从书中获得启发。

Original English Language edition published by Manning Publications, USA. Copyright © 2019 by Manning Publications. Simplified Chinese-language edition copyright © 2021 by Publishing House of Electronics Industry. All rights reserved.

本书简体中文版专有出版权由 Manning Publications 授予电子工业出版社。未经许可,不得以任何方式复制或抄袭本书的任何部分。专有出版权受法律保护。

版权贸易合同登记号　图字:01-2019-1913

### 图书在版编目(CIP)数据

实用推荐系统/(丹)金·福尔克(Kim Falk)著;李源,朱罡罡,温睿译. —北京:电子工业出版社,2021.10
书名原文:Practical Recommender Systems
ISBN 978-7-121-42078-8

Ⅰ.①实… Ⅱ.①金… ②李… ③朱… ④温… Ⅲ.①计算机算法 Ⅳ.①TP301.6

中国版本图书馆CIP数据核字(2021)第195952号

责任编辑:许　艳
印　　刷:三河市君旺印务有限公司
装　　订:三河市君旺印务有限公司
出版发行:电子工业出版社
　　　　　北京市海淀区万寿路173信箱　邮编:100036
开　　本:787×980　1/16　印张:27.25　字数:487千字
版　　次:2021年10月第1版
印　　次:2021年10月第1次印刷
定　　价:119.00元

凡所购买电子工业出版社图书有缺损问题,请向购买书店调换。若书店售缺,请与本社发行部联系,联系及邮购电话:(010)88254888,88258888。
质量投诉请发邮件至 zlts@phei.com.cn,盗版侵权举报请发邮件至 dbqq@phei.com.cn。
本书咨询联系方式:(010)51260888-819,faq@phei.com.cn。

献给我生命中的至爱：
我的妻子 *Sara* 和儿子 *Peter*，
你是我的小小超级英雄

# 序

当我 2003 年大学毕业时，面临着这样一个威胁：在欧洲可能不需要计算机科学家，因为所有的开发工作都会在薪资很低的国家中进行。谢天谢地，由于各种原因这并未成为现实。我敢打赌，还有一个更大的问题是，不少公司都低估了开发人员不理解其开发的软件将会在何种文化背景下运行。软件需求虽然被实现了，但功能与客户所期望的并不相同。

如今，对机器学习和数据科学感兴趣的人也面临着类似的威胁。但现在的威胁不是低薪资，而是软件即服务（SaaS），你上传数据，然后系统为你工作（不再需要人处理）。

我和其他人一样担心机器不理解领域和人。机器还没有智能到可以把人完全忽略掉。世界虽然发展很快，但我敢说，任何在读本书的人都可以和推荐系统一起工作到他们退休。

我是如何"进坑"的呢？一开始我在意大利做软件工程师，后来搬到英国，我想找一份比在数据库上做 CRUD 操作更需要思考的工作。幸运的是，有一位来自 RedRock 咨询公司的优秀招聘人员与我取得联系。他们给我推荐了一家做推荐系统的公司，然后我就去了那里工作。就是这样，我开始沉迷于机器学习。除了从事推荐系统的开发工作，我还开始在网络上寻找相关知识，阅读了大量关于这个学科以及相关主题的图书。

# 序

今天，你随便打一根棍子就能砸中至少10个试图教你一些关于机器学习知识的人。每当我看到声称仅需一张纸或一个小时就可以教会你关于机器学习的所有知识的广告时，就觉得很有趣。我也可以如法炮制一份关于如何成为战斗机飞行员的高效教程：

> 起飞后用操纵杆进行飞行。如果需要射击，就按按钮。然后，要在汽油用完前着陆。

像这样的战斗机飞行员教程可能会很容易帮你入门——这也是我入门的方式。但不要自欺欺人：理解机器学习是很复杂的事情。再加上人的因素，总是会让事情变得更不稳定。

回到我的故事，我做推荐系统的开发工作，并对此感到非常开心。后来我换了工作。在新职位上，我本应继续研究推荐系统，但那个项目被推迟了。当时我很紧张，担心不能再做与推荐系统相关的工作，但就在那时，Manning出版社给了我一个机会，邀请我写一本关于推荐系统的书。除了接下这个任务，我还能做什么？我刚签完写作本书的合同，那个之前被推迟的推荐系统的项目就又开始了。写这本书是一次很好的学习经历，我希望你能从中受益并喜欢它。

写作本书的目的是向你介绍推荐系统——不仅包括算法，还包括推荐系统的生态系统。算法并不太复杂，但如果要理解并运行它们，你需要了解接收推荐的用户。在写作过程中，这本书中的内容不断变化，因为我一直在努力加入更多的内容。我希望阅读这本书可以为你学习推荐系统提供所有必需的知识，并随着学习的深入，为你打下一个坚实的基础。

# 致谢

在这里我想提及并感谢两群人:一群是积极参与这本书创作的人,而另一群则是在我写作这本书的三年中,一直支持我并忍受我烦躁心情的人。

出现在本书封面上的是我一个人的名字,但如果没有 Manning 出版社的朋友们的出色工作,这本书是不可能面世的。我要特别感谢我的策划编辑 Helen Stergius,她给予了我不懈的帮助和指导。她和其他人把我那阅读起来有点困难的文字翻译成可以通俗易懂地教人们实现推荐系统的文字。

我还要感谢我的技术校对员 Furkan Kamaci 和 Valentin Crettaz,以及所有花时间阅读早期版本并修正其中问题的审稿人。他们包括 Adhir Ramjiavan、Alexander Myltsev、Alvin Raj、Amit Lamba、Andrew Collier、Fazel Keshtkar、Jared Duncan、Jaromir Nemec、Martin Beer、Mayur Patil、Mike Dalrymple、Noreen Dertinger、Olivier Ducatteeuw、Peter Hampton、Simeon Leyzerzon、Søren Lind Kristiansen、Steven Parr、Tobias Bürger、Tobias Getrost 以及 Vipul Gupta。

书中用到了许多库、系统和软件包,非常感谢帮助过我的社区。同样我也非常感谢开源社区提供的工具,让我不需要从头开始实现它们。

我特别要感谢我的妻子、儿子、岳母、家人以及我身边的朋友,感谢他们的支持和爱,最重要的是感谢他们的耐心。对于他们来说,在搬进一所新房子并看到我们在意大利的家被地震震得支离破碎的时候，我总是偷偷摸摸地去写东西，这并不是一件容易被接受的事。更不用说，我在这个过程中开始的不是一份新工作，而是两份。谢谢你们，我保证至少几年内不会再接新的项目。爱你们所有人！

# 关于本书

看到亚马逊向用户推荐它的商品，或 Netflix 为用户做精准推荐时，你羡慕吗？接下来你有机会学习如何将这些技能添加到你的项目中。阅读本书将会使你了解什么是推荐系统，以及如何在实践中应用它们。要让推荐系统发挥作用，许多事情需要协调一致。你需要了解如何从用户那里收集数据以及如何解释这些数据，你还需要一个包含不同推荐算法的工具箱，这样才可以为特定场景选择最好的算法。最重要的是，你需要了解如何评估推荐系统。所有这些以及其他更多的内容都藏在这本书中。

## 本书读者对象

本书主要是写给那些对实现推荐系统感兴趣的开发人员的，采取一种实用的方法，同时尝试用通俗易懂的语言来解释一切。书中会涉及数学和统计学知识，但都会提供示例图和代码。如果将本书作为推荐算法以及启动并运行这些算法所需基础设施的介绍，那么数据科学的新手也可以从中受益。而管理者会发现这本书有助于了解推荐系统是什么以及如何在实践中使用它。

为了能从书中充分获取价值，你应该能够阅读 Python 或 Java 代码，还应该理解 SQL，并且对高等数学和统计学有基本的了解。

## 本书是如何组织的

本书分为两部分，一部分侧重于推荐系统的基础架构，另一部分侧重于算法。

在第 1 部分中，你将学习向应用程序中增加推荐系统时，应该如何收集以及应用数据：

- 第 1 章介绍了推荐系统的概况，并简要介绍了相关的关键要素。这一章对推荐系统是什么以及如何工作提供了基本认知。
- 第 2 章介绍了如何理解用户及其行为，并介绍了从用户那里收集数据的方法。
- 第 3 章介绍了 Web 分析，并展示了如何实现仪表盘，以便跟踪推荐系统。
- 第 4 章讨论了如何将行为数据转换为评分。
- 第 5 章主要讨论了非个性化推荐。
- 第 6 章主要讨论了新用户和新商品的相关问题，并给出了简单的解决方案。

在第 2 部分中，我们介绍了推荐系统算法，以及如何使用系统收集的数据来计算向用户推荐什么内容：

- 第 7 章讨论了计算用户或诸如电影等内容之间相似度的公式。
- 第 8 章介绍了如何使用协同过滤做个性化推荐。
- 第 9 章介绍了离线评估推荐系统的指标，并介绍了在线评估推荐系统的方法。
- 第 10 章介绍了基于内容的过滤，它使用不同类型的算法，如 LDA 和 TF-IDF，来发现内容的相似性。
- 第 11 章将回到第 8 章中介绍的协同过滤，但会使用降维的方法开展讨论。
- 第 12 章介绍了一种混合不同推荐系统的方法。
- 第 13 章介绍了排序算法以及排序学习推荐的方法。
- 第 14 章主要包含对未来的展望、下一步要学习的主题、有助于进一步加深理解的图书，以及对算法和背景的思考。

本书的设计思路是从头到尾顺序阅读，因为很多内容都涉及前面章节中介绍的知识，但也可以只阅读选定的章节。

## 下载

运行名为 MovieGEEKs 的样例网站所需的代码可以从 Manning 出版社的网站[1]进行下载（下载地址参见链接 1），也可以在 github.com 上找到（网址参见链接 2）。该网站使用 Django 平台实现。我们将用到两个数据集：一个是自动生成的，另一个是从 MovieTweetings 上下载的。所有安装说明都可以在 GitHub 站点上找到。

## 代码约定

本书中包含大量源代码的例子，包括在有编号的清单以及普通文本中。在这两种情况下，源代码都使用等宽字体，以将其与普通文本进行区分。有时代码也会用粗体来突出显示，表示对本章前面的代码所做的变更，例如，将一个新功能添加到现有的代码行中。

在大部分情况下，原始的源代码都重新排过版；我们添加了换行符并重新安排了缩进，以便与纸质书的页面宽度匹配。在极少数情况下，即便这样做代码在一行中仍然放不下，于是便在行末使用了续行符标记（➥）。此外，在文本中描述代码时，通常会删除源代码中的注释。而书中许多代码清单中都伴有注释，以突出重要概念。

## 读者服务

微信扫码回复：42078

- 获取本书参考链接
- 加入"人工智能"读者交流群，与更多读者互动
- 获取【百场业界大咖直播合集】（持续更新），仅需 1 元

---

[1] 请访问http://www.broadview.com.cn/42078下载本书提供的附加参考资料，如正文中提及参见"链接1""链接2"等时，可在下载的"参考资料.pdf"文件中查阅。

# 关于作者

Kim Falk 是一位数据科学家,他在构建数据驱动的应用程序方面有着丰富的经验。他对推荐系统和机器学习很感兴趣。他所训练的推荐系统,为用户推荐合适的电影,为人们推送广告,甚至帮助律师找到判例法的内容。自 2010 年以来,他一直从事大数据解决方案和机器学习方面的工作。Kim 经常参与有关推荐系统的演讲和写作。

当 Kim 不工作的时候,他就是一个居家男人,是一位父亲,会带着他的德国短毛指示犬进行越野跑。

# 关于封面插图

本书封面图片的图题为"Amazone d'Afrique",图中所示的是一个来自非洲的亚马孙人。这幅插图摘自 Jacques Grasset de Saint-Sauveur(1757—1810)1797 年在法国出版的名为 *Costumes de Différents Pays* 的不同国家的服装图集,其中的每幅插图都是手工精心绘制并着色的。

Grasset de Saint-Sauveur 丰富多样的藏品生动地提醒我们,200 年前世界上的城镇和地区在文化上是多么不同。由于彼此隔绝,人们讲着不同的方言和语言。在街道上或乡村里,能够很容易地通过人的衣着来识别他们住在哪里,从事什么行业,或者在社会中的地位。后来,我们的着装方式开始发生变化,各个地区的多样性也逐渐消失。现在通过着装已经很难区分不同大陆的居民了,更不用说区分不同城镇、地区或国家的人了。也许我们用文化多样性换来了更加多样化的个人生活——当然,换来的也是更加多样化和快速发展的科技生活。

在如今这个很难区分各类计算机图书的时代,Manning 出版社以两个世纪前丰富多样的地区生活为基础,通过用 Grasset de Saint-Sauveur 在 200 多年前画的反映丰富多样的地区生活的作品作为图书封面,来展示计算机行业的创造性和积极性。

# 目录

## 第1部分  推荐系统的准备工作

### 第1章  什么是推荐 .................................................................................................3

- 1.1 现实生活中的推荐 .........................................................................................3
  - 1.1.1 推荐系统在互联网上大显身手 ............................................................5
  - 1.1.2 长尾 ....................................................................................................5
  - 1.1.3 Netflix 的推荐系统 ...............................................................................6
  - 1.1.4 推荐系统的定义 ................................................................................13
- 1.2 推荐系统的分类 ...........................................................................................15
  - 1.2.1 域 ......................................................................................................16
  - 1.2.2 目的 ..................................................................................................16
  - 1.2.3 上下文 ...............................................................................................17
  - 1.2.4 个性化级别 ........................................................................................17
  - 1.2.5 专家意见 ...........................................................................................19
  - 1.2.6 隐私与可信度 ....................................................................................19
  - 1.2.7 接口 ..................................................................................................20

    1.2.8 算法 ............................................................................23
  1.3 机器学习与Netflix Prize ..............................................................24
  1.4 MovieGEEKs网站 ........................................................................25
    1.4.1 设计与规范 ................................................................27
    1.4.2 架构 ............................................................................27
  1.5 构建一个推荐系统 ........................................................................29
  小结 ..........................................................................................................31

## 第2章 用户行为以及如何收集用户行为数据 32

  2.1 在浏览网站时Netflix如何收集证据 ..........................................33
    2.1.1 Netflix 收集的证据 ....................................................35
  2.2 寻找有用的用户行为 ....................................................................37
    2.2.1 捕获访客印象 ............................................................38
    2.2.2 可以从浏览者身上学到什么 ....................................38
    2.2.3 购买行为 ....................................................................43
    2.2.4 消费商品 ....................................................................44
    2.2.5 访客评分 ....................................................................45
    2.2.6 以（旧的）Netflix 方式了解你的用户 ..................48
  2.3 识别用户 ........................................................................................49
  2.4 从其他途径获取访客数据 ............................................................50
  2.5 收集器 ............................................................................................50
    2.5.1 构建项目文件 ............................................................52
    2.5.2 数据模型 ....................................................................52
    2.5.3 告密者（snitch）：客户端证据收集器 ................53
    2.5.4 将收集器集成到MovieGEEKs 中 ..........................54
  2.6 系统中的用户是谁以及如何对其进行建模 ................................57
  小结 ..........................................................................................................60

## 第3章 监控系统 61

  3.1 为什么添加仪表盘是个好主意 ....................................................62

|||||
|---|---|---|---|
| | 3.1.1 | 回答"我们做得怎么样？" | 62 |
| 3.2 | 执行分析 | | 64 |
| | 3.2.1 | 网站分析 | 64 |
| | 3.2.2 | 基本统计数据 | 64 |
| | 3.2.3 | 转化 | 65 |
| | 3.2.4 | 分析转化路径 | 69 |
| | 3.2.5 | 转化路径 | 70 |
| 3.3 | 角色 | | 73 |
| 3.4 | MovieGEEKs仪表盘 | | 76 |
| | 3.4.1 | 自动生成日志数据 | 76 |
| | 3.4.2 | 分析仪表盘的规范和设计 | 77 |
| | 3.4.3 | 分析仪表盘示意图 | 77 |
| | 3.4.4 | 架构 | 78 |
| 小结 | | | 81 |

## 第4章 评分及其计算方法 ......82

| | | | |
|---|---|---|---|
| 4.1 | 用户-商品喜好 | | 83 |
| | 4.1.1 | 什么是评分 | 83 |
| | 4.1.2 | 用户–商品矩阵 | 84 |
| 4.2 | 显式评分和隐式评分 | | 86 |
| | 4.2.1 | 如何选择可靠的推荐来源 | 87 |
| 4.3 | 重温显式评分 | | 88 |
| 4.4 | 什么是隐式评分 | | 88 |
| | 4.4.1 | 与人相关的推荐 | 90 |
| | 4.4.2 | 关于计算评分的思考 | 90 |
| 4.5 | 计算隐式评分 | | 93 |
| | 4.5.1 | 看看行为数据 | 94 |
| | 4.5.2 | 一个有关机器学习的问题 | 98 |
| 4.6 | 如何计算隐式评分 | | 99 |
| | 4.6.1 | 添加时间因素 | 102 |

  4.7　低频商品更有价值 ............................................................................................. 105
 小结 ........................................................................................................................................ 107

## 第5章　非个性化推荐 ..................................................................................................... 108

 5.1　什么是非个性化推荐 ....................................................................................................... 109
  5.1.1　什么是广告 ........................................................................................................... 109
  5.1.2　推荐有什么作用 ................................................................................................... 110
 5.2　当没有数据的时候如何做推荐 ....................................................................................... 111
  5.2.1　商品的十大排行榜 ............................................................................................... 113
 5.3　榜单的实现以及推荐系统组件的准备工作 ................................................................... 114
  5.3.1　推荐系统组件 ....................................................................................................... 114
  5.3.2　GitHub 上的 MovieGEEKs 网站代码 .................................................................. 116
  5.3.3　推荐系统 ............................................................................................................... 116
  5.3.4　为 MovieGEEKs 网站添加一个榜单 .................................................................. 116
  5.3.5　使内容看起来更具吸引力 ................................................................................... 117
 5.4　种子推荐 ........................................................................................................................... 119
  5.4.1　频繁购买的商品与你正在查看的商品很相似 ................................................... 120
  5.4.2　关联规则 ............................................................................................................... 121
  5.4.3　实现关联规则 ....................................................................................................... 126
  5.4.4　在数据库中存储关联规则 ................................................................................... 130
  5.4.5　计算关联规则 ....................................................................................................... 131
  5.4.6　运用不同的事件来创建关联规则 ....................................................................... 133
 小结 ........................................................................................................................................ 133

## 第6章　冷用户（冷商品） ............................................................................................. 135

 6.1　什么是冷启动 ................................................................................................................... 135
  6.1.1　冷商品 ................................................................................................................... 137
  6.1.2　冷用户 ................................................................................................................... 137
  6.1.3　灰羊 ....................................................................................................................... 139
  6.1.4　现实生活中的例子 ............................................................................................... 139

## 6.1.5 面对冷启动你能做什么 .................................................. 140
## 6.2 追踪访客 .................................................. 141
### 6.2.1 执着于匿名用户 .................................................. 141
## 6.3 用算法来解决冷启动问题 .................................................. 141
### 6.3.1 使用关联规则为冷用户创建推荐信息 .................................................. 142
### 6.3.2 使用领域知识和业务规则 .................................................. 143
### 6.3.3 使用分组 .................................................. 144
### 6.3.4 使用类别来避免灰羊问题以及如何介绍冷商品 .................................................. 146
## 6.4 那些不询问就很难被发现的人 .................................................. 147
### 6.4.1 当访客数据不够新时 .................................................. 148
## 6.5 使用关联规则快速进行推荐 .................................................. 148
### 6.5.1 收集数据项 .................................................. 149
### 6.5.2 检索关联规则并根据置信度对其排序 .................................................. 150
### 6.5.3 显示推荐内容 .................................................. 151
### 6.5.4 评估 .................................................. 154
## 小结 .................................................. 154

# 第2部分 推荐算法

# 第7章 找出用户之间和商品之间的相似之处 .................................................. 157
## 7.1 什么是相似度 .................................................. 158
### 7.1.1 什么是相似度函数 .................................................. 159
## 7.2 基本的相似度函数 .................................................. 160
### 7.2.1 Jaccard 距离 .................................................. 161
### 7.2.2 使用 $L_p$-norm 测量距离 .................................................. 162
### 7.2.3 Cosine 相似度 .................................................. 165
### 7.2.4 通过 Pearson 相关系数查找相似度 .................................................. 167
### 7.2.5 运行 Pearson 相似度 .................................................. 169
### 7.2.6 Pearson 相关性系数与 Cosine 相似度类似 .................................................. 171

## 7.3 $k$-means聚类 ..... 171
### 7.3.1 $k$-means聚类算法 ..... 172
### 7.3.2 使用Python实现$k$-means聚类算法 ..... 174
## 7.4 实现相似度 ..... 178
### 7.4.1 在MovieGEEKs网站上实现相似度 ..... 181
### 7.4.2 在MovieGEEKs网站上实现聚类 ..... 183
## 小结 ..... 187

# 第8章 邻域协同过滤 ..... 188
## 8.1 协同过滤：一节历史课 ..... 190
### 8.1.1 当信息被协同过滤时 ..... 190
### 8.1.2 互帮互助 ..... 190
### 8.1.3 评分矩阵 ..... 192
### 8.1.4 协同过滤管道 ..... 193
### 8.1.5 应该使用用户-用户还是物品-物品的协同过滤 ..... 194
### 8.1.6 数据要求 ..... 195
## 8.2 推荐的计算 ..... 195
## 8.3 相似度的计算 ..... 196
## 8.4 Amazon预测物品相似度的算法 ..... 196
## 8.5 选择邻域的方法 ..... 201
## 8.6 找到正确的邻域 ..... 203
## 8.7 计算预测评分的方法 ..... 204
## 8.8 使用基于物品的过滤进行预测 ..... 206
### 8.8.1 计算物品的预测评分 ..... 206
## 8.9 冷启动问题 ..... 207
## 8.10 机器学习术语简介 ..... 208
## 8.11 MovieGeeks网站上的协同过滤 ..... 209
### 8.11.1 基于物品的过滤 ..... 209
## 8.12 关联规则推荐和协同推荐之间有什么区别 ..... 215
## 8.13 用于协同过滤的工具 ..... 215

8.14 协同过滤的优缺点 ........................217
小结 ........................218

# 第9章 评估推荐系统 ........................219

9.1 推荐系统的评估周期 ........................220
9.2 为什么评估很重要 ........................221
9.3 如何解释用户行为 ........................222
9.4 测量什么 ........................223
 9.4.1 了解我的喜好，尽量减少预测错误 ........................223
 9.4.2 多样性 ........................224
 9.4.3 覆盖率 ........................225
 9.4.4 惊喜度 ........................227
9.5 在实现推荐之前 ........................228
 9.5.1 验证算法 ........................228
 9.5.2 回归测试 ........................229
9.6 评估的类型 ........................230
9.7 离线评估 ........................231
 9.7.1 当算法不产生任何推荐时该怎么办 ........................231
9.8 离线实验 ........................232
 9.8.1 准备实验数据 ........................237
9.9 在MovieGEEKs中实现这个实验 ........................244
 9.9.1 待办任务清单 ........................244
9.10 评估测试集 ........................248
 9.10.1 从基线预测器开始 ........................248
 9.10.2 找到正确的参数 ........................251
9.11 在线评估 ........................252
 9.11.1 对照实验 ........................252
 9.11.2 A/B测试 ........................253
9.12 利用exploit/explore持续测试 ........................254
 9.12.1 反馈循环 ........................255
小结 ........................256

## 第10章 基于内容的过滤 ............................................ 257

- 10.1 举例说明 ............................................ 258
- 10.2 什么是基于内容的过滤 ............................................ 261
- 10.3 内容分析器 ............................................ 262
  - 10.3.1 从物品配置文件提取特征 ............................................ 262
  - 10.3.2 数量较少的分类数据 ............................................ 265
  - 10.3.3 将年份转换为可比较的特征 ............................................ 265
- 10.4 从描述中提取元数据 ............................................ 266
  - 10.4.1 准备描述 ............................................ 266
- 10.5 使用TF-IDF查找重要单词 ............................................ 270
- 10.6 使用LDA进行主题建模 ............................................ 272
  - 10.6.1 有什么方法可以调整 LDA ............................................ 279
- 10.7 查找相似内容 ............................................ 282
- 10.8 如何创建用户配置文件 ............................................ 283
  - 10.8.1 使用 LDA 创建用户配置文件 ............................................ 283
  - 10.8.2 使用 TF-IDF 创建用户配置文件 ............................................ 283
- 10.9 MovieGEEKs中基于内容的推荐 ............................................ 286
  - 10.9.1 加载数据 ............................................ 286
  - 10.9.2 训练模型 ............................................ 287
  - 10.9.3 创建物品配置文件 ............................................ 288
  - 10.9.4 创建用户配置文件 ............................................ 289
  - 10.9.5 展示推荐 ............................................ 291
- 10.10 评估基于内容的推荐系统 ............................................ 292
- 10.11 基于内容过滤的优缺点 ............................................ 293
- 小结 ............................................ 294

## 第11章 用矩阵分解法寻找隐藏特征 ............................................ 295

- 11.1 有时减少数据量是好事 ............................................ 296
- 11.2 你想要解决的问题的例子 ............................................ 298

## 目录

- 11.3 谈一点线性代数 .................................................. 301
  - 11.3.1 矩阵 .................................................. 301
  - 11.3.2 什么是因子分解 .................................................. 303
- 11.4 使用SVD构造因子分解 .................................................. 304
  - 11.4.1 通过分组加入添加新用户 .................................................. 310
  - 11.4.2 如何使用 SVD 进行推荐 .................................................. 313
  - 11.4.3 基线预测 .................................................. 313
  - 11.4.4 时间动态 .................................................. 316
- 11.5 使用Funk SVD构造因子分解 .................................................. 317
  - 11.5.1 均方根误差 .................................................. 317
  - 11.5.2 梯度下降 .................................................. 318
  - 11.5.3 随机梯度下降 .................................................. 321
  - 11.5.4 最后是因子分解 .................................................. 322
  - 11.5.5 增加偏差 .................................................. 323
  - 11.5.6 如何开始，何时结束 .................................................. 324
- 11.6 用Funk SVD进行推荐 .................................................. 328
- 11.7 MovieGEEKs中的Funk SVD实现 .................................................. 331
  - 11.7.1 如何处理异常值 .................................................. 335
  - 11.7.2 保持模型的更新 .................................................. 336
  - 11.7.3 更快的实施方法 .................................................. 337
- 11.8 显式数据与隐式数据 .................................................. 337
- 11.9 评估 .................................................. 337
- 11.10 用于Funk SVD的参数 .................................................. 339
- 小结 .................................................. 341

## 第12章 运用最佳算法来实现混合推荐 342

- 12.1 混合推荐系统的困惑世界 .................................................. 343
- 12.2 单体 .................................................. 344
  - 12.2.1 将基于内容的特征与行为数据混合，以改进协同过滤推荐系统 .................................................. 345

- 12.3 掺杂式混合推荐 ...... 346
- 12.4 集成推荐 ...... 347
  - 12.4.1 可切换的集成推荐 ...... 348
  - 12.4.2 加权式集成推荐 ...... 349
  - 12.4.3 线性回归 ...... 350
- 12.5 特征加权线性叠加（FWLS）...... 351
  - 12.5.1 元特征：权重作为函数 ...... 352
  - 12.5.2 算法 ...... 353
- 12.6 实现 ...... 360
- 小结 ...... 370

## 第13章 排序和排序学习 ...... 371

- 13.1 Foursquare的排序学习例子 ...... 372
- 13.2 重新排序 ...... 376
- 13.3 什么是排序学习 ...... 377
  - 13.3.1 三种类型的LTR算法 ...... 377
- 13.4 贝叶斯个性化排序 ...... 379
  - 13.4.1 BPR排序 ...... 381
  - 13.4.2 数学魔术（高级巫术）...... 383
  - 13.4.3 BPR算法 ...... 386
  - 13.4.4 具有矩阵分解的BPR ...... 387
- 13.5 BPR的实现 ...... 388
  - 13.5.1 执行推荐 ...... 393
- 13.6 评估 ...... 394
- 13.7 用于BPR的参数 ...... 397
- 小结 ...... 398

## 第14章 推荐系统的未来 ...... 399

- 14.1 本书内容总结 ...... 400
- 14.2 接下来要学习的主题 ...... 403

14.2.1 延伸阅读 .................................................... 403
　　　14.2.2 算法 ............................................................ 404
　　　14.2.3 所处环境 .................................................... 404
　　　14.2.4 人机交互 .................................................... 405
　　　14.2.5 选择一个好的架构 .................................... 405
　14.3 推荐系统的未来是什么 ........................................ 406
　14.4 最后的想法 ............................................................ 411

# 第1部分

# 推荐系统的准备工作

所谓环境，就是除我以外的一切事情。

——阿尔伯特·爱因斯坦

事实上，在生产环境中使用推荐系统和大多数机器学习方法，不仅是为了实现最佳算法，还为了了解用户和业务领域。

本书的第1部分，也就是第1~6章，介绍了推荐系统的生态系统和基础架构。你将学到如何收集数据，以及将应用程序加入推荐系统后如何使用这些数据。你还将了解到推荐和广告以及个性化推荐和非个性化推荐之间的区别。最后还将了解到如何收集数据来构建自己的推荐系统。

# 什么是推荐

要理解什么是推荐系统就会涉及一系列复杂的事情，所以本书从研究推荐系统解决了什么问题以及如何使用它这两部分内容开始。本章的主要内容如下：

- 了解推荐系统试图模拟的任务。
- 深入了解什么是非个性化推荐和个性化推荐。
- 开发一个如何展示推荐的分类系统。
- 介绍案例网站 MovieGEEKs。

准备一杯咖啡和一条毯子，让你自己在跨入推荐的世界时保持一个舒适的姿势。接下来，我们会慢慢讲述。我们将先看看现实世界中的例子，然后再讨论推荐系统的计算复杂性。你可能很想跳过开头这一步，但别这样做。你需要一些基础知识来理解你的推荐系统工作的结果应该是怎样的。

## 1.1 现实生活中的推荐

我在意大利的罗马生活了很多年。罗马是一座美丽的城市，有许多菜市场，不是那种在旅游指南中能找到的、位于市中心的、到处卖仿冒 Gucci 包的市场，而是在旅游巴士路线之外的市场，也就是当地人购物以及农民贩卖他们商品的地方。

# 第 1 章　什么是推荐

每个周六我们都会去一个名叫 Marino 的蔬菜水果店。我们算是它的优质客户，也是真正的"吃货"，所以店家知道如果向我们推荐好东西，我们就会买下来，哪怕我们已经制订了严格的计划只买在我们清单上的东西。西瓜季的西瓜很棒，各种各样的西红柿提供了不同口味，我也永远不会忘记新鲜干酪的味道。有时候东西不是很好，Marino 的老板也建议我们不要买，而我们也相信他会提供很好的建议。这就是一个推荐的例子。Marino 反复推荐同样的东西，这对食物来说是可以的，但对于大多数其他类型的商品，如书籍、电影或音乐，情况并非如此。

我年轻的时候，Spotify 和其他流媒体服务还没有占领音乐市场，那时我喜欢购买 CD。我走进一家主要为 DJ 提供服务的音像店到处逛，收集了一堆 CD，然后在柜台找到一个提供耳机的地方开始试听。我一边听 CD，一边和柜台后面的人聊天。他根据我喜欢哪些 CD（以及不喜欢哪些 CD）为我推荐了其他 CD。我觉得有一件事很重要，就是他每次都能很好地记住我的喜好，而且没有向我重复推荐相同的 CD。这也是推荐的一个例子。

下班回家后（现在我已经老了），我总是去邮箱里看看有没有邮件。通常，邮箱里都是超市的广告，上面列着打折的商品。一般来说，这些广告会在一页显示新鲜水果的图片，然后在下一页显示洗碗机粉的图片，你会买超市推荐的所有东西是因为他们说现在的价格很优惠。这些不是推荐，它们是广告。

本地报纸每周会在邮件里出现一次。这家报纸刊登了那一周电影院上座率最高的 10 部电影的清单。这是一个非个性化的推荐。在电视上，很多人都认为广告要有合适的节目内容。这些就是有针对性的广告，因为它假定某个类型的人群正在观看。

2015 年 2 月，哥本哈根机场官员宣布在机场周围放置 600 台显示器，根据估算的观众年龄和性别播放广告，以及在附近的登记口播放与航班目的地相关的信息。年龄和性别是通过摄像机和一套算法推断出来的。在新闻中是这样描述广告的："举例来说，一个到布鲁塞尔旅游的女性想看的是漂亮的手表或财经杂志的广告。一个外出度假的家庭可能对防晒霜或租车广告更感兴趣。"[1] 这些都是相关性的广告，或者是有高度针对性的广告。

人们通常认为电视广告或机场中的广告是一种干扰，但当人们上网时，他们认

---

[1] 更多信息参见链接3。

定的侵入性广告的界限就变得有点儿不同了。这里面可能有很多原因，其本身是一个独立的话题。

互联网仍然是"狂野西部"，虽然我认为哥本哈根机场的广告已经有点儿侵入性了，但当我在网上看到那些不想看到的广告时，会觉得很气恼。网站需要对用户多一些了解，才能精准地投放广告。

在本章和后面的章节中，你将学习推荐的相关知识、如何收集有关推荐的受众的信息、如何存储数据以及如何使用这些数据。你可以用各种方式计算推荐，还将看到最常使用的技术。

一个推荐系统不仅是一套丰富的算法，它还涉及对数据和用户的理解。长期以来，数据科学家一直在讨论，拥有一个超级好的算法和拥有更多的数据，哪个更重要。凡事都有两面；超级算法需要大量超级硬件。而更多的数据则带来其他挑战，比如如何快速地访问它们。读完本书，你将学会如何在两者之间进行权衡，并利用工具做出更合理的决策。

前面的案例旨在说明，商业广告和推荐对用户来说看起来可能是很相似的。但在表象后面，其提供内容的意图是不同的；推荐是根据当前用户喜欢什么、其他人过去喜欢什么以及接收者经常请求什么而计算出来的；商业广告是基于发送者的利益的，而且通常被推送给接收者。两者之间的区别可能很模糊。在本书中，我把所有从数据中计算出来的东西都称为推荐。

### 1.1.1 推荐系统在互联网上大显身手

推荐系统通常在互联网上大显身手，因为借由互联网你不仅可以触达个人用户，还可以收集他们的行为数据。我们来看几个例子。

一个列出十大畅销面包机的网站提供的是非个性化推荐。如果一家销售房地产或音乐会门票的网站根据你的特征数据或当前定位向你展示推荐，那么这类推荐是半个性化的。在亚马逊上你会看到各种个性化推荐，比如特定的客户会看到"为你推荐"栏目。个性化推荐的理念也源于这样一种想法，即人们不仅对流行的商品感兴趣，还对没那么畅销的或长尾商品也感兴趣。

### 1.1.2 长尾

长尾是 Chris Anderson 于 2004 年在《连线》杂志上发表的一篇文章中创造出来

的词，这篇文章的内容后来被扩充为一本书，并于2006年出版（Hyperion）。[1]在文章中，Anderson发现了一种在互联网上经常出现的新商业模式。

Anderson的观点是，如果你拥有一家实体店，那么你存放货品的空间就是有限的，更重要的是，用于给顾客展示商品的空间也是有限的。同样，你的客户群也是有限的，因为人们必须到你的店里来才能产生购买行为。如果没有这些限制，就不必像通常的商业模式那样仅销售受欢迎的商品。在实体店里，储存不受欢迎的商品被认为是一种失败的策略，因为你需要存储许多可能永远卖不掉的商品。但是，如果你拥有的是一家网店，就可以存储无限多的商品，因为租赁空间很便宜，或者，如果你出售的是数字内容，它根本就不占用任何实体空间，因而开销很少甚至没有。长尾经济背后的思想是，你可以通过向不同的人销售许多商品（但每种商品只有几个）来获利。

我完全赞成多样性，所以我认为拥有一个庞大的商品目录是很好的事情，但这个问题的难点在于用户如何找到他们想要的商品。这其实就是推荐系统要提供的入口，因为这些系统要帮助人们找到那些他们原本不知道其存在的各种各样的东西。

在网络上，亚马逊和Netflix在内容和推荐方面是公认的巨头，因此本书的许多例子中都会涉及这些公司。在下面的章节中，你将进一步了解Netflix，它是推荐系统的一个典范。

### 1.1.3　Netflix的推荐系统

你可能知道，Netflix是一个流媒体网站。它涉及的领域是电影和电视剧，并且有连续不断的可用内容流。Netflix的推荐的目的在于让你尽可能长时间地对其内容保持兴趣，并让你按月支付订阅费。

该服务运行在许多平台上，因此其推荐的内容可能会有所不同。图1.1所示的是在我笔记本电脑上Netflix网站的屏幕截图。我还可以通过电视、平板电脑甚至手机访问Netflix。在每个平台上我希望观看的内容各不相同——我从来没有用手机看过场面宏大的科幻电影，因为我更喜欢在电视上观看。

让我们从Netflix的首页开始。Netflix的首页被做成一个面板，其中包含一些主题行，如Top Picks、Drama和Popular on Netflix等。最上面的一行是My List。

---

[1] 关于这篇文章的更多信息，可参见链接4。关于书的信息，可参见链接5。

Netflix 喜欢这个列表,因为它不仅显示了我观看过的内容和我正在观看的内容,而且还显示了我(至少在某个时刻)在某些内容方面的兴趣。

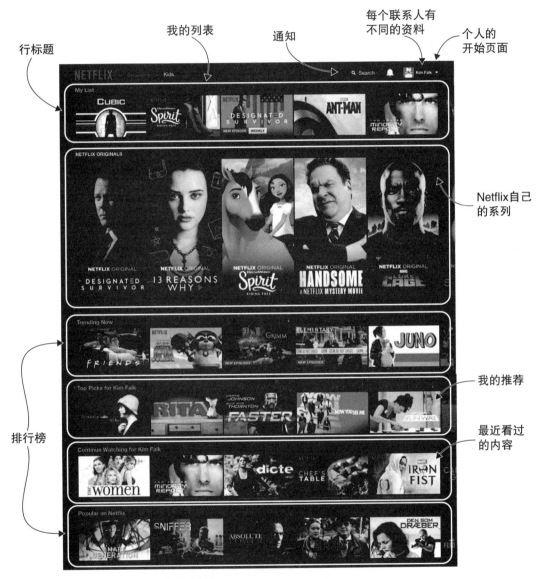

图 1.1 Netflix 的开始页面(改版以前)

Netflix 希望你能注意到接下来的这一行,因为它包含 Netflix Originals,即 Netflix 自己制作的电视剧。它们对 Netflix 很重要,原因有两点,都跟财务相关:

- Netflix 花了大量的金钱来制作原创内容，而且在大多数情况下，这些节目只能在 Netflix 上观看。
- 当用户观看其他内容时，Netflix 必须向内容的所有者付费。如果内容所有者是 Netflix 自己，不仅省钱，而且能赚钱。

最后一点也说明了一些需要考虑的问题：即使页面上的所有内容都是个性化的，Netflix Originals 位于第 2 行，也可能不是因为我观看了这些自制剧的结果，而是 Netflix 对内部业务目标的追求所致。

### 排行榜和趋势

接下来是 Trending Now（流行趋势）列表。趋势是一个宽泛的术语，可能意味着许多事情，但在这里它包含了短期内流行的内容。最下面一行 Popular on Netflix（Netflix 上受欢迎的影视剧），同样与受欢迎程度有关，但时间跨度较长，可能是一周。趋势和排行榜将在第 5 章中详细讨论。

### 推荐

第 4 行是针对我的 Top Picks（最佳选择）列表，它与每个用户的个人资料相匹配。此列表包含了大多数人所说的推荐，显示的是 Netflix 的推荐系统预测我接下来想看的内容。它几乎全猜中了。我不喜欢血腥暴力的电影，也不想看到任何跟尸体解剖有关的内容。并不是所有的建议都符合我的喜好，但我认为 Netflix 不仅是根据我的喜好来构建这个列表的，因为我家人有时也会用我的账号来观看内容。Netflix 只是通过个人资料这种方式让当前用户表明是谁在观看。

在引入个人资料之前，Netflix 把其推荐的目标群体定为家庭，而不是个人[1]，它总是试图为妈妈、爸爸和孩子展示一些东西。但是 Netflix 已经放弃了这种做法，所以现在我的列表中没有任何儿童节目。然而，即使 Netflix 使用的是个人资料，我也认为仍有必要考虑谁在看这个问题，不仅是有个人资料的人，还包括其他人。我听有传言说，其他公司正在研究解决方案，使你能够告诉系统其他人也在观看。这是为了让公司提供适合所有观众的推荐，但到目前为止，我还没有看到任何实际应用。

Microsoft 的 Kinect（Xbox 360 体感周边外设）可以通过面部 / 身体识别技术来识别电视前的人。更厉害的是，微软不仅能识别出家庭成员，还能从它的完整用户

---

1 "Netflix Recommendations: Beyond the 5 stars (Part 1)"，详情参见链接6。

目录中识别出其他人。然而尽管 Kinect 获得了用户的认可，但它已于 2017 年 10 月停产，这也代表着 Kinect 产品线的终结。

### 行与部分

回到 Netflix 的 Top Picks，将鼠标光标悬停在其中一个建议上，你可以找到与此内容相关的更多详细信息。这时会出现一个文本提示，其中包含一个描述（参见图 1.2）和一个预测的评分，这也是推荐系统预估的你对该内容的评分。你可能会期望 Top Picks 里的推荐都具有较高的评分，就像图 1.1 所示的那样，但是通过这些推荐，你同样可以找到预估评分较低的节目，如图 1.3 所示。

图 1.2　包含预测匹配的 Top Pick

图 1.3　Top Pick 里也有预估的低匹配度的内容

Netflix 有很多种推荐方式，所以对于为什么推荐一个它预测我评分不是很高的节目，有很多种可能的解释。一个原因可能是，Netflix 的目标是多样性而非准确性，另一个原因可能是即使我没有给某部电影打满分，它也可能是我想看的东西。这也是第一个暗示，即 Netflix 并不太看重评分。

每一行的标题都是不同的,有些是因为你看过《金装律师》(*Suits*)这一类的剧集。这些行推荐与《金装律师》相似的节目。其他几行是诸如 Comedies(喜剧)这样的分类,这非常奇怪。可以说行标题也是一个推荐列表,可以称之为类型推荐。

如果你认为事情到此结束了,那你就会错过 Netflix 个性化中最重要的部分。

### 评分

每个行标题都描述了一组内容,然后根据推荐系统对这些内容进行排序,并按相关性或评分从左到右进行呈现,如图 1.4 所示。

图 1.4　Netflix 的每行都按相关性进行排序

即使在 My List(我的列表,显示我自己挑选的节目)中,其顺序也会根据推荐系统估计的节目与我的相关性进行调整。我昨天在图 1.1 中添加了截图,今天我的 My List 就有了一个新的顺序,如图 1.5 所示。

图 1.5　Netflix 根据相关性对 My List 进行排序

Netflix 的推荐系统还尝试推荐与特定时间或特定环境相关的内容。例如,星期天早上可能更适合看卡通片和喜剧,而晚上可能更适合看如《金装律师》这类"严肃"的电视剧。

另一个可能令人惊喜的行是 Popular on Netflix,它显示现在最流行的节目。但 Netflix 并没有说最受欢迎的节目一定是放在左边的。Netflix 会找到一组最受欢迎的节目,然后根据你现在最关注的内容进行排序。

### 提升

值得思考的一点是,我已经在看《指定幸存者》(Designated Survivor)了,Netflix 为什么还会把它排在 My List 的首位?Netflix 发了一条消息说新一季的《指定幸存者》已经制作完了,这或许是一个说得过去的原因。

在计算建议的时候,提升是提供给公司的一种手段,Netflix 希望我能到注意《金装律师》,因为它是新内容,这意味着它有新鲜的价值。Netflix 基于新鲜度来提升内容,新鲜度可能意味着它是新的内容或在新闻中被提到过。在第 6 章中我将更详细地介绍提升,因为它是许多网站站长在系统一旦启动并运行后立刻要实施的手段。

**注意** 有一类机器学习算法也叫作提升,但这里所谈的是与之不同的概念。[1]

### 社交媒体连接

曾经有一段很短的时期,Netflix 还尝试使用过社交媒体数据。[2] 那时,你会在 Netflix 的页面上找到如图 1.6 所示的内容。

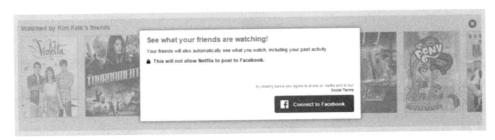

图 1.6 Netflix 想知道你的朋友们在看什么

Netflix 鼓励你激活 Facebook Connect,从而允许 Netflix 访问你的好友列表以及其他信息。Netflix 的一个优点是它能够找到你的朋友,并根据他们喜欢的内容给出社交推荐。与 Facebook 关联也可以使观看电影变得有更多社交体验,这是许多媒体公司正在探索的事情。

在当今这个时代,人们不会坐在那里被动地看电影。他们一般是多任务的,看电影的同时还在看另一个设备(如平板电脑或智能手机)。在第二台设备上所做的

---

1 更多信息请参见链接7。

2 "Get to know Netflix and its New Facebook Integration",详情参见链接8。

事情会对接下来观看什么内容有很大的影响。想象一下，当你在 Netflix 上观看某个节目后，手机上弹出一条通知说你的一个朋友喜欢一部电影，很快，Netflix 就把它推荐给你。

然而，这一社交功能在 2015—2016 年被下线了，理由是人们不愿意与 Facebook 上的好友分享他们看的电影。用 Netflix 首席产品官 Neil Hunt 的话来说，"这真是一件遗憾的事，因为我认为用个性化建议作为算法给出的推荐的补充具有巨大价值。"[1]

**偏好配置**

考虑到 Netflix 的首页是一个几乎完全基于建议构建的页面，我觉得为用户提供尽可能多的输入其偏好的入口，是一个不错的主意。如果 Netflix 对用户的偏好没有清晰的认知，就很难找到用户想看的东西。

2016 年，Netflix 提供了帮助用户建立个人资料的选项。图 1.7 所示的 "Taste Profile"（偏好配置）菜单使你能够对节目和电影打分，通过告诉 Netflix 你观看的频率来挑选节目的类型［例如，图 1.8 所示的 *Adrenaline Rush*（令人肾上腺素飙升的）内容］，或者判断你的评分与你当前的选项是否匹配。

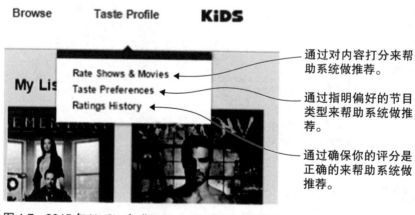

图 1.7　2015 年 Netflix 中 "Taste Profile" 呈现的样式

---

1　"It's your fault Netflix doesn't have good social features"，详情参见链接9。

图 1.8 Netflix 的 "Taste Preferences" 菜单

手动输入的 Taste Preferences（风格偏好）使 Netflix 能够提供更好的建议。请求用户帮助建立偏好配置是一种常用的方法，该方法常用于系统向新用户提供建议的场景。但是，和很多事情一样，用户说他们喜欢什么和他们真正喜欢什么之间往往存在差异。

了解用户的偏好通常是了解用户的第一步，而且随着用户对系统的使用越来越多，Netflix 能够收集到更值得信赖的使用数据。Netflix 现在已移除此功能。

### 1.1.4 推荐系统的定义

为了确保我们有统一的理解，表 1.1 列出了几个术语的定义。

表 1.1 推荐系统中的术语定义

| 术语 | Netflix 中的例子 | 定义 |
| --- | --- | --- |
| 预测（prediction） | Netflix 猜测你对某个内容的评分 | 预测是指关于用户对某个内容的评分/喜欢程度的估计 |
| 相关性（relevancy） | 在页面上根据相关性排列所有的行。例如，Top Picks（热门精选）和 Popular on Facebook（Facebook 当前流行） | 根据当前与用户最相关的内容对项目进行组织排序。相关性是一个关于上下文、人口统计和（预测）评分的函数 |
| 推荐（recommendation） | 给自己看的 Top Picks | 前 $N$ 个最相关的内容 |
| 个性化（personalization） | Netflix 中的行标题就是一个个性化的例子 | 将相关性整合到呈现的页面中 |
| 偏好配置（taste profile） | 参见图 1.8 | 一个包含偏好特征描述及对应选项的列表 |

明确了这些术语的含义，我们就可以定义一个推荐系统了。

> **定义：推荐系统**
>
> 推荐系统根据对用户和内容的了解，以及用户与内容之间的交互，计算并向用户提供相关的内容。

有了这个定义,你可能会认为已经解决了所有问题。让我们通过一个例子来看看一个推荐是如何被计算出来以及如何进行工作的。图 1.9 展示了 Netflix 如何生成用户的 Top Picks 行。

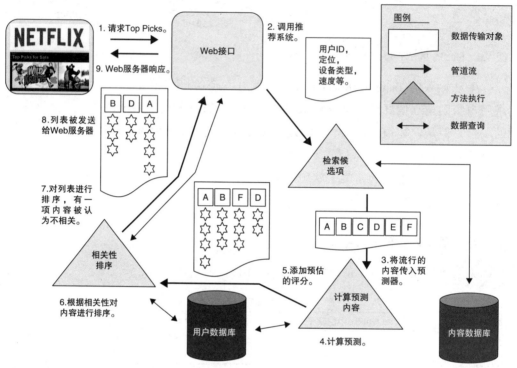

图 1.9  Netflix 是如何计算 Top Picks 的

以下是 Netflix 计算发给用户的 Top Picks 的步骤:

1 接收到一个关于 Top Picks 列表的请求。

2 服务器调用推荐系统,推荐系统由一系列方法组成。此步骤称为检索候选项。推荐系统从目录数据库中检索与当前用户的偏好最相近的内容。

3 前 5 项(通常可能有 100 项或更多)被输送到下一个步骤,即计算预测内容。

4 借助从用户数据库中检索到的用户偏好来计算预测内容。在计算时可能会从列表中删除一个或多个预估评分很低的项目。比如,在图 1.9 中,项目 C 和 E 就被移除了。

5 从计算出的预测中输出重点关注的内容,现在会加上预估的评分。得到的结果被导入一个根据相关性排序的流程中。

6 得到的相关内容会根据用户的偏好、上下文和人口统计（统计数据）来进行排序。这一流程甚至可能会尝试为结果增加尽可能多的多样性。

7 现在，将这些内容按相关性排好序。项目 F 被删除，因为相关性计算表明它与最终用户不相关。

8 管道（接口）返回列表。

9 服务器返回结果。

从图 1.9 可以看出，使用推荐系统时，需要考虑许多方面。前面的管道还缺少收集数据和构建模型这部分的内容。大多数推荐系统都试图以某种方式使用图 1.10 所示的数据。

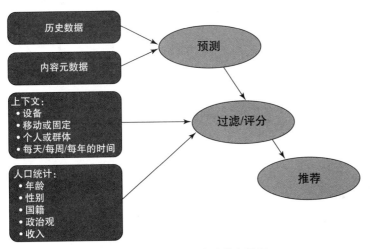

图 1.10　这些数据可能被用作推荐系统的输入数据

图 1.9 还说明了另一个需要考虑的事实：评分预测只是推荐系统的一部分。在系统向用户展示的内容中，还有其他信息也可以发挥重要作用。不过就算我让预估评分听起来像是一个可以忽略的内容，本书依然有很大一部分介绍是关于这个内容的，因为它很重要。

## 1.2　推荐系统的分类

在开始实现推荐系统之前，最好先详细讨论一下你打算在车库中搞出什么样的推荐系统。一个比较好的启动方式是从相似的系统中寻找灵感。在本节中，你将学习一个框架，并借助它来学习和理解推荐系统。

在前面的章节中，借助 Netflix 的例子我们对推荐系统能做什么有了一个总体的认知。本节将介绍用于分析推荐系统的分类法。我第一次学到这个内容是在 Joseph A. Konstan 和 Michael D. Ekstrand 教授的 Coursera 课程 "Introduction to Recommender Systems"[1] 中，当时就觉得它非常有用。分类法使用以下维度来描述一个系统：域、目的、上下文、个性化级别、专家意见、隐私与可信度、接口和算法。[2] 让我们来逐一学习这些维度。

## 1.2.1　域

域（domain）是所推荐的内容的类型。在 Netflix 的例子中，域就是电影和电视剧。但其实域可以是任何内容，比如，像播放列表这样的内容序列、参加网课以达成目标的最佳方式、工作、书籍、汽车、杂货、假日、目的地，甚至是约会对象。

域的意义非常重要，因为它提供了关于用户将如何处理推荐的隐含信息。域的重要性同时还体现在，如果把域弄错了会带来很严重的后果。如果你做的是一个音乐推荐系统，就算你推荐的音乐不是很流行，也坏不到哪儿去。但如果你是在为贫困孩子推荐符合条件的养父母，那么失败的代价就相当高了。域还规定了是否可以多次推荐相同的内容。

## 1.2.2　目的

对于最终用户和内容提供商，Netflix 的目的是什么？对于最终用户，使用 Netflix 的推荐是为了找到他们在特定时间想要观看的相关内容。想象一下，不做任何排序或筛选，当 Netflix 目录中有超过 10 000 项内容时，你将如何从中找到想要的内容？而内容提供商（在本例中就是 Netflix）的目的，就是让用户动动手指就能看到想要的内容，最终让他们按月付费订阅。

Netflix 认为观看过的内容的数量是决定他们如何做的决定因素。通过某种手段而不是用直接目标进行度量，被称为使用代理目标。使用代理目标时你应该保持慎重，因为它可能会无意中产生一些你不希望发生的情况——（用户）在 Netflix 平台上花了很多时间，这可能意味着沮丧的用户反复搜索却找不到他们要找的东西，或

---

1　更多信息参见链接10。

2　分类法的概念首次出现在 John Riel 与 Joseph A. Konstan 所著 *Word of Mouse: The Marketing Power of Collaborative Filtering*（Business Plus, 2002）一书中。

者他们可能已经找到了想要的内容但网站却始终没响应。[1]

这背后也可能是在折中，即 Netflix 以这样的方式为你所观看的内容支付尽可能少的钱。与一个新剧集相比，在已经有 10 年历史的《老友记》上，Netflix 可能需要花费的钱会少很多，而 Netflix 的原创剧集则更省钱，因为 Netflix 不必向任何人支付许可费。

推荐系统的目的也可以是为用户提供信息，或者是帮助用户、培训用户。然而，在大多数情况下，其目的可能就是产生更多的销售额。

你更愿意为哪种类型的客户提供服务：来过一次并期望得到好的推荐内容的客户，还是创建个人资料并定期回来的忠诚访客？网站是否会成为基于自动消费的站点（例如，Spotify 电台，它可以根据一首歌曲或某个艺术家做出推荐，连续播放音乐）？

### 1.2.3 上下文

上下文指的是消费者收到推荐时的环境。在我们的例子中，它可能是客户用来浏览 Netflix 的设备、接收者当前的位置、白天（或晚上）的时间以及客户正在做的事情。用户有时间研究建议吗，还是需要他们快速做决策？上下文还可以包括天气，甚至用户的心情！

考虑一下在谷歌地图上搜索一家咖啡馆，用户当时是坐在办公电脑前寻找一家环境优美的咖啡馆，还是在下雨天的时候站在大街上？在第一种情况下，最好的推荐是在更大的地域范围内找到一家优质咖啡馆；在第二种情况下，给出的推荐则最好只列出雨过天晴后能喝到咖啡的最近的地方。Foursquare 就是一个寻找咖啡馆的应用，我们将在第 12 章中进行介绍。

### 1.2.4 个性化级别

从使用基本的统计数字到观察单个用户的数据，推荐可以有多个个性化级别。图 1.11 中描述了这些级别。

---

[1] 如果你想更多地了解使用代理目标时会出现什么样的错误，我推荐你阅读 Cathy O'Neil 所写的 *Weapons of Math Destruction*（Broadway Books，2016）。

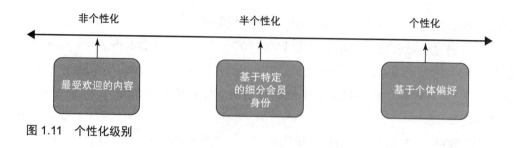

图 1.11 个性化级别

### 非个性化

包含最受欢迎的内容的列表被视为非个性化推荐：当前用户可能与大多数其他用户一样喜欢相同的东西。非个性化推荐还包括按日期排序后显示的内容，例如，先显示最新的项目。与推荐系统交互的所有人都会收到相同的推荐列表。推荐系统还可以包括比如一家咖啡馆建议周五下午喝咖啡，但在第二天也就是周末的早上喝卡布奇诺，然后吃早午餐。

### 半个性化 / 细分个性化

下一个级别的推荐将用户分组，也即半个性化 / 细分个性化。可以通过多种方式对用户组进行细分，比如，按年龄、按国籍或按不同的模式（如商务人员或学生、汽车驾驶员或骑行者）。

举个例子，销售音乐会门票的系统根据用户所在的国家或城市向其推荐演出。另一个例子是，如果用户在智能手机上听音乐，系统可能会尝试判断设备是否在移动。如果设备在移动，那么这个人可能在做运动，或者可能在驾驶汽车或骑自行车；如果设备是静止的，用户可能正坐在家里的沙发上，因此适合他们的音乐可能会有所不同。

这个推荐系统不知道你的任何个人信息，你不过是它的某个用户分组或某种细分用户类型中的一员。相同用户分组中的人会收到同样的推荐。

### 个性化

个性化推荐是基于当前用户以前如何与系统交互的数据而做出的建议。它会针对该用户生成特有的推荐。

大多数推荐系统在创建个性化推荐时都会使用细分和大众性。亚马逊的 Recommended for You（为你推荐）就是一个个性化推荐的例子。Netflix 的起始页则把个性化推荐做到了极致。

通常来说,一个网站会使用各种类型的推荐。只有少数几个网站,例如,Netflix,所有的推荐都是个性化的。在亚马逊上,你还是可以找到非个性化的 Most Sold Items(最畅销的商品),以及 Customers Who Bought This Also Bought This(购买此商品的用户还购买了这个)列表,它提供了种子推荐。这些是基于种子的推荐,所用的种子可能是用户正在浏览的商品。

### 1.2.5 专家意见

专家推荐属于人工系统,专家会推荐好的葡萄酒、书籍或类似商品。这些系统一般被用于某些领域,在这些领域中你需要成为专家才能理解什么是好的商品。

然而,专家网站的时代基本上已经成为过去,所以其评价参数如今也被应用得不多了。几乎所有的网站都使用大众的意见,它们认为没有哪个专家的建议是绝无例外的;当然,一些专家网站依然存在,比如萄酒网站 Vivino 上给斟酒服务员的建议就是其中一个例子,如图 1.12 所示。Vivino 也在转向使用推荐系统来推荐葡萄酒。2017 年,Vivino 将推荐系统添加到其应用中,以帮助用户根据他们的评分历史找到并品尝新的葡萄酒。[1]

图 1.12 Vivino 网站提供专业的葡萄酒推荐(为了节省空间,省略了具体的推荐内容)

### 1.2.6 隐私与可信度

系统如何保护用户的隐私?如何使用收集到的信息?比如在欧洲,人们通常把钱存入由银行托管的养老金中。这些银行经常提供不同类型的退休储蓄计划。做此类推荐的系统应该有严格的隐私规则。想象一下这个场景,你填写了一份退休储蓄

---

[1] 更多信息请参见链接11。

计划申请表，提到你的后背有点儿问题，结果一分钟后就接到一个脊椎推拿医生的电话，他为你的背部问题给出了一个优惠价。或者更糟的是，你为背部有问题的人买了一张特别的床，一个小时后，你收到一封邮件，说你的健康保险费上涨了。

许多人认为推荐是一种操纵用户的方式，因为与让其随机选择相比，用户更容易选择推荐系统提供给他们的选项。大多数商家都在努力卖出更多的商品，所以那些使用推荐来卖出更多商品的商家会让人们认为自己被操纵了。但如果这种推荐只不过是看一部有趣而不是无聊的电影，用户就会觉得没什么关系。操纵更多的是指展示某个特定商品的动机，而不是展示特定商品这种行为。如果因为供应商向网站老板行贿，导致其推荐了不合适且非最佳的药品，那么这就是操纵，我们应该拒绝。

当推荐系统开始运行并带来业务增长的时候，许多人可能会发现，推荐系统很有诱惑力地注入了供应商偏好、积压的商品，或者消费者偏好购买的药品品牌。要小心：如果用户开始感到自己被操纵，就会不再信任你的推荐，最终会去别的地方找他们需要的东西。

> 一旦推荐有了影响决策的能力，它就会被那些垃圾邮件发送者、骗子以及其他带着阴暗动机企图影响我们决策的人盯上。
>
> ——Daniel Tunkelang[1]

可信度表明用户对推荐的信任程度，而不是将其视为商业广告或对自己的操纵。在 Netflix 的例子中，我谈到了如果预测值与用户的实际评分相差很远，那么推荐系统做出的预测会令用户感到沮丧。这就是可信度。如果用户很看重推荐系统的建议，那么这个系统就是值得信赖的。

### 1.2.7 接口

推荐系统的接口描述了其输入和产生的输出的类型。让我们来分别看一下。

**输入**

Netflix 曾经让用户通过为内容打分以及添加对类型和主题的偏好来输入其喜欢和不喜欢的内容。该数据可以用作推荐系统的输入。

Netflix 这个例子使用的是显式输入，你（也就是用户）可以手动添加有关自己

---

[1] 有关偏好和信任在推荐中的作用的更多信息，请参见 LinkedIn 网站上的文章"Taste and Trust"。

喜好的信息。另一种形式的输入是隐式的，系统试图通过观察你与它的交互方式来推断你的偏好。第 4 章会更详细地讨论如何处理反馈。

### 输出

输出的类型可以是预测、推荐或过滤的结果。例如，Netflix 以多种方式输出建议。它评估预测，提供个性化建议，并显示热门的内容，该内容通常以前 10 名列表的形式呈现（Netflix 甚至对此做了个性化处理）。

如果推荐是页面的自然组成部分，那这就被称为是一种有机呈现。Netflix 网站上显示的行就是一种有机建议：Netflix 并未表明它们是推荐，它们是网站不可或缺的组成部分。

图 1.13 所示的例子是非有机的。Hot Network Questions（热门网络问题）使用了一种非个性化的推荐形式，对所显示的内容不做明确的说明。亚马逊在其 Recommended for You（为你推荐）列表中显示了非有机的个性化推荐，而《纽约时报》则采用非有机的推荐来显示收到读者邮件最多的文章。

图 1.13　非有机、非个性化推荐案例：Cross Validated 网站的 Hot Network Questions、《纽约时报》的 MOST EMAILED，以及亚马逊个性化的 Recommended for You

某些系统对这些推荐做了解释。具有这种能力的推荐被称为白盒推荐；没有这种能力的推荐被称为黑盒推荐。图 1.14 显示了这两种方法的示例。选择算法时很重要的一点是要考虑它们的区别，因为不是所有算法都提供了一条清晰的可以追溯到预测原因的路径。

决定了是要生成白盒推荐还是黑盒推荐，才可以对所用的算法进行约束。系统需要做的解释越多，算法就越简单。通常，你可以参考图 1.15。推荐的质量越高，越复杂，解释起来就越难。这个问题被称为模型精度 – 模型解释权衡（model accuracy-model interpretation trade-off）。

图 1.14　黑盒推荐（Netflix）与白盒推荐（Amazon）

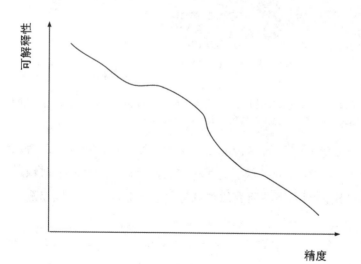

图 1.15　推荐的可解释性与质量

我曾经做过一个项目，特别强调可解释性和推荐质量。为了解决这一问题，我们必须在推荐系统之上构建另外一个算法,以便提供高质量的推荐,同时还有一个系统将证据与结果联系起来。

推荐系统在最近几年已经非常普遍,所以有很多例子可供我们参考。通常,推荐系统被应用于电影、音乐、书籍、新闻、研究文章和大多数的物品。但推荐系统在许多其他领域也占有一席之地,如金融服务、人寿保险、在线数据、求职,事实上,凡是需要做选择的地方都能用到推荐系统。本书主要以网站上的推荐系统为例,但在其他平台也能应用推荐系统。

### 1.2.8 算法

本书将介绍多种算法。根据生成推荐所使用的数据类型,将这些算法分为两组。使用用户的行为数据计算推荐的算法称为协同过滤。使用内容元数据和用户配置文件计算推荐的算法称为基于内容的过滤。这两种类型的混合称为混合推荐。

#### 协同过滤

图 1.16 说明了一种进行协同过滤的方法。外部集合是完整的目录。中间集合是一组消费过类似商品的用户。推荐系统推荐的商品来自较小的、顶层的集合,假设当前某个用户与某一群用户喜欢相同的东西,那么当前该用户也会喜欢该用户群已消费过的其他商品。将一群用户喜欢的商品和当前用户喜欢的商品之间的重叠部分,标识为相同偏好的商品组。然后,为当前用户推荐所缺少的内容(中间圆圈中未被椭圆所覆盖的部分,也就是相同偏好以外的商品)。

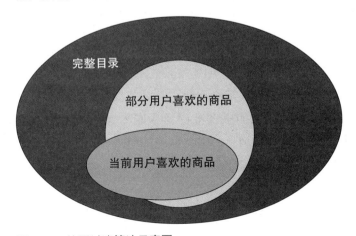

图 1.16 协同过滤算法示意图

有很多方法可以计算协同过滤推荐。你将在第 8 章看到一个简单的版本，在第 11 章看到一个稍微复杂的版本，到时候我们会讨论矩阵分解算法。

### 基于内容的过滤

基于内容的过滤会使用你的目录中的商品的元数据。例如，Netflix 使用了关于电影的描述。

根据具体的算法，系统可以通过获取用户喜欢的商品并查找相似的内容计算推荐，通过比较商品和用户配置文件计算推荐，或者，如果没有涉及用户，通过寻找商品之间的相似点来计算推荐。当存在用户配置文件时，系统会为每个包含内容类别的用户计算一个配置文件。如果 Netflix 使用基于内容的过滤，那么它可以创建像惊悚片、喜剧、剧情片和新电影这种关于类型的用户配置文件，并为其赋值。然后，如果某部影片具有与用户偏好相似的值，则为用户推荐该电影。

这里有一个例子。用户托马斯喜欢《银河护卫队》(*Guardians of the Galaxy*)、《星际穿越》(*Interstellar*) 和电视剧《权力的游戏》(*Game of Thrones*)。都按照 5 分制给它们评分，表 1.2 展示了一种考察这三个选择的方法。

表 1.2 两部电影和一部电视剧的评分系统

| 电影和电视剧 | 科幻类型 | 冒险类型 |
| --- | --- | --- |
| Interstellar | 3 | 3 |
| Game of Thrones | 1 | 5 |
| Guardians of the Galaxy | 5 | 4 |

根据这些信息，你可以建立托马斯的配置文件，在其中标明：科幻类，3 分，即（3+1+5）/3；冒险类，4 分，即（3+5+4）/3。如果要向他推荐其他电影，你可以从电影库中查找与托马斯个人配置中类型和打分相类似的电影。

### 混合推荐

协同过滤和基于内容的过滤都有各自的优缺点。协同过滤需要用户提供大量反馈才能顺利进行，而基于内容的过滤则需要有关商品的详尽描述信息。通常来说，推荐是我们前面讨论的两种算法的输出，再加上一些其他类型的输入，比如到某个地点的距离，或一天中的某个时间，最终混合而成的。

## 1.3 机器学习与Netflix Prize

推荐系统用于预测用户现在需要什么，可以通过多种方式来进行预测。构建推荐系统已经成为一项涉及多学科的工程，它要充分利用多个计算机科学领域的知识，如机器学习、数据挖掘、信息检索，甚至人机交互。机器学习和数据挖掘方法使计算机能够通过研究它要预测的内容样例来做预测，因此可以通过这些预测函数来构建推荐。

许多推荐系统以机器学习算法为中心来预测用户对商品的评分，或学习如何为用户恰当地排序商品。机器学习领域不断发展的原因之一是人们想要解决推荐系统的问题。其目标是实现各种算法，使计算机能够展示我们内心潜在期望的商品是什么，甚至在我们自己意识到之前。

许多人认为，这种将机器学习应用到推荐系统的兴趣的催化剂是著名的 Netflix Prize。Netflix Prize 是由 Netflix 主办的一个竞赛，任何人只要能提出一种算法将推荐的效果提升 10%，就能得到 Netflix 提供的 100 万美元奖金。这个竞赛始于 2006 年，几乎花了三年时间才有人赢得奖金。最后获胜的是一个混合算法。你应该还记得我们在前面讲过，一个混合算法要运行多个算法，然后返回所有算法的组合结果。我们将在第 11 章学习混合算法。

Netflix 从未使用过这个获胜的算法，可能是因为它太复杂以至于系统性能受到影响，而无法证明推荐效果改进的合理性。遗憾的是，在学习推荐系统时，我们不能用 Netflix。相应地，我实现了一个名为 MovieGEEKs 的小型样例网站来展现本书中描述的内容。该网站需要进行大量调整才能投入正式使用，其主要作用是帮助你理解推荐系统。

## 1.4 MovieGEEKs网站

本书是讲如何实现推荐系统的。无论你希望自己的推荐系统使用哪个平台，都可以在书中找到相应的工具。但是要想使用推荐系统做些有趣的事，就要有数据并了解其工作机制，仅仅研究数字是不够的。

本书主要以网站为例，但并不意味着这里所写的内容不适用于其他类型的系统。这里对框架做一个简短的介绍，我们会在其中实现我们的应用。

MovieGEEKs（详情参见链接 12）是使用 Django 构建的网站。我建议你下载 MovieGEEKs，并在阅读本书的过程中使用它，因为它会帮助你理解正在发生的事情。事实上，它是一个 Django 站点还是其他什么东西一点都不重要，我会告诉你在研究这些示例时应该注意哪些地方。

> **Django 网站和框架**
>
> 如果你对"Django 网站框架"这个词有点陌生,请看一看 Djangoproject 站点上的 Django 文档。

你需要下载一下 MovieGEEKs 网站,它包含本书中描述的所有功能。下面是我们将要展开的虚构场景。

想象一下,你有一个客户想把他的 DVD 放到网上销售。我假设在英国的巴斯有一家旧 DVD 出租店,店主想试着在互联网上卖电影。遗憾的是,这家店已不复存在(参见图 1.17)。

图 1.17 我们虚构的业务"On the Video Front"的外观

这家店完全没有实现信息化，它是用小纸卡进行管理的，尽管你可能认为这不可能，但似乎还挺有效！在现实生活中，我认为这个店主可能永远都不会在网上做生意，但这个地方的一个独特之处就是你总能得到极好的推荐。店主每个月会对电影做一次回顾总结，也就是专家意见推荐，在那里工作的人总是知道关于电影的一切。

我喜欢把推荐系统看作一种为网络上的人提供个性化服务的尝试。下面简要描述虚拟店主想要的东西。

## 1.4.1 设计与规范

在开始前，你需要为网站的设计制定几个总体要点。网站主页应该向访问者显示以下内容：

- 用于电影平铺展示的区块
- 每部电影的概述（无须离开当前页面）
- 尽可能个性化的推荐
- 一个包含类型列表的菜单

每部电影都应该有自己的页面，而且应列出如下细节信息：

- 电影海报
- 描述
- 评分

每个类别都应该有一个包含以下内容的页面：

- 与主页相同的结构
- 针对该类别的推荐

## 1.4.2 架构

你将使用 Python 和 Django 网页框架来实现这个站点。Django 使你可以将项目拆分为不同的应用。图 1.18 向我们展示了一个高阶的架构，并说明了该站点是由哪些应用构建的。

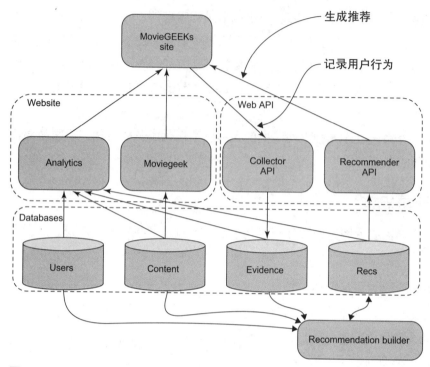

图 1.18 MovieGEEKs 的架构图

我们来快速浏览一下。

- *MovieGEEKs*：这是该网站的主要部分。在这里，我们把客户端逻辑（HTML、CSS、JavaScript）与负责检索电影数据的 Python 代码放在一起。
- *Analytics*：相当于舰桥，在那里可以监控一切。此部分将使用数据库中所有的数据。第 4 章会介绍这部分内容。
- *Collector*：这里会处理对用户行为的跟踪，并将其存储在 Evidence（证据）数据库中。第 2 章会讲述证据记录器。
- *Recs*：这是这个故事的核心，也是这个网站的优势所在。它会将推荐提供给 MovieGEEKs 网站。第 5 章和本书的其余部分会介绍推荐部分的内容。
- *Recommendation builder*（推荐构建器）：它会预先计算推荐，为用户提供详细的推荐建议。第 7 章将首次介绍推荐构建器。

每个组件或应用都包含令人兴奋的数据模型和功能，这将彻底打动那些未来的访客。

MovieGEEKs 是一个电影网站，主要是因为可用的数据集包含一个很长的内容列表，里面有电影、用户和评分信息。更重要的是，这个内容包括转换为电影海报的 URL，因此使用它时会更加有趣。

图 1.19 显示了 MovieGEEKs 主页，或称之为登录页面。当用户单击一部电影时，就会出现一个弹出式窗口，它将提供更多信息以及一个用于查看详情的链接。

图 1.19 MovieGEEKs 网站登录页

就是这样！很简单，但很好用。现在就去下载吧。有关安装的说明，请参阅 GitHub 上的 readme 文件，网址参见链接 12。MovieGEEKs 网站使用一个名为 MovieTweetings 的数据集。此数据集由影片评分组成，这些影片及评分取自 Twitter 上结构化的推文。[1]

## 1.5 构建一个推荐系统

在继续往下推进之前，我们来看一下如何构建一个推荐系统。假设你已经有了一个形式为网站或 App 的平台，你希望添加一个推荐系统，运作流程如图 1.20 所示。

---

1 更多信息请参见链接12。

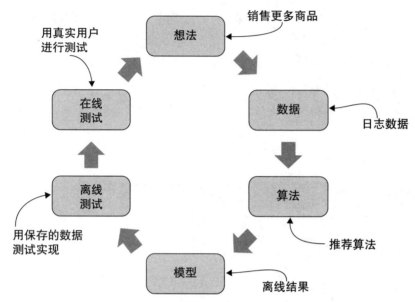

图1.20 用数据驱动的方法构建推荐系统

这个循环是从你希望通过推荐系统来销售更多商品的想法开始的。然后，你就会收集用户的行为数据并利用这些数据构建算法，该算法在运行时创建一个模型。这个模型也可以被视为一个函数，在给定用户 ID 的情况下，此函数将计算出推荐的结果。

你要在历史数据上试用这个模型，看看是否可以使用它来预测用户的行为。例如，如果你有数据显示用户上个月购买了什么，那么可以使用前三周的数据创建模型，然后与用户当月最后一周的购买行为数据做对比，来观测模型所推荐的商品与用户实际购买的商品的符合度。与基线推荐系统相比，它可能更好地预测了用户购买的商品，这就像返回最受欢迎商品的方法一样简单。如果它运行良好，那么就可以将它开放给部分用户，看看是否能观察到推荐效果的提升。如果有提升，那么它就可以投入实际使用；否则，就需要回炉继续改造。

现在你应该了解了：推荐系统是什么，需要什么作为输入，以及它可以产生什么。有了推荐系统的基本概念，就为第 2 章的学习奠定了基础，在第 2 章我们将介绍如何从用户那里收集数据。

## 小结

- Netflix 使用推荐使其网站个性化，并帮助用户选择他们喜欢的节目。
- 推荐系统是许多不同组件和方法的通用术语。
- 预测不同于推荐。预测是指预测用户会给内容打多少分，而推荐是一个与用户相关的商品列表。
- 推荐上下文是当推荐产生时用户（用户的环境）周围发生的事情。如果商品符合上下文，也可以推荐那些可能无法预测为具有最高评分的商品。
- 当你研究其他推荐系统或尝试设计自己的推荐系统时，使用本章所述的分类法会非常方便。在开始实现你自己的推荐系统之前，最好先用分类法分析一遍。

# 用户行为以及如何收集用户行为数据

本章会带你深入研究数据收集这个有趣的主题：

- 首先回到 Netflix 网站来识别事件，它可以提供证据，为用户的喜好构建案例。
- 你会学到如何构建一个收集器来收集这些事件。
- 你将了解如何将收集器集成到一个像 MovieGEEKs 这样的站点中，并且获取在 Netflix 网站上标识出来的类似事件。
- 有了全面的总体认知以及实现后，再回过头来分析一般性的用户行为。

证据（evidence）是揭示用户偏好的数据。当我们谈论收集证据时，我们是在收集表征某用户喜好的事件和行为。

大多数关于推荐系统的图书都讲述了算法及其优化方法。这些书都认为你已经有了一个大的数据集来供算法使用。我们将在 MovieGEEKs 网站上使用一个这样的数据集。此数据集包含一个电影目录和来自真实用户的评分。数据集不会像变魔术那样凭空出现。要想收集到正确的证据，就需要投入精力和进行思考。它会成就你的系统，或者搞破坏。"垃圾进，垃圾出。"（Garbage in, garbage out.）这句著名的编程箴言对于推荐系统同样适用。

遗憾的是，适用于某个系统的数据可能不适用于另一个系统。出于这个原因，我们将认真讨论可用的数据，但我不能保证所讲述的内容在你的工作环境中也完全适用。在本章和整本书中,我们将讨论很多关于如何在你自己的站点中收集数据的例子。

通常来说,一个系统的用户会产生两种类型的反馈:显式的(explicit)(评分或点赞)和隐式的(implicit)(通过监视用户而记录的活动)。用户可以以特定数量的星星、帽子、笑脸或任何其他图标的形式提供显式的反馈,来表明其对物品的喜爱程度。通常得分在 1 到 5(或 1 到 10)之间。用户的评分通常是谈到证据时人们首先想到的事情。本章的后面将讨论评分,但它们并不是表示用户喜好的唯一标准。

Ron Zacharski 在他的书 *A Programmers Guide to Data Mining* 中讲了一个很好的例子来说明隐式证据和显式证据之间的区别。[1] 他展示了一个名叫 Jim 的人的显式证据。Jim 说他是个素食主义者,喜欢法国电影,但在 Jim 的口袋里有一张漫威《复仇者联盟》的租赁收据和一张 12 瓶一包的蓝带啤酒的购物小票。你应该依据什么来向他推荐东西呢?我认为这是一道简单的选择题。当 Jim 打开当地的外卖在线点餐网站时,你认为他想要得到什么推荐:素食还是快餐?通过收集用户行为数据,你可以了解诸如 Jim 这样的用户想要什么。

你会发现没有什么能够替代好的证据。让我们看看 Netflix 可以记录什么,以及是如何解释的。

## 2.1 在浏览网站时 Netflix 如何收集证据

让我们回到 Netflix 来看一个证据的示例。Netflix 登录页面上的所有内容都是个性化的(不论是行标题还是其内容),但顶行是个例外,这是一个每个人都能看到的或可能只有与我相似的用户能看到的广告。图 2.1 显示了我的个性化 Netflix 页面。

每个用户看到的行都是不相同的,其标题从熟悉的类别(如喜剧和剧情片)到高度定制的部分(如 20 世纪 80 年代科幻时间旅行电影),不一而足。[2] 在我的 Netflix 登录页面上,头几行包含最近添加的内容、系统的推荐和热门内容。在当天,第一个个性化的行标题是 "Dramas"(剧情片),这表明在各种类型(或者说行标题)之间,Netflix 预测剧情片最符合我的兴趣。"Dramas" 行中包含了 Netflix 认为的该

---

1 可以在链接13所指向的网站上免费下载这本书。
2 这个例子来自Netflix。我很想知道这个类别里面有什么,因为我确定我想看所有的电影,但除了电影《回到未来》,里面还可能有什么?更多有关Netflix丰富多彩的分类详细信息,请参阅链接14所指向的文章。

类别中我感兴趣的内容列表。图 2.2 显示了在我的剧情片列表中所显示的内容。

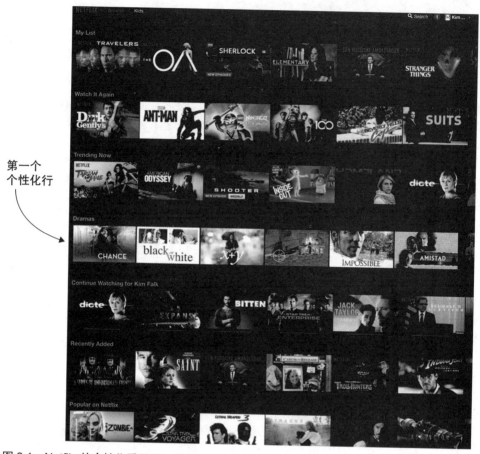

图 2.1 Netflix 的个性化登录页。在这一天,剧情片占据了首位

图 2.2 Netflix 的剧情片行,可以使用箭头按钮滚动剧目,或者单击行标题获得完整的列表

将鼠标光标悬停在这一行,可以使它横向滚动,显示剧情片类型中的其他内容。当我滚动 Dramas 行的内容时,这对我来说意味着什么?这可能意味着我正在写一本书并试图截图,但最有可能的是,它表明我喜欢剧情片并希望进一步查看这个列表。

如果我看到一部看起来很有趣的电影，那我可以把鼠标光标放在上面查看细节。如果这些细节进一步激起我的兴趣，我还可单击进入电影页面。如果这个时候依然感觉不错，我要么把它加入我的列表（My List），要么就直接开始观看。

你可能认为对于任何一个电商网站来说，用户看细节意味着他感兴趣，只有看（和看完）一部电影的行为才等同于购买。但对于流媒体网站来说，事情还没有结束。如果一位访客开始看一部电影，这是一个积极的事件，但如果他在3分钟后停下来而且再也没有重新开始看，那么这表明他不喜欢所看到的内容。如果他稍后或在某个时间段内重新开始看这部电影，这可能意味着他们比第一次看的时候更喜欢它。

**通常来说目的是有差异的**

电商网站的目的通常是让人们购买商品，即使顾客购买的商品可能并不完全是他们想要的。这取决于网站与商品的关系。例如，如果亚马逊卖给你一件质量很差的T恤，你会说这个品牌的T恤很糟糕，但你可能还会回到亚马逊去买别的T恤。如果你从Gap网站买了一件T恤，但你不喜欢它的质量，那么你可能会去另一家网站。

基于订阅的网站会有点儿不同。Mofibo（网址参见链接15）在丹麦、瑞典和荷兰的市场上提供电子书流媒体服务，它提供了一些推荐以激发读者的兴趣，但有一个问题，就是读者在开始阅读之前必须知道它是哪种类型的书，这对Mofibo很重要。因为读者每次打开一本新书（不是翻开一页，而是打开一本书），Mofibo都要支付费用，尽管Mofibo希望你尽可能多地阅读，但它也希望尽可能减少必须付费的图书数量。

## 2.1.1 Netflix 收集的证据

让我们试着想象一下在Netflix网站的背后发生了什么，以及它们收集了一些什么数据。比方说，周六晚上在Jimmie家，Jimmie在Netflix上的用户ID是1234，他用微波炉爆了一盆爆米花，然后打开Netflix并执行以下操作：

- 滚动剧情片（ID 2）行。
- 将鼠标光标悬停在一部电影（ID 41335）上查看详细信息。
- 单击鼠标以获取关于该电影的更多详细信息（ID 41335）。
- 开始观看电影（ID 41335）。

当Jimmie看电影时，想象一下Netflix服务器上发生了什么。表2.1列出了可以从这个用户那里收集到的几个事件,以及它们可能意味着什么。此外,我还添加了一个包含事件名称的列,用于将表 2.1 与后面描述的日志相关联。

表 2.1 Netflix 的证据示例

| 事件 | 含义 | 事件名称 |
| --- | --- | --- |
| 滚动主题行 | 用户对该主题感兴趣,在这里是剧情片 | genreView |
| 将鼠标光标放在电影上来请求电影内容的概述 | 用户对该电影感兴趣,因此表明他对这一类别的影片有兴趣 | details |
| 单击电影来请求其内容的详细信息 | 用户展现出对该电影更多的兴趣 | moreDetails |
| 将电影添加到 My List | 用户想以后再看这部电影 | addToList |
| 开始观看电影 | 用户"购买"了该电影 | playStart |

如表 2.1 所示,对系统来说,所有这些事件都是证据,因为它们揭示了用户的兴趣所在。表 2.2 显示了 Netflix 如何记录证据。

表 2.2 Netflix 可能会这样记录证据

| 用户 ID | 内容 ID | 事件 | 日期 |
| --- | --- | --- | --- |
| 1234 | 2 | genreView | 2017-06-07 20:01:00 |
| 1234 | 41335 | details | 2017-06-07 20:02:21 |
| 1234 | 41335 | moreDetails | 2017-06-07 20:02:30 |
| 1234 | 41335 | addToList | 2017-06-07 20:02:55 |
| 1234 | 41335 | playStart | 2017-06-07 20:03:01 |

或许还有很多其他的列,如设备类型、位置、速度和天气等,都可以用来更好地理解用户的上下文。我甚至可以大胆地说,这个场景中的日志事件数量还有很多,但我们还是让这个例子简单点吧。同样,事件类型列表可能也要长得多。

既然现在你已经大致了解了什么是证据,那么就可以开始研究证据收集器的实现了。证据收集器被用于收集诸如表 2.2 中所示的数据。为了让你相信这不仅仅适用于媒体流网站,我们来看另一个场景。

### 花园工具网站示例

我曾经有一个同事,他把所有的休息时间都花在网络上,就为了买园艺拖拉机,或者买任何能在花园里用的以汽油为燃料的东西。让我们想象一下,这位前同事在短暂休息的间隙,打开了他最喜欢的(假设有这么一个)网站"Super Power Garden Tools"(超级动力花园工具)。他做了以下事情:

- 选择"Garden Tractor"(园艺拖拉机)类别。

- 单击一个可以拔起树木的"green monster"（绿巨人）。
- 单击"Specifications"（规格）以查看它可以拔起的树的大小。
- 购买"绿巨人"。

这些事件和挑选电影是一样的，只是购买昂贵商品可能比看电影更慎重一些，我希望你能了解这里面的情况。

## 2.2 寻找有用的用户行为

用户参与度高的网站使其拥有者能够收集到大量相关的数据，而大多数只有一次性访客的网站则需要重点关注内容之间的关系。如果你没有一个拥有大量用户交互的流媒体服务来收集数据，也不要失望，很可能还有很多其他可以收集的东西。

理想情况下，推荐系统收集用户与内容交互时的所有数据，包括测量大脑活动、接触商品时血液中释放的肾上腺素或用户手上出汗的程度。我们的生活连接得越紧密，这种场景听起来就越现实。

在电影《机器人瓦力》（*WALL-E*）中，人类变成一种没有形状的东西，一生都活在屏幕前的一把椅子上，所有跟他们有关的东西都被输入计算机（想想看，我大部分时间都坐在屏幕前，但至少我会在屏幕之间移动）。由于大多数人除了被连接到推荐系统之外还有其他事要做，因此我们需要降低一些期望值。但是通过网络，我们比任何实体店都更接近用户，所以我们可以了解到更多东西。

### 内容与提供商的关系

在第 1 章中，分类法中有一个维度就是目的。目的很重要，因为它可能会产生用来计算推荐的特定策略，以及你想要推荐的内容。

我们拿一部电影来举例子：如果你在 Netflix 上看了一部糟糕的电影，它会告诉你一些关于 Netflix 上的内容质量的事情，因此你会认为 Netflix 有些方面做得不够好。如果亚马逊出售了一部糟糕电影的蓝光光盘，你可能不会认为这是亚马逊的错，但是如果你在亚马逊上找这部电影却找不到，你就会认为这是亚马逊的错了。虽然 2.1 节中已经用 T 恤作为例子讲过这一点，但我觉得它值得再三强调。

Netflix 的目的是展示你喜欢的好电影。亚马逊向你展示要买的东西，但你是否喜欢它们并不重要。要说亚马逊完全不在意你是否喜欢也不公平，毕竟它在推动用户写评论和给内容打分上投入了大量资源,但为了举例,我们假设它是这样的。

### 2.2.1 捕获访客印象

为了更好地说明消费者-商品关系生命周期中发生的事件,我将其分为以下步骤,如图2.3所示。

1. 消费者浏览网站。就像在实体店一样,消费者会四处看看店里有什么,他们没有明确的目标。需要注意的是消费者在哪些地方停留并表现出兴趣。
2. 消费者对一种或多种商品感兴趣。这有可能是消费者从一开始就知道他在寻找特定的东西,也可能是偶然间产生的兴趣。
3. 消费者将商品添加到购物车或待购清单中。
4. 消费者购买商品。
5. 消费者消费商品。例如,观看电影或阅读书籍。如果这个商品是一次旅行,那么消费者会踏上旅程。
6. 消费者为商品评分。有时候消费者会返回商店/网站为商品评分。
7. 消费者转售或以其他方式处置商品。商品的使用寿命已经结束,它被处理、删除或转售;在这种情况下,商品可能会再次经历相同的循环。

稍后我们将探讨在这些步骤中可以收集到什么。但是请注意,明确的反馈是以评分的方式在第6步或之后的步骤中完成的。这已经到了整个过程的后期。因此,如果人们通常谈论的第一件事是商品评分,你应该在这之前准备好数据(比如默认的初始的评分)。

### 2.2.2 可以从浏览者身上学到什么

现在我们来详细解读图2.3中第1~3步中发生的事情。浏览者也就是浏览内容的消费者。他们可能会随机地浏览许多不同的内容,但往往会在相关或感兴趣的内容上停顿。在实体商店中,浏览者在店中漫步,没有表现出任何方向或目的。从某种意义上说,消费者正在为其日后的购买收集情报。

## 2.2 寻找有用的用户行为

图 2.3 消费者 – 商品关系生命周期

### 浏览者

浏览者就是一个浏览内容的消费者。正如我之前所说的,浏览者应该尽可能多地接触不同的事物,而系统的推荐应该反映出这一点。如果你能将一个访客界定为浏览者,那么你就可以利用这些信息来生成适合这种氛围的推荐。

这里你需要收集的数据是浏览者在何处停留和研究商品。同样值得跟踪的是浏览者看过哪些内容而这些却没有引起他的兴趣。但是你能确定页面视图（商品视图）总是正确的吗？

### 页面视图

电商网站中的页面视图（page view）可能意味着很多事情。它可以识别出访客（或浏览者）对网站感兴趣，也可以识别出那些人在网站中迷路或在随意单击。在后一种情况下，大部分的单击不是积极的。迷路的用户会在访问网站时有很多次单击行为但没有产生任何转化。

另一方面，一个优秀的推荐系统可以减少页面浏览量。这是因为人们可以从推荐的链接和商品中找到他们想要的一切，而无须先到处浏览。

### 页面持续时间

要确定浏览你网站的访客对什么内容感兴趣，可以测量他在内容页面持续停留的时间。但这种方法够直截了当吗？如果你假设用户没有做任何其他事情，那么接下来他要做的就是通过当前页面上的链接跳转到一个新页面。表 2.3 给出了一种方法，解释了浏览者在页面上所花时间的可能含义。

表 2.3 页面持续时间和可能的解释

| 页面持续时间 | 可能的含义 |
| --- | --- |
| 少于 5 秒 | 不感兴趣 |
| 超过 5 秒 | 感兴趣 |
| 超过 1 分钟 | 非常感兴趣 |
| 超过 5 分钟 | 可能去喝咖啡了 |
| 超过 10 分钟 | 未跟踪链接的情况下中断或离开页面 |

你可以调整页面持续时间以适应你的业务领域，但我认为大多数人会同意上面这些解释应该是正确的。哪些数据值得保留下来？好吧，所有都值得。停留不到 5 秒表明不喜欢，5 秒到 1 分钟可能意味着用户"感兴趣"，1~5 分钟可能意味着用户认为"这很棒"，5 分钟及以上就很难说了。所有这些都取决于页面的内容。这不是一门精确的科学。

### 扩展单击

除了页面持续时间之外，还有其他方法可以记录用户对内容的兴趣。添加小控件交互，能帮助你确定用户在做什么。例如，网站经常使用指向更多信息的链接，

## 2.2 寻找有用的用户行为

如图 2.4 所示。这对用户来说很方便，如果他们感兴趣，他们可以快速浏览或扩展链接。同样，用户可以向下滚动查看评论或技术细节。如果用户执行了其中的某个操作，就可以认为他对此感兴趣。

扩展链接是一种观察
用户行为的好方法

图 2.4　一个扩展链接被单击，就意味着该访客对此感兴趣。这是 Amazon.co.uk 上的一个例子

### 社交媒体链接

你还可以为那些非常喜欢某件东西、希望与其他人分享的人添加社交媒体按钮（参见图 2.5）。你不能控制在 Facebook、Twitter 或其他社交媒体网站上发生的事情，但是你可以收集用户分享某件东西的事件。

图 2.5　常用的社交媒体链接

### 保存以备后用

"保存以备后用"（Save for Later）的功能允许用户将东西添加到列表，该功能非常强大。如果用户发现了一些感兴趣的东西，为他们提供一个功能以便其保存那些东西以备后用（如果他们不立即购买的话），是一个很好的点子。这个功能的形式可以简单到像为页面添加一个书签链接。更进一步，可以做成愿望列表、收藏夹列表或浏览列表，这取决于内容的类型。其他表明用户感兴趣的迹象可能是下载宣传册、观看有关特定内容的视频，或者针对某个特定主题注册一个消息通知。

### 检索词

访问网站可能意味着人们要么正在浏览，要么正在寻找一些特别的东西。如果页面布局良好，大多数用户可以快速找到他们想要的内容。Netflix 表示，每次有人开始搜索，都被视为推荐系统的一次失败，因为这意味着人们在推荐系统中找不到任何想要观看的内容。我可以肯定地说我不认可这个观点：我就经常使用搜索功能，因为有人推荐了一些我平时可能不会观看的内容。在任何情况下，检索词都是理解用户所需内容的最佳方式之一。

图 2.6 展示了一个 Netflix 搜索窗口。这个网站拥有海量的电影，所以如果你搜索"Wonder Women"（《神奇女侠》），它会显示类似标题的影片，即使"Wonder Women"不在目录中。

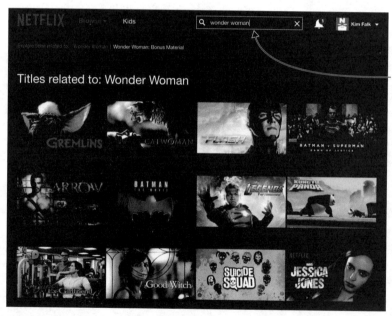

搜索"Wonder Women"的结果表明，Netflix 知道"Wonder Women"这部电影，哪怕它不在其目录中。

图 2.6 在 Netflix 搜索"Wonder Women"后得到的搜索结果

即使系统不能提供用户所搜索的内容，记录下该事件依然是有价值的。如果用户正在寻找电影，你就知道他对该内容感兴趣。有了这些信息，你的推荐系统可以推荐类似的内容。

## 2.2 寻找有用的用户行为

> **将搜索到的项目与最终消费相关联**
>
> 关于检索词（用户在搜索字段中输入的内容）需要考虑的另一件事是，将搜索的内容与消费的内容联系起来，这是一个好主意。比如说，用户搜索 *Star Wars*（《星球大战》）并观看了 *Harlock: Space Pirate*（《哈洛克：太空海盗》），而这部影片又会涉及 *Babylon A. D.*，于是用户最终会看它。也许把 *Babylon A. D.* 放到对 *Star Wars* 的搜索结果中是值得尝试的。

### 2.2.3 购买行为

购买商品意味着消费者认为该商品有用或可爱，或者它可能可以作为礼物。很难确定某次购买商品是消费者为自己买的，并因此而将其作为理解其偏好的部分证据，或者也许它是一个礼物或诸如此类应该被忽略的东西。

弄清楚哪些购买是在买礼物而哪些不是，这是一个有趣的问题。此次购买的商品与该用户迄今为止所消费的商品风格不同，可能表明这是该用户偏好的一个新维度，也可能说明它是一个礼物。不管怎样,它都应被视为数据中的离群点（outlier,异常值）。

从图形上看，显示为远离主体的点，如图 2.7 所示。因为你不能确定离群点的含义（是礼物还是新的兴趣），所以最好忽略它。相反，它也可能是新趋势的第一个指示器，那这就是一个可以探索的机会。

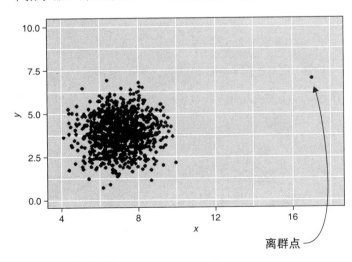

图 2.7　离群点样例

买东西的行为意味着该商品用一种很好的方式进行了展示，尽管它没有说明消费者是否喜欢这个商品。至少，如果这是消费者第一次购买商品，事实就是如此。第一次购买可能并不意味着认可，但第二次购买很大可能就是认可。无论哪种方式，购买都可以被解读为积极的信号。

### 2.2.4　消费商品

当有东西被购买时，商店就失去了与商品的联系，而且如果它不是由网站提供的流式商品或服务，就无法跟踪它的使用方式。

#### Endomondo

电影和音乐不是在线消费的唯一内容。Endomondo 是另一个提供在线服务的网站样例。这个社交健身运动网通过允许用户使用运动跟踪器来收集关于用户活动的统计数据。

Endomondo 会跟踪用户使用其功能的程度，该公司会据此推荐类似服务或了解应该在何处开发新服务。电话公司还可测量消费者如何使用他们的电话，它们可以用恐怖的方式跟踪我们。下面将讨论你可以从流式商品中学到什么。

#### 流式商品

在流媒体服务（包括音乐、电影甚至书籍）的案例中，所有的用户交互都可以被视为隐式评分。用户听了一首歌，表示他喜欢它。但是，可以对这些数据做进一步分析。下面列出了用户与音乐或电影的互动。

1. 开始播放：用户感兴趣，这已经具有积极的意义了。
2. 停止播放：哦，等等，也许用户由于好奇开始播放，但开始播放后觉得它很糟糕，所以停止了。在前 20 秒内停止播放一首歌（或在前 20 分钟内停止播放一部电影）可能是一个不好的迹象。在接近结束的地方停止可以被认为是其他情况。
3. 继续播放：好吧，忘记系统里记录的所有负面隐式评分。停止后再恢复可以有很多种含义。如果在 5 分钟内恢复播放，可能是某人或某事打断了消费者，所以这种停止和恢复就无须考虑。但如果用户停止播放并在 24 小时之后恢复播放，则说明用户可能会喜欢这个内容。

4. **快进**：如果用户在中间跳过某些内容，这可能不是一个好兆头——当然前提是这是他第一次观看。比方说，如果这部电影是这个用户第 10 次被观看，那么跳过一个无聊的场景可能并不会使电影的整体感受变差。本书的技术审校者就谈到，对于音乐，他常常快进歌曲来了解一首歌唱的是什么，或是否值得一听。歌曲的上下文比较少，所以通过快进，你可以知道自己是否喜欢其中的内容。但这不适用于电影。
5. **播放到最后**：我们有了一个胜利者！这是一个很好的信号——用户可能不会对它评价很高，但如果他们坐在那里看完整部电影，可能意味着他们会观看类似的电影（播放到结尾意味着一直播放到电影结束并且片尾开始滚动）。
6. **重播**：重播对于电影和音乐来说可能都是积极的信号，但对于提供教育视频的网站来说，可能表示该专题太难了。

这些步骤适用于大多数流媒体商品。如何从流式商品收集证据取决于所使用的播放器类型。

对于 Endomondo（它也是一种流媒体服务）而言，这些步骤和解释并不真正成立。从这个意义上来说，如果你启动 Endomondo 并表明你已经开始跑步（按"Play"按钮），那么如果你在 10 公里后暂停这个 App，这可能与你对这个 App 的喜爱程度没有任何关系，或许意味着你应该减肥了。

### 2.2.5 访客评分

最后，我们来讲每个人都挂在嘴边的东西：评分。Netflix 的名言是：

*The more you rate, the better your suggestions.*（你评价的越多，你的建议越好。）

这可能是一个真理，但需要做稍许修正，稍后你就会看到。大多数推荐系统都使用了评分，但那些用户评分通常会根据用户行为进行加权。评分对这些系统来说只是第一步。你想要的是采集用户的行为。

许多网站允许用户查看他们浏览、购买或使用过的内容。这使系统能够更好地了解用户的喜好，以便将来更好地为用户提供建议。你可以通过添加一定数量的星星（帽子、笑脸表情等）来确定评分，但在这些图案背后，其实是一个代表某个等级的数字。和大多数地方一样，亚马逊试图通过给出一段提示文字来帮助你了解每一颗星星的含义。图 2.8 展示了亚马逊图书评论的一个例子。

亚马逊给了你一点提示，告诉你三颗星代表你认为这本书还可以。

图 2.8　当在亚马逊上评价某个商品时，它为星星数量的含义给出了提示信息

在亚马逊上，当用户将鼠标光标移到星星上时，会显示一条描述信息。在这种情况下，四颗星实际上意味着用户说"我喜欢它"。除了评分之外，某些网站，例如 TripAdvisor，还鼓励用户撰写评论。

可以说一个五星评分加上一篇书面评论可以算作一个五星以上的评价，因为写评论的人会思考得更多。一颗星评分的情况也是如此。但是，如果一个人为所有的评分都给了一篇书面评论，我们可能不能认为这种情况有更多的附加值。买了东西而不打分，这能表明你喜欢它吗？

### 控制感

当仅需要添加水就能做出蛋糕的蛋糕粉（参见图 2.9）首次上市时，遭遇了巨大的失败。对于忙碌的消费者来说，这款商品似乎是完美的：他们唯一要做的事情就是加水。通过对消费者的研究发现，问题不在于流程简单，而在于流程过于简单。烘焙蛋糕是为了创造，但是预先准备好一切使得这个过程变得太容易了，它剥夺了消费者的控制感。制造商们说，"好吧，我们也会让他们加鸡蛋。"于是，生产成本降低了，消费者感觉拥有了更多的自主权。当这种蛋糕粉再次上架，并加上添加水和鸡蛋的说明后，就取得了巨大的成功。

许多网站允许用户添加他们的偏好也是出于同样的原因：就是给用户一种控制感，使他们觉得自己能控制系统，让其知道自己的偏好是什么。Netflix 声称许多人表示他们喜欢纪录片和外国电影，但实际在看美国情景喜剧。那么，Netflix 应该给

出什么样的推荐：是那些你自己选择的但感受很差的娱乐节目，还是你真正想要看的内容？

图 2.9 巧克力蛋糕粉。该商品刚上市时，消费者只需添加水就能做出蛋糕，但它并不成功；当消费者被要求添加水和鸡蛋时，大获成功

这就是为什么很难用带有评分的数据集来测试推荐系统是否优秀的原因之一。数据集可以测试你的预测计算是否有效，但不能测试推荐系统是否会吸引更多用户。

### 保存评分

当用户添加评分时，它是一个事件，并且该事件应该像其他事件那样被保存在证据中。它可能也值得被直接保存在你的内容数据库中，这样当你向用户展示内容时，同时显示该内容的平均评分。

### 负面用户评分

如果你作为一个消费者想要表明不喜欢某些内容，事情就会变得有点棘手，因为要评价某样东西你至少必须给它一颗星。一颗星都没有意味着你根本没有打分。如果你讨厌什么东西，你就不会想给它任何星星，哪怕一颗星也不想给。从某种意义上说，不评分比"我讨厌它"要好，而对于后者，你可以在亚马逊上用一颗星来表示，如图 2.10 所示。

图 2.10　在亚马逊，给一颗星表示你讨厌某个东西。此处不是我不喜欢这本书，只是一个例子。如果你想学习 Deep Learning，那么这本书就是你要读的

不喜欢某件东西可能意味着不必费心去评价它。但是如果有什么事情真的让你很恼火，你可能会想在某个地方释放你的懊恼，而这通常是以一个负面评论的形式出现的。

图 2.10 中的评分不是我给的。如果你有机器学习的背景，我绝对推荐 *Deep Learning*（MIT Press，2016）这本书；否则，你最好从 Andrew Trask 的 *Grokking Deep Learning*（Manning，2016）开始学习。

**投票**

许多网站围绕用户对某个事物是好是坏的投票，已经成功地建立起一个社区。例如，TripAdvisor 唯一的服务就是对酒店和餐馆的评分。另一个例子是 Hacker News（网址参见链接 16），其中用户负责添加内容，这些内容可以是文章和博客的链接，主题是"优秀黑客发现的有趣的东西"。添加内容后，你可以对其投票。内容获得的票数越多，在页面上的位置就越靠前（几乎就是这么简单，稍后你可以好好看一下算法）。使用投票的网站被称为信誉系统（reputation system）。

### 2.2.6　以（旧的）Netflix 方式了解你的用户

对于一个几乎完全基于推荐构建的页面来说，收集尽可能多的关于用户偏好的信息是非常重要的事情。如果 Netflix 认为你的偏好与众不同，那么找到你想看的内容可能会很困难。某些人持另一种观点，他们声称推荐系统会操纵人性。因为推荐系统不能为所有内容提供平等的机会，所以它操纵你。我理解这个观点，但我不同意。

Netflix 曾经向用户提供了一项功能，帮助其创建偏好配置。[1] 此功能已经不再可用了，但在它还能用的时候，你可以在图 2.11 所示的 "Taste Profile" 菜单中找到它。它采用让用户选择观看频率的方式，来对节目和电影进行评分并选择类型，例如 *Adrenaline Rush*。然后，Netflix 会检验用户的评分是否符合他们目前的想法。

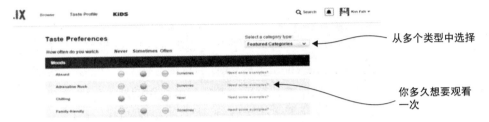

图 2.11　2015 年 Netflix 的 "Taste Preferences"（偏好配置）页面。该功能已不再可用

为了给用户提供更好的推荐，Netflix 对偏好的细节信息使用手工输入的形式。要求用户帮助设置偏好配置是一种常见的方法，这使推荐系统能够为新用户提供建议。

## 2.3　识别用户

只有当你有一种方法能唯一识别用户时，收集用户数据才有用。最好的方法是让用户登录到你的页面，这样你就有了确定的用户身份标识。另一种方法是使用 cookie。

通常，网站首先设置一个 cookie 并将所有信息连接到该 cookie。如果用户随后通过登录或创建配置文件来提供标识，则 cookie 中的所有信息都将被传输到该账户。使用 cookie 时要小心，因为该计算机可能是一台多人使用的公用或家庭计算机。在多个会话中将数据保存到 cookie ID 可能会产生误导。

如果你没有已登录的用户，那就还存在跨设备问题，这意味着即使你在一个设备上识别出一个用户，系统也无法在不同的设备上识别出他。某些服务可以帮助你解决这一问题，但始终存在不确定性。请尽可能让用户注册并登录。无论如何，只有你识别出用户，个性化推荐才能发挥作用。

---

1　更多信息请参阅链接17。

## 2.4 从其他途径获取访客数据

你的网站是唯一的，在你的网站上收集的数据是最适合揭示用户行为的数据。但如果你能用一些手段从其他地方获取数据呢？

从社交媒体网站开始就不错，而且如果你幸运的话，你的访客喜欢某些与你的目录中内容相匹配的东西。你选择的社交媒体网站可以是 Facebook、LinkedIn 或类似的网站，这取决于你的网站的内容。很多人会认为连到 Facebook 很好，但是如果你的网站不处理电影或书籍，从 Facebook 添加数据的目的是什么？然而，大多数网站都会从所得到的一些简单的信息中获益，如访客的年龄或居住地。

可能还有其他的方法来获取信息。例如，养老金计划的推荐系统可以从了解用户是否阅读金融书籍中获益。这表明用户对股票市场感兴趣，并可能对养老金计划更感兴趣，因为养老金计划使其能够对投资组合拥有更多的控制权。

另一个需要考虑的问题是，许多算法根据相似用户来计算推荐。如果系统拥有许多用户的相同数据，即使这些数据可能与你的站点内容无关，它仍然能使系统找到可用于创建推荐的类似用户。我相信，汽车经销商网站可以找到一种特殊类型的电影被大多数 SUV 车主所喜欢，或化妆品网站可以基于年龄和性别给用户推荐商品。在 IT 行业工作的人可能喜欢小工具而不是电话，而火车司机可能会喜欢太阳镜。

## 2.5 收集器

我们现在来看一下为 MovieGEEKs 网站实现的证据收集器。我们只看核心部分，感兴趣的读者可以研读代码中的细节。

考虑到网站的性能和可靠性，最好不要把证据收集任务添加到当前的（Web）应用中，而是把它添加到一个并行结构中，该结构能支持你想要实现的功能。这样，如果用户在你添加推荐系统后开始变得无比活跃，或者你的网站负载接近网站所能承受的上限，那么就可以将证据收集器迁移到其他服务器上，以便扩容。

这个证据收集器有两个逻辑部分：

- 服务器端——在我们的示例中，服务器端是用 Django Web API 构建的，它作为终点，可以被用户接触到的任何对象使用。大多数情况下它是一个网页，但它也可以是手机上的应用或连接到互联网的任何类型的设备——任何用于收集相关事件的东西。当服务器收到一个事件已发生的通知时，它唯一的工

## 2.5 收集器

作就是保存它。Web API 是一个配置成接收此类消息的 HTTP 地址,并且基本上可以用任何类型的框架实现。

- 客户端——传统意义上不会有客户端部分,因为没有可以请求的网页。客户端由一个简单的 JavaScript 函数构成,该函数将证据发布到服务器上的证据收集器。

有了一个收集器,你就可以开始在 MovieGEEKs 或自己的网站上收集数据了。为了将证据收集器与 MovieGEEKs 架构的其他部分联系起来,图 2.12 突出显示了第 1 章架构图中的证据收集器中的元素。

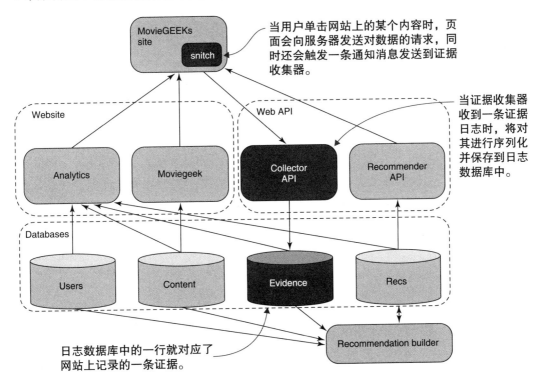

图 2.12 MovieGEEKs 的证据收集器和记录器架构

你可能在想,为什么不使用 Django 日志来省去添加另一个应用的所有麻烦呢?考虑下面两点:

- Django 日志是服务器端运行的代码产生的,因此你无法保存用户行为(除非将其置于某种会话状态并将其保存在下一个请求中)。所有事件(如悬停鼠标光标和滚动页面)都会丢失。

- 收集器让你可以从任何地方接收证据，而不仅仅是网站。未来除了实体店，你还可以通过手机应用或其他奇怪的小工具来记录证据，这很快就会成为现实。

由于收集的数据很简单，所以最好将其保存在以逗号分隔的 CSV 文件中。这样，如果使用 CSV 文件的系统在其他地方，转移起来也更加容易。然后，可以将 CSV 文件发送给一个服务，该服务以系统可以处理的速度提取数据。这样，你总是有一个缓冲区来确保系统不会过载。但是，因为 CSV 文件不易查询，而学习推荐系统时，查询数据又非常重要，因此，你应该使用一个数据库。

### 2.5.1 构建项目文件

启动和运行 MovieGEEKs 都相当容易。你需要在链接 18 所示的网址上下载或克隆 GitHub 库。下载完成后，请按照 readme.md 文件中的说明进行操作。

### 2.5.2 数据模型

收集大多数类型的交互非常重要。前面的章节指出你所需要的只有三样东西：用户 ID、内容 ID 和事件类型。实际上你还需要更多的东西才能让证据记录器运行起来，如图 2.13 所示的数据模型中所列。

```
Logger
date:         datetime
user_id:      varchar(64)
content_id:   varchar(16)
event:        varchar(200)
session_id:   integer
```

图 2.13 证据记录器中的数据模型

`session_id` 是每个会话的唯一标识。稍后，你可以向此模型中添加更多内容，例如，设备类型或上下文。但就目前而言，可以从这些字段先开始。

在记录器周围可以找到管道，如果你有兴趣可以深入研究，它其实是一个 Web API，它对图 2.13 所示的数据请求开放。后面我们将谈论它是如何被植入 MovieGEEKs 网站中的，实际上你可按照请求进行标记。但是先让我们看看你应该在客户端做些什么。

> **关于时间的说明**
>
> 记录时间总是一件麻烦的事情，因为你必须考虑不同的时区。全部使用本地时区意味着你可能会遇到事件顺序问题，因为在不同时区同时发生的事件将相距很远。但是记录本地时间意味着你可以在全球范围内使用诸如"下午"之类的短语，而不必为每个时区查看不同的时间间隔。

### 2.5.3 告密者（snitch）：客户端证据收集器

任何与用户互动的事件都可以作为证据被收集起来，从一个手机应用，到你慢跑时放在鞋子里的设备。

事件记录器是一个调用事件收集器的简单 JavaScript 函数。如果出现错误，它不会做任何事情，因为这不是终端用户可以做的事情。在生产环境中，追踪证据是否被记录下来是有价值的，但这可能不是正确的做法。

在你想要收集数据的项目中应该包含"告密者"（snitch）。在 /moviegeek/static/js 文件夹中可以找到一个名为 collector.js 的文件，其中包含清单 2.1 所示的函数，它创建了对收集器的 AJAX 调用。

**清单 2.1　创建对收集器的 AJAX 调用：/moviegeek/static/js/collector.js**

```
function add_impression(user_id, event_type, content_id,
                        session_id, csrf_token)
{
    $.ajax(
        type: 'POST',
        url: '/collect/log/',
        data: {
            "csrfmiddlewaretoken": csrf_token,
            "event_type": event_type,
            "user_id": user_id,
            "content_id": content_id,
            "session_id": session_id
        },
        fail: function(){
            console.log('log failed(' + event_type + ')')
        }
    })
};
```

注释：
- 生成一个 AJAX 调用。
- CSRF 中间件令牌，它允许你的站点从不同的域调用其他站点。
- RESTful 风格，发送 POST 消息，因为你正在向数据库中添加内容。
- 这里是三个重要的数据元素。
- 这是唯一的会话 ID。
- 如果失败了，那么将一些信息输出到浏览器调试控制台。不要向用户显示任何内容。

对清单 2.1 中所示函数的调用最终将由清单 2.2 所示的 /moviegeek/collector/view.py 中的 `log` 方法接收。

**清单 2.2  接收来自清单 2.1 的调用：/moviegeek/collector/view.py**

```python
@ensure_csrf_cookie
def log(request):
    if request.method == 'POST':         # 此方法只对POST类型的消息感兴趣。
        date = request.GET.get('date', datetime.datetime.now())   # 创建时间戳并添加到所创建的字段中。
        user_id = request.POST['user_id']
        content_id = request.POST['content_id']
        event = request.POST['event_type']
        session_id = request.POST['session_id']
        l = Log(
            created=date,
            user_id=user_id,
            content_id=str(content_id),
            event=event,
            session_id=str(session_id))
        l.save()                          # 在数据库中保存一条日志记录。
    else:
        HttpResponse('log only works with POST')   # 即使不是POST消息，也能很好地响应。
    return HttpResponse('ok')
```

## 2.5.4  将收集器集成到 MovieGEEKs 中

MovieGEEKs 应用涵盖了表 2.4 中列出的示例。这些示例与表 2.1 中列出的类似，后者描述了 Netflix 站点上的用例。我在这里再次为这张表添加一个新列，显示将要收集的事件数据。

表 2.4  MovieGEEKs 的证据点

| 事件 | 含义 | 证据 |
| --- | --- | --- |
| 单击一个类型，如 Drama | 用户对该主题感兴趣（这里是 Drama） | (Kimfalk, drama, genreView) |
| 将鼠标光标放到电影上，如 Toy Story（请求内容概述） | 用户对该电影感兴趣 | (Kimfalk, ToyStory, details) |
| 单击该电影（请求电影的内容详情） | 用户对电影表现出更浓厚的兴趣 | (Kimfalk, ToyStory, moreDetails) |
| 单击 "Save for Later" 按钮以备后用 | 用户想要观看电影 | (Kimfalk, ToyStory, addToList) |
| 单击购买链接 | 用户观看电影 | (Kimfalk, ToyStory, playStart) |

### 记录类型事件

以下事件已在 templates/moviegeek/base.html 文件中实现。第一个要记录的事件是用户单击一个类型。如图 2.14 所示，在屏幕左侧列出的就是各种类型。

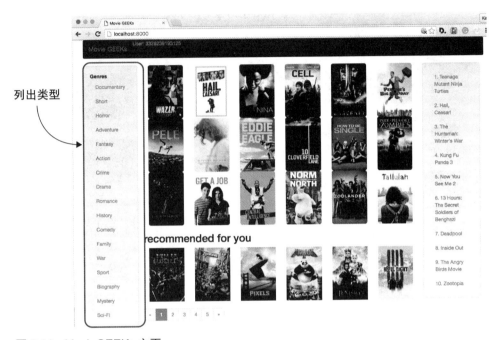

图 2.14　MovieGEEKs 主页

在电影类型上注册单击事件，会在每个链接中添加一个 onclick 属性。当前用户单击某个类型时，它会向收集器发出 HTTP POST 请求。我们不会对代码做过多介绍，因为里面有很多都是重复的，但是请仔细看图 2.15，以了解当用户单击某个类型时会发生什么。

1. 用户单击一个类型。
2. 执行 onclick 事件，调用清单 2.1 中的 JavaScript 函数。
3. 执行 add_impression 函数。
4. Web 服务器接收到 HTTP 请求，然后将其委托给 MovieGEEKs 站点。
5. MovieGEEKs 在 URL 列表中查找，并将所有包含 URL /collector/ 的内容委托给收集器应用。
6. 收集器应用程序将 log/ 与 view 方法匹配。

**7** view 方法创建一个日志对象。

**8** 使用 Django ORM 系统,将日志对象写入数据库。[1]

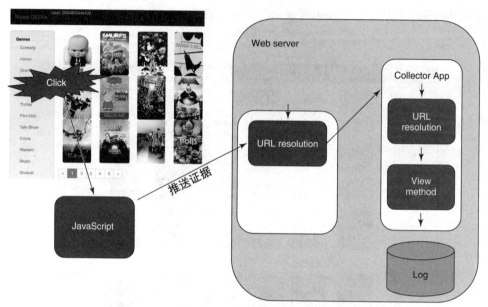

图 2.15　用户单击类型时会发生什么

### 记录弹窗事件

当用户单击一部电影时,会出现一个弹窗。弹窗(popover)是大型 tooltip(提示)的别名。图 2.16 显示了弹窗的样子。用户的单击行为表明他可能对该电影感兴趣,因此你应该记录下来。添加一个事件处理程序来完成这项工作,该程序在每次显示弹窗时都会调用证据收集器。

### 记录更多详细事件

在弹窗中找到了感兴趣的信息的用户可以单击"more details"链接。这也是值得注意的,因为它显示出用户对电影的进一步兴趣。

### 记录"保存以备后用"

如果用户没有单击"more details"链接,而是将内容添加到一个列表中,这是一个很重要的事件,因为它表明用户计划稍后购买或消费它。这个功能很实用。它

---

1　如需了解更多信息,请参阅链接19。

是详细信息图上的一个链接,记录了一个你稍后将调用的 `saveforlater` 事件。你还可以记录其他事件,但对于现在这个例子来说,这些事件就足够了。

图 2.16 带有弹窗的 MovieGEEKs 首页

## 2.6 系统中的用户是谁以及如何对其进行建模

在继续之前,你还需要考虑一下用户。我们已经讨论过用户的行为,但是在反映用户所知道和关心的内容时,还可以考虑哪些其他事情呢?如前所述,当谈到理解用户时,许多事情都是相关的。除了证据以外,你需要一个用户模型,可以将其转换为数据库表并使用。

了解用户时,什么信息可能是相关的?这个问题的答案要视情况而定。我讨厌这个答案,因为它是最无用的回答之一,就像"对,也不对""它曾经是真的,但现在不是了"。如果你跟我有相同的观念,就让我们假设这个问题没有答案,然后看一下在不同的场景中,可以找出哪些信息是相关的。另一个答案可能是"所有的都相关",理论上,一切都与推荐有关。

如果你在诸如 JobSite 这种网站上实施推荐系统,那么它与收集当前职位、教育背景、工作年限等信息有关。如果你是在浏览一个养老金网站，可能需要和在 JobSite 上收集的信息相同，但是健康数据（比如，用户多久去一次医院，以及用户正在服用的药物）也会引起你的兴趣。图书网站也可以使用前面提到的所有信息，因为它们都与你可能感兴趣的书相关。但大多数图书网站可能会使用诸如偏好和购买习惯之类的信息。

如果你不想说"视情况而定"，那我们就来说说"所有的都相关"。假设 Pietro 是在你的系统中创建的（参见图 2.17）。哪些信息可以存储在 Pietro 上？如果你可以检索图 2.17 所示的信息，那么应该在数据库中保存什么？在这个存储如此便宜的时代，为什么不把它们全部存起来呢？在以后的章节中，你会看到用它能做什么。

图 2.17　一个名为 Pietro 的新用户

在理想情况下，你希望在用户标识旁边保留一个键值对列表，如用户 ID、邮件地址和可能的其他附加信息。再说一遍，记住你正在做一个推荐系统，所以通常你需要保存一个送货地址，以及类似的信息。但就 MovieGEEKs 网站而言，这些并不重要。此类信息为你提供了一个与图 2.18 所示的类似的数据模型。

## 2.6 系统中的用户是谁以及如何对其进行建模

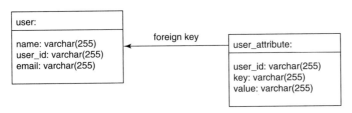

图 2.18 通用数据模型

有几件事情要关注。你要拥有：

- 足以保存一切的灵活性。
- 简单易用，代码具备可读性。

但这些偏离了我们的方向。因此，你应该做一个不那么灵活，但更容易使用的实现（对前面讨论的问题取一个中间值）。你可以创建一个包含上述大多数属性的表，以及一个包含以后可能需要的任何额外属性的表。你的用户数据模型可能如图 2.19 所示。

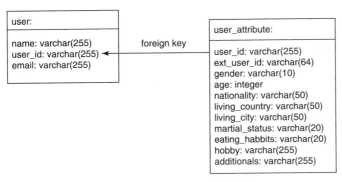

图 2.19 用户数据模型

继续讨论我们的用户 Pietro，你将保存如图 2.20 所示的数据。这个数据模型不太灵活，但是在你需要一个灵活的数据模型之前，最好尽可能地降低复杂度。

如果你有频繁来访的访客，你的日志里可能已经有一些信息向你描述访客了，这很好。当然，通过用户信息来检查算法的工作情况总是有效的。第 3 章我们会介绍角色以及如何为他们自动生成证据。

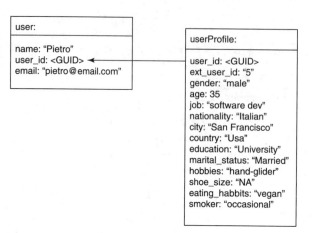

图 2.20　从用户 Pietro 收集到的数据

## 小结

- 使用 Web API 记录用户行为。这可能在网站之外的 Web 应用中运行，以确保在用户触发许多事件时不会导致网站性能下降。
- 通过将在网站中发生的所有事件绑定到一个调用，将"告密者（Snitch）"连接到网站。
- 良好的证据向系统提供了有关用户偏好的信息。最好把所有的事件都记录下来，因为在以后它们可能会有用。
- 隐式评分是从用户触发的事件中推断出来的，而显式评分是用户给出的实际评分。
- 隐式评分通常更可靠，但前提是你了解每个事件的含义。
- 显式评分并不总是可靠的，因为它们可能由于社会影响而产生偏差。

# 监控系统

本章篇幅比较短,不过仍包含大量信息:

- 我们将从分析开始,所有数据驱动的应用程序都应该如此。
- 我会试着让你相信分析的巨大价值,我们还将学习如何实现分析仪表盘。
- 我将介绍人物角色以及为什么他们有用。
- 使用这些角色,你将学会用不同的方式来表示用户的偏好。

在前几章中,我们学习了推荐系统产生的内容以及从网站的访客那里可以了解到的内容。此刻,你应该理解你想要实现的目标,以及需要什么样的证据来做到这一点。现在只差图 3.1 所示的中间的两个部分了。

图 3.1 从证据到推荐的数据流。一般我们从证据开始,将其汇总为网站的使用情况。有了这些数据,就可以了解用户的喜好,作为推荐系统的输入并生成推荐

要理解中间这两个步骤,就要找到一种方法来了解用户的最新动态。获取第 2 章中所述的收集器日志数据后,现在需要通过一种方法将每个用户的数据压缩成一个偏好项。可以用能自动生成交互的脚本来实现,这些交互将提供数据,而我也将基于此来展开讨论。然后,你将学习如何进行简单的分析,可以设置一些内容并持

续观察。

我一直认为很多分析是一个持续且简单的数据分析；它给了你关于数据的信息，但对于正在发生的事情仅触及其表面。不过，对你来说这可能已经足够了，正如你将在本章中看到的那样。在一本关于推荐系统的书中使用分析，其原因是你需要一种方法来了解正在发生的事情，并衡量你所有的努力是否会产生影响。你可能不在乎这个，因为实现一个推荐系统本身就足够有趣了，但是你的老板会想知道这个推荐系统是否有用。

你将学习你所要展示内容背后的理论，从而开始你的分析之旅。当你掌握这些理论之后，会看到它在 MovieGEEKs 网站上是如何应用的。

## 3.1 为什么添加仪表盘是个好主意

当我还在大学里攻读计算机科学本科学位时，大家常常取笑从事可视化工作的学生，称他们为"马戏团计算机科学家"。[1] 大学毕业后，我对任何包含彩色图形界面的东西都不太喜欢。我更欣赏表格中数据的平淡之"美"。

接触到更大的数据集和数据分析后，我发现自己的看法是错误的，也理解了数据可视化的重要性。在处理大型数据集多年以后，我坚信，运行一个没有任何可视化呈现的数据应用程序就像闭着眼睛开车一样：你感觉很棒，但当意识到有些事情出问题时，已经为时已晚。

### 3.1.1 回答"我们做得怎么样？"

让我们从一个问题开始，"你的网站运营得如何？"你会怎么回答？你的关注点在哪里？是钱吗？访客数量？平均响应时间？或者完全不同的东西？

通过增加推荐系统，你希望改进什么？第一个结果是，你的同事会更快乐，因为使用推荐系统是自从有了网店以来最好的事情。但是它会改变什么呢？这是本章要回答的问题。拥有一个数据仪表盘，对于理解你的网站的运营情况、如何使用你正在收集的数据，以及网站是否在改进，是至关重要的。

你希望从一个显示当前性能的基准开始。这一点非常重要，所以我认为如果没有分析仪表盘来监视事物，你肯定无法实现推荐系统。我强烈建议你在添加推荐系统之前先建设网站的分析模块。

---

[1] 在丹麦叫作马戏团数据日志（cirkus datalog），听起来比马戏团计算机科学家好一点儿。

## 3.1 为什么添加仪表盘是个好主意

在接下来的内容中,我们将看到一个用 MovieGEEKs 实现的仪表盘,你可以看到一个讲述如何跟踪事件流和用户行为的示例。不过,我们首先仔细看看你想要达到的目标。

### 仪表盘

大多数公司不太愿意公开他们是如何跟踪行为或监控性能的,主要是因为这可能是一个业务短板,而且它会让黑客知道公司可能存在哪些薄弱之处。此外,用户知道了推荐系统算法的太多细节,其行为就会变得不那么自然。这可能会导致结果出现偏差,甚至迫使用户做一些事情来推送特定方向的推荐。

在这个时候,当一切都应该更加个性化时,网站所有者需要了解他们的用户以及用户在站点上做的事情,以实现数据驱动的决策并对变化做出快速的反应。可视化有助于你更好地理解数据。请注意,你在本章要做的事情只是一个开始,当你对系统有了更全面的了解时,应该进行扩展!

### MovieGEEKs 仪表盘

MovieGEEKs 分析仪表盘的样子与图 3.2 所示的类似。在开始实现推荐系统之前,先了解这类事情绝对是有好处的。

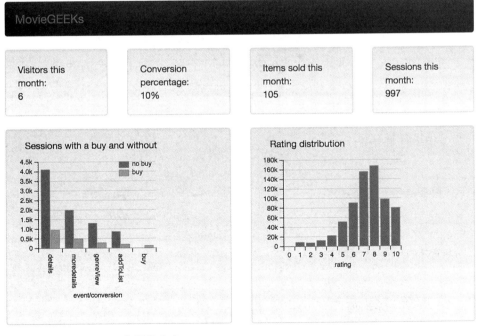

图 3.2 MovieGEEKs 分析仪表盘

## 3.2 执行分析

一个网站是否对其响应时间（或响应性）进行度量，是该网站是否成功的一个重要因素。有很多书介绍这个主题。在这里，你关注的是网站的业务部分，因为它可以让你知道你是否呈现了好的推荐。

> **免责声明**
>
> 不管推荐系统有多好，它也不可能超越网站内容本身。就算卖的肉品质再好，肉店也永远无法向素食者推荐任何东西。

### 3.2.1 网站分析

你要做的通常被称为网站分析（web analytics）。网站分析分为两类：离场分析和现场分析。离场分析（off-site analytics）主要是关于网站的潜力的，侧重于机会、可见性和声音。

- 机会（*opportunity*）——就该行业的总访问量而言，表明该网站的潜力有多大。
- 可见性（*visibility*）——表明找到该网站的难易程度。
- 声音（*voice*）——表明有多少人在谈论这个网站。

本章主要介绍现场分析（on-site analytics），它关心的是访客在网站上的行为（参见图 3.3）。现场分析的重点是转化、驱动因素和关键绩效指标（KPI），这些都将在后面的章节中进行解释。

图 3.3 分析程序的几个头部 KPI 指标

### 3.2.2 基本统计数据

对收集到的证据进行分析，可能不会给你带来 Indiana Jones 一般神奇的冒险感，特别是当你看到的数据是前面所述的生成的数据时。在本例中，你希望实现证据的可视化，使你能分析收集到的数据。通常，你会发现这被称为汇总统计（summary statistics）。

仪表盘顶部的那一行显示的是有关网站当前状态的重要数字——KPI。KPI（关键性能指标）可以是评估网站成功程度的任何指标。它们可能会是什么呢？

首先，要有人访问你的网站（因为在互联网上不是"创建了网站就会有人来"），这一点非常重要，所以最初的 KPI 就是网站的访问人数。下一个是转化率，在本节后面将详细介绍。再下一个是当月售出的商品或内容的数量。与钱有关的数字，比如总收入，也可能很重要，但对于我们这种情况来说不重要。值得注意的是，不同商品的利润是不同的，所以网站成功的标准也可以是卖出更多的盈利商品。

可将仪表盘中的数字配置为显示上个月的统计数据，但如果你有足够的流量和时间坐下来慢慢看，也可以让仪表盘显示每天或每周，甚至是每小时的数据。还可以使用一个滑动窗口，来显示从上个月到现在的统计数据。或者，也可以显示这个月、这个星期的数据，等等。做什么并不重要，只要数据是一致的就好。

创建仪表盘时要考虑的另一件事是，如果你希望关注仪表盘中数据的变化情况，最好在上面显示一张某段历史时期（如过去 6 个月）的 KPI 值的表，而不是仅显示一个值。

## 3.2.3 转化

想象一下，假设你有一个关于某个新杂志的网站，访客可以每月付费来订阅关于此杂志的内容。当一个用户注册时，从某种意义上来说这就是一种转化，但是你最感兴趣的转化类型还是付费用户。在电子商务中，转化营销（conversion marketing）就是将网站访客转变为付费用户的行为。

我知道你们都怀着单纯的目的和抱负来创造梦想中的最佳用户体验，仅仅是提到 KPI 和业务转化这种"俗气"的词语，会让你想把这本书合上——但是，请等一下！你需要回到目的上来，这也是营销人员试图使用转化和 KPI 来衡量的东西。

转化率（conversion rate）是常用的 KPI，其定义如下：

$$转化率 = 目标达成量 / 访问量$$

转化率是一个可爱的小东西，它有很多名字。当我们谈论目标的完成情况时，你会发现它被称为目标转化率（goal conversion rate），而当目标是购买某些商品的交易时，它又被称为商务转化率（commerce conversion rate）。

想让你的同事像图 3.4 所示的 Stef 一样快乐吗？那就要计算网站的转化率。

**图 3.4　市场营销人员 Stef**

在线营销就是围绕转化进行的。当用户做了你期望的事情时，就可以说该访客已经转化，或者说你的网站有了一次转化。不同的营销人员和内容创建者对转化有不同的定义，它可以是很多方面的内容，但通常都与销售有关。对于内容创建者而言，转化还可以是衡量其内容已被阅读的指标，例如，用户订阅了简报、下载了软件，或者是填写了潜在客户 / 联系人表单。但要避免让人感觉你过于有把握，因为下一步你的同事就会开始谈论投资回报率（Return On Investment，ROI），而我在这里没有涉及此内容。

接下来我们继续深入，转化一词来自转化漏斗的概念。转化漏斗（conversion funnel）显示用户在转化之前所经过的路径。让我们想象一个如图 3.5 所示的漏斗，用它来研究像亚马逊这样的公司。

许多人打开亚马逊的主页后，到处看一看，也许偶尔还会单击一下。他们可能会继续在其中一个品类中（比如服装）寻找商品，然后会搜索衬衫并查看结果，最后选择购买一件时髦的夏威夷衬衫。将用户沿着漏斗向下推动的每个事件称为值事件（value event）。在 Netflix，值事件可以是用户观看了一部电影。在 Match.com 上，亮灯或灭灯是你走向永恒爱情或支付下一个月订阅费的值事件。

之所以将其称为漏斗，是因为它先宽后窄。对于网站访客的情况也是类似的：大量的访客（希望如此）来到你的网站（漏斗较宽的部分），一些人会在心愿单中添加商品，或者分享一个商品，这些访客中的一部分人会购买东西（漏斗较窄的部分）。

转化是一个营销术语，如果从用户的角度来看，会看到什么呢？转化也是用户想要的。例如，用户来到亚马逊是为了在那里找到要买的东西，或者注册一份有趣的简报。你可以告诉网站你想要什么，哪怕你明知道可能被网站暗中影响或收到网站的各种推送。

## 3.2　执行分析

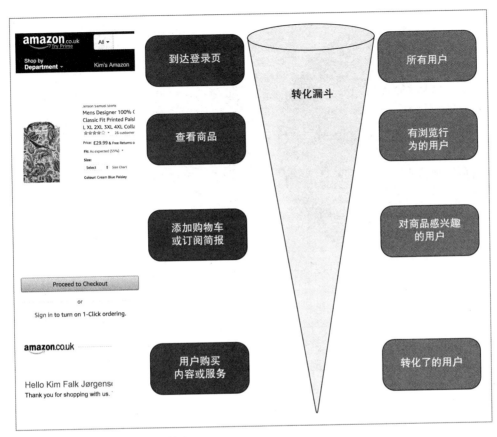

**图 3.5　登录亚马逊后的转化漏斗**

亚马逊是一个购物的地方，所以如果你登录这个网站，主要目的就是购物，因此你会希望得到帮助，以买到可能是最值得购买的东西。稍后，你会看到与这两类目标不一致的主题，但现在让我们停留在这个场景里，亚马逊希望你购物，你也希望在亚马逊购物。

在 MovieGEEKs 网站上，证据收集器能够注册转化事件。你的网站能吗？花两分钟考虑以下两个问题：

- 你的网站上的转化是什么？
- 你的系统的转化率是多少？

目标是可以改变的。对于汽车经销商的网站，不指望客户的每次访问都能转化，但对于亚马逊来说，肯定会希望大多数访问以转化结束（至少对我而言是这样）。想一想图 3.6 中哪个图描述了你的网站的情况。

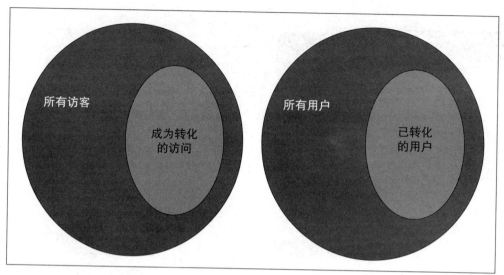

图 3.6 两种看待转化的方式

如果你选择左边的图,意味着你的网站与亚马逊是同类型的。你希望用户的每次访问都能实现一次转化,或至少在某个地方进行转化。如果你选择右边的图,意味着你的网站更像是汽车经销商网站。你想让访客在他们与网站接触的生命周期中进行转化。对于汽车经销商的网站来说,用户是否访问过网站数百次并不重要,重要的是他们最终购买了一辆汽车。在第二种情况下,使用以下公式计算转化率:

$$转化率 = 目标达成数量 / 用户数$$

MovieGEEKs 是第一种类型的网站。通过查询访问数据集,转换率将由购买事件发生的会话数除以会话 ID 总数得到。我们把它写成 SQL 代码,如清单 3.1 所示。

**清单 3.1 计算转化率的 SQL 脚本**

```
select count(distinct(session_id)) as visits,
       count(case when conversion > 0
                  then 1 end) as conversions      统计一个会话包含一次
from                                              或多次转化的情况
( select session_id,
         sum(case when event = 'buy'              一个内部查询,计算
                  then 1                          每个会话是否发生过
                  else 0 end) as conversion       转化
  from collector_log
  group by session_id
) c
```

使用最新生成的数据,这段程序将返回"999;97",意味着转化率约为 10%(更

准确地说，为 0.097）。如前所述，可能很难将事物与此数字关联起来，但请记住它，因为这是你希望通过推荐提高的比率。

### 3.2.4 分析转化路径

当转化发生时，你会很高兴，因为推荐的目的就是增加用户的转化。现在如果执行查询以查找存储在数据库中的所有事件类型，以及这些事件发生的次数，结果可能如下所示：

```
genreView       1527
details         4953
moredetails     2034
addToList       976
buy             510
```

此查询如清单 3.2 所示。

**清单 3.2　计算事件分布情况的 SQL 语句**

```sql
select event, count(1)
from collector_log
group by event
```

这个查询提示你每种类型的事件的发生频率。需要重新审视的是，这些事件在购买会话和非购买会话中发生的频率。使用清单 3.3 可以查看这些数据，它对会话分了组，对于每个会话，将发生的 buy、details 和 moredetails 事件的数量放在一行中显示。

**清单 3.3　计算每个会话中每个事件发生的次数的 SQL 脚本**

```sql
select session_id,                                     ← 获取会话ID
       sum(case when event like 'buy'
               then 1 else 0 end) as buy,              ← 汇总特定会话中的所有buy事件
       sum(case when event like 'details'
               then 1 else 0 end) as details,          ← 汇总特定会话中的所有details事件
       sum(case when event like 'moredetails'
               then 1 else 0 end) as moredetails       ← 汇总特定会话中的所有moredetails事件
from   collector_log
group by session_id                                    ← 按会话ID分组
```

既然你已经将会话分解为事件，那么可以执行下一步，看看在购买会话中会发生什么。我们所用的方法是重用前面的查询，并添加一个过滤器，仅显示购买了东

西的会话。图 3.7 显示了结果。

| session_id | buy | details | moredetails |
| --- | --- | --- | --- |
| 441115 | 0 | 3 | 5 |
| 794948 | 0 | 3 | 1 |
| 403960 | 0 | 2 | 1 |
| 42483 | 1 | 3 | 6 |
| 794776 | 1 | 2 | 1 |
| 794784 | 0 | 0 | 0 |
| 885466 | 0 | 9 | 2 |
| 933590 | 0 | 12 | 8 |
| 794855 | 0 | 1 | 0 |
| 404058 | 0 | 7 | 2 |
| 885591 | 1 | 15 | 3 |

图 3.7　发生了购买事件的会话

但这个结果中并没有你想要的信息，因为你想知道每个人有哪些交互。你想看看在买东西之前用户做了什么交互。

### 3.2.5　转化路径

转化路径（conversion path）是用户和特定内容在发生购买转化的过程中结合在一起的路径（以及之后幸福的生活）。更准确地说，转化路径是用户从到达登录页（看到的第 1 页）到转化之间所经过的页面和操作的顺序。

转化路径与转化漏斗不同。转化漏斗是由预先定义好的目标组成的，必须在该用户身上达成这些目标才有转化。转化路径不仅是事件的链接列表，还包括页面的链接列表。MovieGEEKs 不是描述这个路径的最佳网站，因为它只提供了一组有限的活动。通常，网站会有更长的事件列表，包括以下内容：

- 浏览内容
- 浏览详情

## 3.2 执行分析

- 深入浏览
- 喜欢内容
- 分享内容
- 注册简报
- 单击搜索结果
- 活动链接
- 添加到购物车
- 添加到收藏夹列表（我们将在下一章中添加）
- 评分
- 写评论
- 购买

现实中的转化路径可能比 MovieGEEKs 提供的更有趣，因为 MovieGEEKs 中只有 5 个事件。你对转换路径感兴趣，是因为事件通常是反映用户和内容之间关系发展的关键指标。关键指标可能是大多数使用搜索来查找电影的用户最终都会购买它。你可以把这个事件理解为某种将隐式评分提升了一个等级的东西。怎样计算这些路径呢？

对于每个用户，要有发生购买的所有会话数据；对于每次购买，要对在购买的商品上发生的事件进行计数。在脑子里想这些信息会让人头晕，但我们慢慢来，看看是否可以计算出来。

首先，你找到每个用户、会话和内容的所有购买事件，如清单 3.4 所示。假设对某个特定商品所做的一切都是在购买它之前完成的。这可能是作弊，但可以避免构建复杂的计算。

**清单 3.4 查找用户 – 商品对的 SQL 脚本**

```
select session_id, user_id, content_id
from collector_log
where event = 'buy'
```

这个查询为你提供了一个列表，可以将该列表与原始表连接起来，这样你将只获取在会话中发生的事件，在该会话中用户对内容执行了某些操作并最终完成购买。它会将带你进入下一个查询，如清单 3.5 所示。

### 清单 3.5　查找导致购买的事件的 SQL 脚本

```sql
select log.*
from (
    select session_id, content_id
    from collector_log
    where event = 'buy' ) conversions
JOIN collector_log log
ON conversions.session_id = log.session_id
and conversions.content_id = log.content_id
```

输出结果如图 3.8 所示。

| id | created | user_id | content_id | event | session_id |
|---|---|---|---|---|---|
| 40094 | 2017-07-03 17:10:45+02 | 3 | 2096673 | buy | 794776 |
| 40372 | 2017-07-03 17:10:45+02 | 1 | 1489889 | addToList | 885444 |
| 40367 | 2017-07-03 17:10:45+02 | 1 | 1489889 | genreView | 885444 |
| 40360 | 2017-07-03 17:10:45+02 | 1 | 1489889 | buy | 885444 |
| 40376 | 2017-07-03 17:10:45+02 | 6 | 1489889 | buy | 42456 |
| 40323 | 2017-07-03 17:10:45+02 | 6 | 1489889 | moredetails | 42456 |
| 40615 | 2017-07-03 17:10:46+02 | 1 | 1291150 | buy | 885445 |
| 40543 | 2017-07-03 17:10:46+02 | 1 | 1291150 | moredetails | 885445 |
| 40710 | 2017-07-03 17:10:46+02 | 6 | 1985949 | buy | 42462 |
| 40806 | 2017-07-03 17:10:46+02 | 6 | 1489889 | buy | 42463 |
| 40751 | 2017-07-03 17:10:46+02 | 6 | 1489889 | details | 42463 |
| 40724 | 2017-07-03 17:10:46+02 | 6 | 1489889 | details | 42463 |
| 40715 | 2017-07-03 17:10:46+02 | 6 | 1489889 | details | 42463 |
| 41613 | 2017-07-03 17:10:49+02 | 2 | 2120120 | genreView | 403980 |
| 41234 | 2017-07-03 17:10:48+02 | 2 | 2120120 | genreView | 403980 |
| 41228 | 2017-07-03 17:10:48+02 | 2 | 2120120 | buy | 403980 |
| 41276 | 2017-07-03 17:10:48+02 | 1 | 3110958 | buy | 885463 |
| 41386 | 2017-07-03 17:10:48+02 | 1 | 1083452 | buy | 885466 |

图 3.8　运行清单 3.5 后的结果片段，列出了在有购买的会话中发生的所有事件

但你不需要获取购买事件，因为你知道它们就在那里。最后一个查询如清单 3.6 所示。

#### 清单 3.6 查找转化路径的 SQL 脚本

```
select log.session_id, log.user_id, log.content_id
from (
    select session_id, content_id
    from collector_log
    where event = 'buy') conversions
JOIN collector_log log
ON conversions.session_id = log.session_id
and conversions.content_id = log.content_id     ◁── 你应该忽略购买事件
where log.event not like 'buy'
order by user_id, content_id, event
```

你现在对时间顺序不感兴趣,因此这个查询提供了所需的详细信息。

## 3.3 角色

角色(persona)是虚构的人,是以用户为中心的设计和营销的基石,他们被创建出来用于代表不同的角色定型,这些角色定型对应于你的用户群中的分组或分段。本节介绍几个角色,他们不是 Web 分析的产物,而是借助 MovieGEEKs 数据中的一个内容区域创建的。(在本节中描绘的、贯穿全书的人都是自愿参与的。通常,正如我所说,角色都是虚构的人。)

角色在整本书中的使用与营销人员对其的使用完全相同。稍后,你可以观察算法的结果,并验证结果是否符合它们的类型。不用多说,见见你的新朋友吧。

| Sara<br>喜剧;动作片;剧情片 | Jesper<br>喜剧;剧情片;动作片 |
|---|---|
|  |  |
| 我除了想看CSI风格的连续剧之外,还喜欢看浪漫的喜剧。 | 我喜欢大笑,大部分时间我都会选择喜剧,但也会看剧情片,很少看动作片。 |
| User ID: 400001 | User ID: 400002 |

Therese
喜剧

任何让我发笑的东西都喜欢。

User ID: 400003

Helle
动作片

任何有超级英雄或爆炸场面的都行。

User ID: 400004

Pietro
剧情片

剧情越复杂越好。

User ID: 400005

Ekaterina
剧情片、动作片、喜剧

没有什么能比得上剧情片，但我有时也会看动作片，很少看喜剧。

User ID: 400006

每个角色都有独特的偏好。量化这些偏好的一种方法是统计各角色在每种类型的影片上所花的时间（100个小时内）。用这种方式可以将每个用户描述为一个元组，其中包含每个类型影片对应的时间（用数字表示）。例如，可以把 Sara 的偏好表示为 60 小时的喜剧、20 小时的动作片和 20 小时的剧情片，或者 taste = (60, 20, 20)。现在针对每个用户执行此操作，得到表 3.1 所示的数字。

表 3.1  角色

|           | 动作片 | 剧情片 | 喜剧 |
|-----------|--------|--------|------|
| Sara      | 20     | 20     | 60   |
| Jesper    | 20     | 30     | 50   |
| Therese   | 10     | 0      | 90   |
| Helle     | 90     | 0      | 10   |
| Pietro    | 10     | 50     | 40   |
| Ekaterina | 30     | 60     | 10   |

另一种描述偏好的方法是将它们绘制在如图 3.9 所示的图表中。以这种方式将偏好绘制成图的好处是可以很容易地找到相似的偏好（或者可以看到你创建了两个具有相同偏好的用户，就像我第一次画这个图的时候一样）。

## 3.3 角色

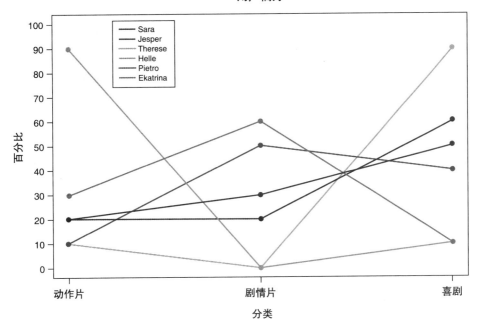

图 3.9 用户偏好图

某些公司甚至会制作描述角色的海报，并要求基于其中一个角色描述所有的特征。这会产生许多奇怪的场景，因为你最终会讨论一个角色在特定的场景中会做什么，就好像每个人都是该角色最好的朋友一样。

有了这些角色和他们的喜好，我们继续自动生成可以使用的证据数据。生成数据似乎有作弊的嫌疑，但在本例中，这是一个启动数据应用程序的好方法，因为你知道正在使用的是什么数据。但请记住，永远不要期望在现实世界中事情也是如此。

MovieGEEKs 网站的分析部分还为每个用户提供了一个页面（如图 3.10 所示）。图 3.10 显示了系统对 Helle 的认知。左边是评分最高的电影列表。该图表展示一个标准化视图，说明 Helle 对多少部电影评过分，以及该影片类型的平均评分与 Helle 对所有影片类型的平均评分之间的差异。

从图 3.10 可以看出，Helle 已经对几部动作类电影评过分，但它们的平均值与总体平均值相同（"Action"上没有柱状条），而且看上去似乎她对科幻电影也持肯定态度，即使她给出的评分没那么高。

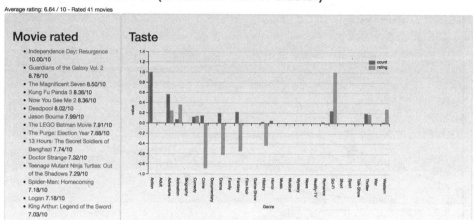

图 3.10　这是 Helle 的简要情况。她喜欢动作片。她似乎也喜欢冒险类影片，但那应该是因为她喜欢的许多动作片被同时归类为动作片和冒险片

图 3.10 所示的图表中显示了两种类型的数据。颜色较深的条显示了 Helle 为每种类型的多少部电影评过分，而颜色较浅的条显示的是与平均评分的差异。在看完第 4 章并运行前面提到的几个脚本之前，这些数据是不会显示出来的。

## 3.4　MovieGEEKs 仪表盘

友情提醒，你可以从 GitHub 上通过克隆或下载来获取 MovieGEEKs 网站的代码。按照 readme.md 里的说明进行安装。数据库中没有数据，因此你还应该运行 populate_logs.py，在这里会做简单介绍。

### 3.4.1　自动生成日志数据

在本章和接下来的几章中，你将了解什么是隐式反馈。这通常从互联网上是没法下载的，但是你可以在你的网站上收集到。由于 MovieGEEKs 站点的用户不多，所以我创建了一个脚本，用于填充部分数据并将其保存到日志（Log）数据库中，以便看起来像是由收集器收集的数据。请在命令提示下执行以下操作：

```
>Python3 populate_logs.py
```

这个脚本会自动生成 6 个角色用户的日志。其核心是一个 for 循环，它的迭代

范围是从零到所需的事件数。每次迭代时，随机选择一个用户，根据该用户的喜好选择一部影片，然后是应该记录什么动作。当所有内容都被选过后，这个事件就会被保存，如清单3.7所示。

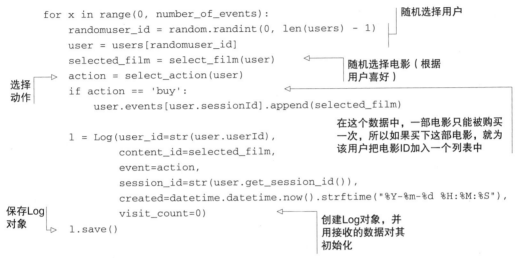

清单3.7 随机选择一个用户和一部电影：populate_logs.py

### 3.4.2 分析仪表盘的规范和设计

分析仪表盘是大多数网站所有者梦寐以求的东西，你应该努力实现其中的几项内容。你的网站应该包含一个显示以下信息的仪表盘：

- 访客数量及行为
- 导致购买的访问次数（转换率）
- 畅销商品

### 3.4.3 分析仪表盘示意图

分析仪表盘如图3.11所示。其顶部是各项KPI，它们会告诉你在一段时间内（这里是指上个月）来过的访客数量。（因为日志填充脚本仅用到6个用户，所以它显示有6个访客，直到有人访问该站点时，新用户才会被创建出来。图3.11显示有7个用户，是因为我浏览过网站，它把我创建为一个新用户。）第二个组件显示了转化率，它是根据一次购买中结束的会话数、本月售出的商品数以及本月的会话总数来计算的。

图 3.11 中左侧的柱状图显示了各个事件发生的次数。对于购买事件，计算的是在同一会话中被购买的内容上的事件。右边的图表显示了评分分值的分布，每个柱子分别表示有多少电影具有这个分值（在运行 populate_ratings.py 脚本之前不会显示）。最下面显示的是最受欢迎的十部电影的清单。

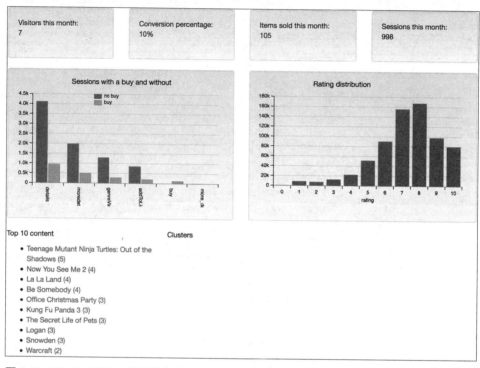

图 3.11　MovieGEEKs 分析仪表盘

## 3.4.4　架构

图 3.12 所示的分析应用程序是你的 Django 项目中的另一个应用程序。和所有网站一样，它由两部分组成：前端和后端。这两部分各司其职：后端查询数据库，前端可视化这些查询的结果。终端用户无法访问分析应用程序，所以它的安全性并不是我们所担心的内容。

如你所见，这一切都是独立于 MovieGEEKs 网站的，所以很容易在任何类型的网站上使用相同的架构。[1] 这被认为是最佳实践，因此你也可以将此应用程序用于非

---

[1] 分析仪表盘被画在 MovieGEEKs 网站内，但它实际上不共享任何部件，可以很容易地在其他地方运行。

Django 实现的站点。

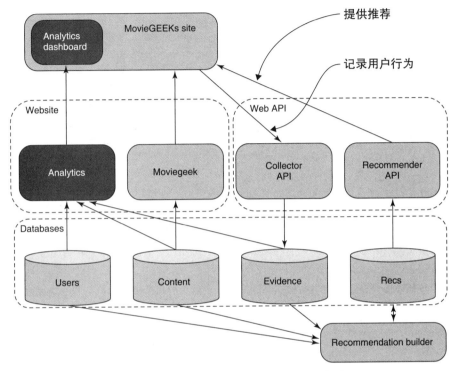

图 3.12　MovieGEEKs 的架构，包含了突出显示的系统分析部分

这款分析应用程序包含多个视图，但其中只有几个是传统意义的视图，因为它们返回一个网页。其余的视图被用作 Web API 来检索数据。第一个传统视图称为索引，它返回一个 HTML 页面，如图 3.13 所示。JSON 视图返回数据，为网站的每个组件提供数据。

在图 3.13 中，最上面的一行中有 4 个 KPI，如前面所述，它们描述了你可能希望关注的数字。第一个是访问了你站点的用户数，其次是著名的转化率，然后是商品的销售数量，最后是独立访问次数（一个独立访问意味着多个会话，所以同一个用户可能有多次访问）。

**关于月度访问的说明**

这里的 KPI 计算的是上个月的情况，但如果网站有足够大的流量，那么 KPI 也可以计算到每天或每周，甚至每小时。你还可以使用一个滑动窗口（参见图 3.14）来计算上个月的 KPI，或者这个月、这个星期的等。做什么本身并不十分重要，重要的是保持一致，这样才能观测是否在不断地改进。

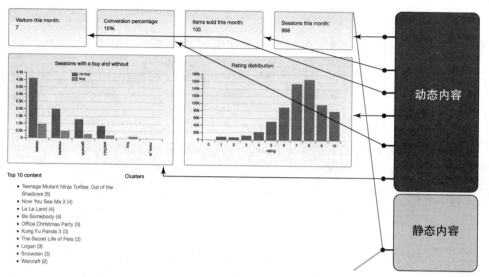

图 3.13　这个静态 HTML 是从静态内容中检索得到的。仪表盘上的每个组件都从不同的端点检索数据

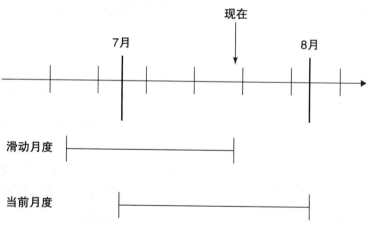

图 3.14　不同的时间段

在本章中，你了解了分析以及如何实现一个显示网站运行情况基本信息的仪表盘。使用推荐系统的时候，能有一个显示网站运行情况的仪表盘，将是一个很大的帮助。现在，终于可以开始考虑如何计算评分了。接下来，你将开始创建非个性化推荐。

## 小结

- 关键绩效指标非常有用,因为它们可以被作为基准,很容易用来观测你的网站是否在进步。
- 当访客达成一个目标或做了一些你期望的事情时,他们就被转化了。
- 转化漏斗显示了你希望用户经过的一系列步骤。转化路径是访客在转化之前所经历的实际路径。
- 理解网站的转化漏斗非常重要,这样你才能知道距离用户被转化还有多远。
- 理解分析,并持续地实践,这很重要。

# 4 评分及其计算方法

你好,我们继续学习以下内容:

- 创建用户-商品矩阵。
- 重新审视显式评分,找出它们并非总是有效的原因。
- 深入了解隐式评分的奥秘以及其创新点。
- 学习一个可以将证据转换成评分的隐式评分函数。

在本章中,我们将把用户的行为转换为可作为推荐算法输入的一种格式。首先,要查看用户-商品矩阵,这是大多数推荐算法的基础。然后,再次查看显式评分,即用户自行添加的评分。隐式评分是系统的核心,所以接下来我们将关注如下内容:首先,要探究隐式评分是什么,然后学习如何根据证据计算它们。

图 4.1 显示了到目前为止我们所讨论过的数据流。当访问者与网站交互时,推荐系统就开始收集数据了。本章讨论的是预处理部分。模型构建和推荐构建将在后面的章节中进行介绍。

在本章中,我们将把网络行为转换为内容评分,以供后面章节的推荐系统使用。这种类型的评分被称为隐式评分,因为它们是推导出来的结果。

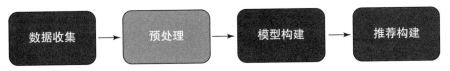

图 4.1 推荐系统的数据处理模型

隐式评分被越来越多地使用，因为人们似乎并不确定自己到底喜欢什么，而且往往会做（或者看）一些曾告诉过朋友（或网站）他们"不喜欢"的事情（或影片）。比如，我在 Netflix 上观看了一部电影，虽然我对所有人说我讨厌这部电影，但我还是观看了它。使用隐式评分的另一个原因是，这些信息比显式评分更容易收集。这正是我非常喜欢隐式评分的原因，你可能已经猜到了。

阅读完前面的章节，你应该考虑过以下内容：

- 你的网站的目标是什么（你希望用户达到什么样的目标）？
- 哪些事件可以促使用户完成这些目标？
- 这些事件发生了多少次？

在阅读本章的过程中，请记住以上事项。首先，你将研究大多数推荐算法的输入：用户–商品矩阵。本章的目的就是要将用户的行为数据转化为这样一个矩阵。

## 4.1 用户-商品喜好

可以认为用户–商品矩阵是一张表，每个用户对应一行，每个商品对应一列（或者反过来）。在以往的资料中，这张表被称为矩阵，我们也将沿用这种说法。在用户行和商品列相交的地方，用一个数字来代表用户对商品的评分。

### 4.1.1 什么是评分

评分可以是 Amazon 或 Glassdoor 网站（人们为其工作场所评分的一个网站）上星星的数量，也可以是本地报纸影评中的推荐观影清单。在网站后台，评分是一个取值在某个范围的数字，例如，0 到 5 之间的数字，在展示给终端用户时可以转换为图形形式。

更确切地说，评分是三个事物的黏合剂：用户、商品和该用户对商品的评分，如图 4.2 所示。这张图显示了在 Jimmie 观看完《权力的游戏》第一季并给出了四星评分之后数据被保存的样子。在数据库中，评分用联结表来实现，这张表将用户和商品联系起来。

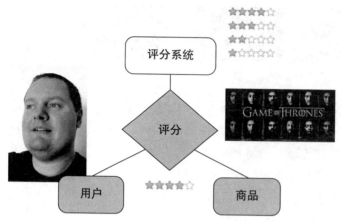

图 4.2 用户和商品的关系

## 4.1.2 用户-商品矩阵

表 4.1 所示的是用户-商品矩阵的一个示例。

表 4.1 用户-商品矩阵的一个简单示例

|   | 夺宝奇兵 | 微观世界 | 复仇者联盟 | 彼得的龙 |
|---|---|---|---|---|
| Sara | 4 | 5 | | |
| Jesper | 4 | | 5 | |
| Therese | 5 | | | 3 |
| Helle | 4 | | | 5 |
| Pietro | | 3 | 4 | 3 |
| Ekaterina | 3 | | 3 | 3 |

空单元格表示用户和商品之间没有交互的记录。请记住，空单元格和数字为零的单元格是不一样的。后者表示用户给商品评分为零；空单元格则表示该商品没有被评分。

虽然那些空单元格看起来不是很多，但它们却是大多数传统推荐系统的重要组成部分。大多数推荐系统试图去预测用户会如何对这些商品进行评分。空单元格太少表示用户已评完了大多数内容；空单元格太多则会使推荐系统没有足够的数据来预测用户到底喜欢什么。

如果你正在与别人谈论用户-商品矩阵（这是一直发生的事情，对吗？），那么稀疏性问题将作为另一个话题被引出。这有点像与新晋父母谈论婴儿的喂养习惯，他们通常会乐于聊几个小时。

## 稀疏性问题

用户－商品矩阵并不总是如表 4.1 所示的那样。事实上，非空项通常是很少的，因为许多互联网商店拥有众多的用户和丰富的商品，而大多数用户只购买一项或几项商品，因此我们通常看到的是如图 4.3 所示的用户－商品矩阵。

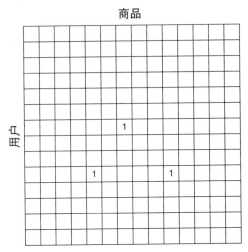

图 4.3　稀疏表，一种用户－商品矩阵

该用户-商品矩阵将作为后面介绍的一个推荐算法的输入内容。拥有一个看起来如同冬季的丹麦海滩一般的矩阵绝非一件好事，这是一个充满孤独的地方（参见图 4.4）。

图 4.4　寒冬里的丹麦海滩

在第 8 章中，我们将讨论一个被称为协同过滤的推荐算法系列。该算法系列使用用户-商品矩阵来查找相似的用户。如果矩阵稀疏（或空），它能提供的信息就很少，便很难计算推荐内容。在第 5 章中，你会看到在拥有一个稀疏矩阵的情况下，如何提供推荐内容。现在，让我们看看如何用显式评分（由用户手动添加的）和隐式评分（根据你收集的证据计算得出的）来填充矩阵吧。

## 4.2 显式评分和隐式评分

对于本章到目前为止所展示的评分矩阵，其中的数据都是支撑本章示例的依据。示例应用程序从两个来源获得评分，其中最重要的一个来源是 MovieTweetings 数据集（想查看更多内容请访问链接 20 所指向的网页）；另一个来源是根据用户在数据库中持久化存储的行为数据计算出来的，如第 3 章所述，这些数据都是自动生成的。

在真实的应用程序中，一个评分系统中的数据可以来自用户手动添加的明确的评分，也可以是通过收集用户的行为计算出来的，或是来自两者的混合数据。图 4.5 显示了显式评分和隐式评分之间的差异。

图 4.5 显式评分和隐式评分之间的差异。很多事情都会影响到你的评分和你最终观看的内容

像在 MovieGEEKs 这样的电影网站上，如果用户购买了某些商品然后对其进行了评分，该评分或许是值得信赖的。但真的是这样吗？如果用户购买了两部类似的电影并且评分都很低，是否表示他很喜欢自己评分较低的电影呢？那么评分会有多少可信度呢？

这些是特定领域的问题，要给出普遍性的答案并不容易。但是，如果用户不

## 4.2 显式评分和隐式评分

断购买他评分很低的电影,那么你应该推荐更多这样的电影给他。如果一位HBO(一个付费订阅的在线流媒体服务)的用户对一部只有HBO上才有的电影进行了评分,却并没有观看它,那我们是否要相信这个评分?所以始终都要以批判的眼光看待数据。

> **有关用户偏好的真相**
>
> 你收集的日志数据都是用户偏好的证据,这十分重要,但你也要客观地看待这些用户在网站上执行的操作。将其转换为评分是一个十分主观的过程,这不仅需要针对每个领域进行调整,还需要针对每个推荐算法进行调整。

### 4.2.1 如何选择可靠的推荐来源

你的用户是否是值得信赖的推荐来源?有的用户在某些网站上销售商品,这意味着他们会有意使自己看起来很好,而使竞争者看起来很糟。例如,有个人有一个疯狂的想法并把它写成了一本关于推荐系统的书。他是一家大公司的老板(这些并非都是真的),然后他要求他的所有2181名员工都必须对他的书进行正面的评价,否则他就会解雇他们。然后这本书在Amazon的网页上看起来就如图4.6所示。

图4.6 这是虚构的本书在Amazon上的页面。读者们可以找一找我是把哪本书的页面剪切和粘贴到一起的

这或许是一个极端的例子，但我看到过类似的例子。一个水平一般的人写了一本书，然后他把它作为礼物送给自己所有的员工。也有可能仅仅是因为包裹在寄送时出现了破损，人们便会说这本书很糟糕。我并不是让你不要相信网站上的评分，而是让你考虑用户提供这些评分背后的原因。无论是显式的还是隐式的评分，它们都可能是伪造的，你必须记住这件事情。

## 4.3 重温显式评分

当用户手动为商品评分时，该分数被称为显式评分。至少在理论上，系统填充用户-商品矩阵最简单的方法就是让用户自己输入。只是他们并没有完全按照你的意愿去做。

有多少人对他们购买的书和他们在 Netflix 上观看的电影进行评价？即使他们这样做，你也不能百分之百地确定他们的评分能够反映他们的真实想法。人们会受到自身朋友圈的影响。用户评分时的标准是什么？下次你评分时，请考虑一下：你的评分是否公正，是否因为一个你不喜欢的细节让你给商品打了一个较低的分数。或者其实你很喜欢这部电影，但因为 DVD 的封面很难看，所以你给了它一个很低的分数。你是否会因为一个螺丝钉的安装方式而对一台其实很不错的割草机做出很低的评分？

当你读完本书时，我希望它不仅可以激励你去编写一个推荐系统，还可以去传播这本优秀的书。如果你愿意这么做，那么在 Amazon 上给它一个很高的评分将是一个不错的主意（你就当没看到这句话）。而且这是一个显式的评分，可以直接在矩阵上绘制出来。[1] 如果你有一些固执己见的用户，使用他们的显式评分是很有用的。

像 TripAdvisor、Glassdoor 等网站是以用户的评分为基础的。我想提醒你的是，隐式评分通常会显示更准确的结论，但显式评分依然十分重要。我们稍后会再次讨论显式评分。在下一节，我们将讨论隐式评分。

## 4.4 什么是隐式评分

隐式评分是通过监控用户的行为，进而推算出来的分数。这么写是不是有点吓人？但请记住，你这么做是在避免信息过载并帮助用户，而不是跟踪和操纵他们购买更多的东西。

在大多数情况下，用户购买了商品，就表示用户对商品持肯定态度。因此，你可以推断出用户与该商品之间是一个正向的评分。这就是一个隐式评分。当用户传

---

[1] 其实这并不完全正确，因为通常你还需要将评分标准化。

## 4.4　什么是隐式评分

播某个商品或查看某个商品的详细信息时,情况也是如此。这些都是用户与商品之间的关系是正面的例子。但用户退还商品就是一个负面的隐式评分的例子。

要计算隐式评分,你可以记录每个用户与所有商品之间的全部事件,并设置一个数字,表示该用户对某个商品的满意度。换一种说法是,你可以尝试定义用户对商品做出互动行为的评分(如观看、传播、购买等)。你可以定义每个行为的含义,但通常用户的操作可以有多种解读方式,因此建议你搭建的评分系统要能够方便地调整计算方式。

收集数据后,可以有许多种使用数据的方式。Amazon 著名的 item-to-item(物品关联)推荐算法使用用户的购买行为来计算推荐内容,但很少有网站同 Amazon 一样拥有超过 2 亿个活跃用户。[1] 有的网站使用用户的浏览记录来推荐相似的网页。哪种方法更适合你的网站取决于你销售的商品和你拥有的客户类型。读完本章后,你应该能明白接下来该如何去做。

有些网站根本没有"购买"的概念。例如,纽约时报的网站使用浏览记录向你推荐其他资料。图 4.7 显示了该网站(网址参见链接 21)首页的推荐内容。

图 4.7　纽约时报的推荐内容

---

[1] Amazon 使用的绝对不仅仅是"购买"行为,但 Greg Linden 等人的论文中所描述的算法只用到了"购买"行为。论文名为"Amazon.com Recommendations: Item-to-Item Collaborative Filtering"(IEEE Internet Computing, v.7 n.1, p.76-80, January 2003),然而,2003 年已经是很久之前的事了。

纽约时报只能使用隐式评分，因为该网站不允许用户对文章进行评分。即便允许用户对文章进行评分，如果用户对文章评分较低，这代表什么呢？这是否意味着他们不喜欢文章谈论的主题，还是不喜欢文章的写作方式或文中的故事？

值得一提的是，评价很高的商品也可能并非当下最佳的推荐选择。一个很好的例子是，我喜欢我在意大利时某个咖啡馆制作的莫吉托鸡尾酒，但这并不意味着我想要在早餐时享用它，即使我已连续几次对它做出很高的评价。有时将数据分时段处理，在每个时段进行不同的内容推荐是十分正确的。但这得在更准确的推荐和数据的稀疏性之间进行权衡。

记住事物之间的关联性。并非所有网站都有评分系统，且建立一个评分系统并非总是效果显著的。一个很好的例子是 eBay 网站。你买了一个稀有的 1984 年的神奇女侠午餐盒，eBay 能从你的评价中得到什么有用的信息吗？这个午餐盒在 eBay 上可能只有这么一个，但它很高兴知道你经常浏览漫画收藏品和午餐盒。

其他许多网站可能也并不会从评分中直接受益，但它们依然可以提供一些推荐。例如，包含信息文件的公共网站或房地产网站。用户评分也很难出现在教育网站上，这是另一个需要在隐式评分上花费更多精力的领域。

### 4.4.1 与人相关的推荐

如何把一个人推荐给另一个人是要花费大量 CPU 的处理能力的。其中比较著名的例子就是 LinkedIn，该网站声称自己是首个成功实现这一目标的网站（我猜是除了约会网站之外）。

LinkedIn 会推荐"你可能认识的人"给你，并且在这个过程中没有使用对他人的评分作为推荐的依据。但对于像 LinkedIn（或 Facebook）这样的网站来说，必须进行计算后才能弄清楚要推荐给你什么样的朋友。

我们正在领域的边界徘徊，可能会有人说我渐渐偏离了推荐系统领域而进入了数据挖掘领域。

### 4.4.2 关于计算评分的思考

在本节中，我们将在计算评分之前进行一些思考。使用哪种方法取决于收集的数据类型以及显示推荐的网站类型。

在第 2 章中介绍的购买事件是在用户评分之前发生的。当你对事件一无所知时，

## 4.4 什么是隐式评分

这往往是最难解决的问题。但为了使这项工作继续下去，你需要假设用户因为某个商品看起来不错而购买了它。即使这个东西可能没什么用，但人们通常只是为了拥有而去购买某件东西。这个东西可能是送给岳母的礼物，而且用户已经购买过一次了，那为什么不推荐些别的礼物给他呢？让我们一起来看看证据中的购买事件。

### 二值用户-商品矩阵

使用购买事件，你可以采用以下公式制作简单的用户-商品矩阵：

$$r_{ij} = \begin{cases} 1, & \text{当用户} i \text{购买商品} j \\ 0, & \text{其他} \end{cases}$$

如果用户（$i$）购买了商品（$j$），则用户-商品矩阵中单元格的值为 1，否则为 0。表 4.2 显示了该用户-商品矩阵的一部分。（类似的矩阵可以这样生成：用户喜欢电影则为 1，否则为 0。）

表 4.2 二值用户-商品矩阵

| 用户 | 电影 | | | |
|---|---|---|---|---|
| | 夺宝奇兵 | 微观世界 | 复仇者联盟 | 彼得的龙 |
| Sara | 1 | 1 | 0 | 0 |
| Jesper | 1 | 0 | 1 | 0 |
| Therese | 1 | 1 | 0 | 1 |
| Helle | 1 | 0 | 0 | 1 |
| Pietro | 0 | 1 | 1 | 1 |
| Ekaterina | 1 | 0 | 1 | 1 |

据说 Amazon 是使用购买事件最多的网店。我经常去 Amazon 寻找有关 Python 和数据分析的书籍，但我最终通常会在 Manning 或 O'Reilly 网站上购买这些书，因为在这些网站上可以免费阅读更多的书籍，并且它们通常会打五折。而我从 Amazon 购买的几本书都无法直接在电脑上阅读，这些书只能在平板上阅读，这给我带来很多不便。

因为我经常在 Amazon 上浏览书籍，所以 Amazon 可以从我的浏览历史中看出我对 Python 和数据分析相关的书籍十分感兴趣，但如图 4.8 所示，它只推荐我曾选购过的相关书籍。最近，我选择了很多关于 Microsoft Azure 的书，只因为它们大多是免费的。

我于 2000 年左右在 Amazon 上买了第一本书，从那以后又买了很多。但这些书全都是我现在感兴趣的吗？以前，我是一名 Java 开发人员，但现在我已完成了该阶段的学习,我不再对 Java 书籍感兴趣了,我希望自己现在买的书要比 15 年前买的更适合现在的我。在下一节中,我们将研究这一点。

图 4.8　Amazon 根据我的购买记录显示的推荐内容

## 基于时间的计算方法

使用二值矩阵会使所有事物非黑即白,但大多数网站都希望推荐系统能从细微之处更好地了解用户的喜好。

有一种说法:"初恋是最好的",但在推荐系统中却并非如此。在这里最新的才是最重要的。因此,使矩阵更准确的方法是使用基于购买日期的函数。你也可以添加商品的生产时间。例如,五分钟前购买(或添加到目录中)一件五分钟前生产的商品的得分要高于五分钟前购买一件旧的商品的得分。其得分也高于去年购买的当时的新品。

使用这种方法对新的商品有利。即使用户购买了许多过时的浪漫喜剧电影和一部新出的动作电影，动作电影也将获得更高的分数，浪漫喜剧电影因为年代的问题而得分较低。

### Hacker News 的算法

Hacker News（详情参见链接 22）使用了一种类似的算法，它将重点放在近期的事件上，而非过时的事件。这类算法称为时间衰减算法。

以前 Hacker News 公布了一些其算法工作原理的细节，它使用下面的公式来计算新闻的排名。该公式用 score（赞成的人数减去反对的人数）除以一个时间衰减项，并使用了一个用来表示内容排名衰减速度的 gravity（重力）参数：

$$\frac{\text{score} - 1}{(\text{商品年龄（小时）} + 2)^{\text{gravity}}}$$

曾经有一段时间，Hacker News 将 gravity 赋值为 1.8，但该公司一直在调整这个算法。人们的偏好会发生变化，因此曾经对用户来说是最好的东西现在却未必还是。所以让近期的事件比过时的事件更重要是一个不错的主意。

### 基于行为事件的建议

像 Amazon 这样的大公司如果使用了购买事件以外更多的行为数据，就有可能被数据淹没。但对于大多数网站来说，前文中展示的二值表将会显得非常空。这就是为什么需要添加除购买事件之外的其他事件的原因。

使用多种行为事件需要更多的思考，因为你需要量化用户对不同事件的喜好程度。在定义了每个事件的值之后，可以基于用户与商品之间发生的事件来填充用户 - 商品矩阵。最后再用基于时间的计算方法来优化算法。

## 4.5 计算隐式评分

鉴于我们在前面章节中所学到的知识，你对行为事件有什么看法？对客人购买有益的行为是否更为重要？这很难百分之百地确定，但在大多数情况下，这可能是对的。因此，你将从购买事件开始处理在 MovieGEEKs 网站上收集的事件。

示例网站很简单，查看详情和查看更多详情事件用于计算隐式评分。很幸运的是，这并不十分复杂。现实中大多数网站都有更多的事件类型。让我们来看看你到底要计算什么吧，因为从某种意义上来说你计算的并非是评分，即使我们称之为隐式评分。让我们来看一个例子。

我学习意大利语的最初目的是阅读 Umberto Eco（参见图 4.9）的原文书籍。这是一个愚蠢的计划，因为在开始进行意大利语晚间课程的学习之前，我从未阅读过任何相关书籍，即使是已经翻译过的版本。但在当时我认为这是一个好主意。十年后，我已经跟一个意大利人结婚了，我的意大利语也已经说得相当不错了，但却依旧很难读懂 Eco 的书。但是这并未妨碍我在新书出版时赶紧买下并尝试阅读，即使到头来我也不确定我是否真的喜欢他的书，我一直坚持这么做直到他去世。其间我倒是给别人推荐了一些我很喜欢的其他作家。

图 4.9  Umberto Eco 的书，Eco 是一个意大利作家和文学评论家，于 2016 年辞世

如果你正在创建一个图书网站，你想知道我可能会购买什么书籍，却不管我如何评价它们。你在计算的是一个表示用户购买可能性的数字，而不是用户对商品的评分。除能了解我对 Eco 的书痴迷之外，这个例子还可提供一些其他内容。

### 4.5.1  看看行为数据

我们来看看 MovieGEEKs 网站的一个例子。Jesper（用户 400002）喜欢金·凯瑞（参见图 4.10）。他正在考虑购买《神探飞机头》这部电影。他先是看了一眼然后想，"啊，看起来有点贵"，然后他看了一遍简介，接着又看了一眼。最后，他决定查看电影的详细介绍，这为他最终购买提供了充足的理由。事件列表如表 4.3 所示。

表 4.3  Jesper 的行为记录

| 用户 ID | 内容项 | 事件 |
| --- | --- | --- |
| 2 | 神探飞机头：大自然的呼唤 | 查看简介 |
| 2 | 神探飞机头：大自然的呼唤 | 查看简介 |
| 2 | 神探飞机头：大自然的呼唤 | 查看简介 |
| 2 | 神探飞机头：大自然的呼唤 | 查看更多详细介绍 |
| 2 | 神探飞机头：大自然的呼唤 | 单击"购买"按钮 |

图 4.10　Jesper 喜欢《神探飞机头》这部电影

如果我没有告诉你他最终购买了这部电影，你仍然会觉得用户查看三次某个商品并查看一次详细介绍是一件好事吗？如果 Pietro 误点了《神探飞机头》并且没有再次回到这个页面，那么这个行为就没有太多意义。但如果他回来了，那便有了积极的含义。

我在这个例子中并未考虑事件的时间。如果单击事件是在很短的时间内完成的，那么它们可能并没有什么特别的意义，而如果单击事件发生在几天之后那意义就完全不同了。你会遇到许多诸如此类的问题，并可添加对应的隐式推荐规则，例如：

- 购买 => 最高评分
- 一次或多次查看简介 + 查看更多详细信息 => 非常高的评分
- 多次查看简介 => 较高的评分
- 一次查看简介 => 较低的评分

在 MovieGEEKs 仪表盘中，有一个图表可以显示哪些行为会导致用户最终购买，它也可以用来作为如何计算隐式评分的参考。图 4.11 所示的是图 3.2 的一部分。在这个例子中，图表显示了自动生成的数据，数据有点假是因为我们希望图表更容易被理解。在真实的系统中，该图表是查看每个事件的好地方。

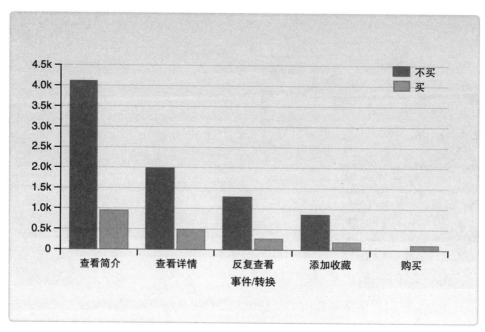

图 4.11 图表显示了每类事件在买和不买的会话中分别发生的次数

总结一下这个调查,并且考虑一下 Jesper 的例子,你可以定义一个隐式评分函数,该函数输出一个数字用来表示用户 u 对商品 i 感兴趣的程度。更准确地说,你要知道用户 u 购买商品 i 的可能性有多少,这样你就可以利用这些数据找到用户可能购买的可以替代 i 的商品或者可以和 i 搭售的商品。请参考下面这个用户 u 对商品 i 的隐式评分函数:

$$IR_{i,u} = (w_1 \times \#event_1) + (w_2 \times \#event_2) + \cdots + (w_n \times \#event_n)$$

其中:

- $IR_{i,u}$ 是隐式评分。
- $\#event$ 是某一事件发生的次数。
- $w_1 \cdots w_n$ 是根据之前的分析设置的权重(当你开始推荐时可能会对其反复调整)。

### 所有事件都是正向的权重吗

如果大部分的事件都是转化类型的事件,则可以为这些事件赋以正向的权重。一般来说,用户与网站上的商品之间的所有互动,都是用户对该商品感兴趣的迹象。

## 4.5 计算隐式评分

也有例外的情况。例如，Netflix 上的不喜欢按钮（你的网站中并没有）与星级评价有些不同。[1] 单击此按钮表示用户不希望看到类似的内容，这种就只能作为对商品负面的评价了。

### 计算权重

让我们根据你在 Jesper 和《神探飞机头》的例子中学到的知识来创建一个使用了权重的函数。正如我之前多次提到的，你不能仅让它正确运行一次，而是要让它总能运行良好。

> **注意** 你可以在运行的推荐系统中使用一个包含权重的函数，并看看运行的结果如何。

定义如下：

- $Event_1$ = 购买
- $Event_2$ = 查看详情
- $Event_3$ = 查看简介

现在让我们试着推导这个函数的权重，其中购买事件拥有最高的评分。假设最高评分是 100（你可以在之后将其标准化）。表 4.4 显示了权重的转换。

表 4.4 事件的权重 [a]

| 事件 | 含义 | 值 |
|---|---|---|
| 单击"购买"按钮 | 最高评分 | $100 = (w_1 \times 1)$ |
| 一次或多次查看简介 + 查看详情 | 非常高的评分 | $80 < (w_2 \times 1) + (w_3 \times 3)$ |
| 多次查看简介 | 较高的评分 | $50 < (w_3 \times 3)$ |
| 查看一次简介 | 较低的评分 | $(w_3 \times 1) < 50$ |

a $w_1$ 是购买东西的权重，$w_2$ 是查看详情的权重，$w_3$ 查看简介的权重。

可以用一系列的方程式以数学的方式来解决问题，但这些方程式都是通过假设得出的，所以也不能完全相信它们。求解方程式需要设置符合上述规则的权重（$w_x$）：

- $w_1 = 100$
- $w_2 = 50$
- $w_3 = 15$

---

1 汤姆·范德比尔特曾说，"现在 Netflix 上全都是喜欢与不喜欢的按钮"。

如果将这些权重带入前面的公式，如下所示：

$$IR_{i,u} = (100 \times \#event_1) + (50 \times \#event_2) + (15 \times \#event_n)$$

作为测试，我们试着计算一下 Jesper 对《神探飞机头》的隐式评分：

$$IR_{i,u} = (100 \times 1) + (50 \times 1) + (15 \times 3)$$
$$IR_{i,u} = 195$$

如果你要计算 Jesper 对某部电影的隐式评分，他查看了简介和详情，那么方程式为：

$$IR_{i,u} = (100 \times 0) + (50 \times 1) + (15 \times 1) = 65$$

需要对这些评分进行标准化的调整，把它们换算成 1 到 10 之间的值。值得考虑的是，是否需要有限制，超过限制后用户的触发事件不会再被计算进来，例如，如果有人查看内容简介超过了一定的次数。试想一下，用户连续查看 10 次同一个商品的简介是否要比查看 3 次显得对商品更感兴趣？

用 `min(#event_n,relevant_max_n)` 代替 `#event_n` 来实现限制是值得的，且每种事件类型的 `relevant_max_n` 都是不同的。它所表达的含义是：只有事件发生的次数不高于 `relevant_max_n` 才返回该值。

**使用更多的相关信息**

用户第一次回到你的网站时，你的评分将主要基于之前的浏览数据，而非购买数据，因此推荐可用到的数据会比较少。当用户与网站交互并开始购买商品时，与用户交互的数据将缩小用户偏好的范围。

## 4.5.2 一个有关机器学习的问题

如今，许多公司都花费了大量精力来预测用户的购买行为。让我们来看一个类似的问题：预测一个客户购买某个特定商品的可能性，而这个商品是这个潜在的客户曾经浏览过的。

虽然不能完全确定用户和网站的交互与用户将要购买的内容之间存在必然的关系，但这之间似乎确有某种联系。如果是这样，某些数字或向量可以与收集的数据相乘来得出客户的购买概率。这是一个比较合理的近似值。如果用机器学习的术语来定义它，可以表示为如下函数：

$$Y=f(X)+\varepsilon$$

其中 Y 代表用户购买特定商品的预测值。理论上，这可以通过你用证据记录器记录的特征数据来计算。为了使计算能更准确，需要包含一个干扰值 $\varepsilon$。无论函数 f 与计算的实际评分的值有多么近，$\varepsilon$ 都表示你无法从特征数据中计算出全部的事实，因此就会存在一种不确定性。许多机器学习算法的目的是利用数据来使函数 f 越来越接近真实的值，希望你也试一试。

什么样的机器学习可以解决这个问题呢？你可以根据各种事件来计算隐式评分。要做到这一点，你需要尝试预测这一系列事件是否会导致用户购买。那么首先你需要知道一个叫作分类器的东西。

首先要从贝叶斯分类器开始。它不仅提供了一个分类，而且还提供了分类的概率。如此一来，可以使用购买分类的概率作为隐式评分的值。有关如何使用贝叶斯分类器的更多详细信息，请参阅 Jeff Smith 编写的 *Reactive Machine Learning Systems*（Manning，2017 年）一书的第 5 章。

如果你想了解更多有关机器学习的内容，请继续阅读下面的内容。用于计算推荐的几种算法就与机器学习有关。这些将在本书中详细解释。接下来，让我们看看如何计算隐式评分。

## 4.6 如何计算隐式评分

不绕弯子了，直接给出代码。我们首先概述一下如何在 MovieGEEKs 网站上实现该功能，然后再解释每一步是如何进行的。实现分为如下几个步骤：

- 检索数据
- 计算评分
- 审查并解释

在讨论以下内容之前，最好先在本地把 MovieGEEKs 网站运行起来。你可以从 GitHub 上下载源代码（网址参见链接 2），并参阅说明进行安装。

### 检索数据

要计算隐式评分，需要检索用户的日志数据。对于每一个商品，数据会告诉你想要的信息，比如，用户与商品交互的次数。以 Jesper 为例，你需要一个类似表 4.5

所示的数据。

表 4.5　导致 Jesper 购买《神探飞机头》的数据汇总

| 用户 ID | 内容 ID | 查看简介 | 查看详情 | 购买 |
|---|---|---|---|---|
| 400002 | 神探飞机头 | 3 | 1 | 1 |

这些数据可以用来计算隐式评分。你既可以从包含用户 ID 和内容 ID 的日志中获取这样的数据，也可以用数据库输出表 4.5 所示的结构化的数据，例如，可以使用清单 4.1 所示的 SQL 语句来查询。

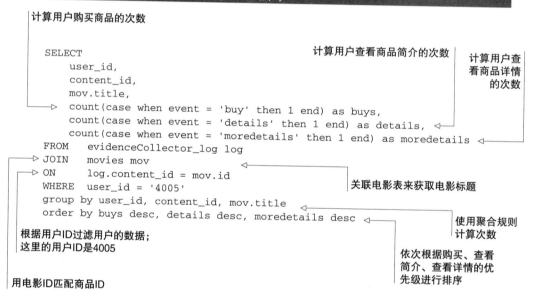

有了这些数据，你便可以计算隐式评分，然后将其保存在评分数据库中。可以用清单 4.2 所示的代码实现前面所说的功能，也可以查看 moviegeek/Builder/ImplicitRatingsCalculator.py 中的 `query_aggregated_log_data_for_user` 方法，以了解检索数据的真实代码。

### 计算隐式评分

计算方法非常简单，并且不需要太多的解释。你可以通过查询数据库中的数据来计算评分。如代码清单 4.2 所示，使用之前推导出的权重来计算评分。

## 4.6 如何计算隐式评分

**清单 4.2 使用用户事件来计算隐式评分**

```
def calculate_implicit_ratings_for_user(userid):        ← 查询数据库的方法
    data = query_aggregated_log_data_for_user(userid)
    agg_data = dict()           ← 创建一个用来存储
    maxrating = 0                 评分的数据字典

    for row in data:            ← 循环每一项内容
        content_id = str(row['content_id'])
        if content_id not in agg_data .keys():
            agg_data[content_id] = defaultdict(int)
        agg_data[content_id][row['event']] = row['count']

    ratings = dict()
    for k, v in agg_data .items():                                      ← 计算商品的隐式评分
        rating = w1 * v['buy'] + w2 * v['details'] + w3 * v['moredetails']
        maxrating = max(maxrating, rating)       ← 记录到目前为
        ratings[k] = rating                        止最高的评分

 ┌→ for content_id in ratings.keys():
 │     ratings[content_id] = 10 * ratings[content_id] / maxrating
 │  return ratings              ← 返回评分数据
 │
利用最大值把所有评分数据
转化成0~10的标准化数据
```

每个用户的评分都使用 query_aggregated_log_data_for_user 方法来计算。在本书后面的章节中，MovieTweetings 网站评分的范围也是 1~10，你也可以使用相同的范围来标准化评分数据；还可以使用这种隐式评分来代替显示评分。

### 审查结果数据

如果你启动了 MovieGEEKs 网站，现在可以依次运行下面的内容：

- python populate_logs.py——将自动生成的日志添加到数据库。有关此脚本的更多信息，请返回第 3 章。数据库中现在包含了图 4.12 所示的数据。
- python -m builder.implicit_ratings_calculator——计算隐式评分。
- python manager.py runserver 8001——用端口 8001 运行 MovieGEEKs 网站。

从图 4.13 中可以看到有两部电影计算出了满分 10 分。但数据库（参见图 4.12）中却并没有记录买入事件。这些商品获得最高评分的原因是用户和商品之间发生了很多交互。

| id | created | user_id | content_id | event | session_id |
|---|---|---|---|---|---|
| 100296 | 2017-08-14 22:04:06+02 | 400005 | 1355644 | addToList | 441008 |
| 100344 | 2017-08-14 22:04:06+02 | 400005 | 1355644 | details | 441008 |
| 100363 | 2017-08-14 22:04:06+02 | 400005 | 1355644 | details | 441008 |
| 100440 | 2017-08-14 22:04:06+02 | 400005 | 1355644 | details | 441009 |
| 100767 | 2017-08-14 22:04:06+02 | 400005 | 1355644 | genreView | 441014 |
| 100831 | 2017-08-14 22:04:06+02 | 400005 | 1355644 | details | 441014 |
| 100992 | 2017-08-14 22:04:06+02 | 400005 | 1355644 | details | 441019 |

图 4.12　自动生成的部分数据片段。这是用户 400005（Pietro）与商品 1355644 有关的数据

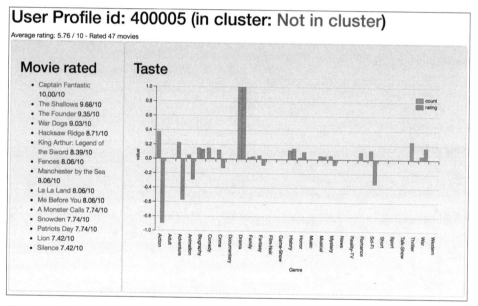

图 4.13　用户 400005（Pietro）的资料截图。"Not in cluster"意味着用户不属于任何聚类。将在第 7 章中创建聚类

如果像这样计算隐式评分，需要考虑用户并未购买其中的许多商品。因此，推荐中会包含未购买的商品。但是，由于用户如示例中那样一次又一次地查看了某个商品却仍未购买，你或许不应该把它包含在推荐内容中。

## 4.6.1　添加时间因素

前面的实现方法没有考虑时间衰减的因素。如果过时的行为不如近期的行为重要，那么将时间因素考虑进来是一个不错的选择。然而，要想把时间因素包含进来是一件很复杂的事情，因为需要给每个数据添加一个随时间衰减的乘数。

## 4.6 如何计算隐式评分

添加时间衰减的因素可以在数据库的 SQL 语句或者代码中实现。有些公司认为使用 SQL 语句来做所有的事情才是最佳的选择；也有人认为 SQL 语句超过 10 行就会变得不宜阅读，所以他们宁愿在代码中实现具体的逻辑。可以使用下面的公式来实现时间衰减功能：

$$值 = \frac{1}{事件发生的时间（天）}$$

在数据库中，SQL 语句没法如此优雅地实现这种操作，因此你可以在代码中实现时间衰减功能。这也让你有机会了解如何在代码中执行所有的操作，而不是如清单 4.1 所示的那样先聚合数据。可使用清单 4.3 所示的查询语句获取用户的所有日志数据。（如果日志量太大，最好对时间范围进行约束，例如，获取 1 个月前创建的数据，并把 `user_id` 设置为索引。）

**清单 4.3　查询指定用户日志数据的 SQL 语句**

```
SELECT *
FROM collector_log log
WHERE user_id = {}
```

时间单位使用天而不是秒有两方面的原因。首先，一天内发生的所有事件都应该使用相同的计算方式，因为购买电影不是每天都会发生数次的行为。其次，我们希望评分衰减得缓慢一些。通过使用天数，一周前发生的事件的权重将衰减至七分之一。像 Spotify 这样的音乐流媒体网站可能更加重视最后 1 小时，甚至是最后 10 分钟发生的事件。图 4.14 展示了衰减算法，你可以在其中看到时间衰减的实现。

为了确保你能理解正在发生的事情，让我们看一个例子。如果 Jimmie 今天购买了《权力的游戏》，那么该事件将获得 1 分；如果是昨天，那么分数是 1/2；一周前是 1/7；一年前是 1/365。衰减方法的实现如清单 4.4 所示。

**清单 4.4　使用用户事件和时间衰减来计算隐式评分**

```
def calculate_implicit_ratings_w_timedecay(userid, conn):    ← 检索数据
    data = query_log_data_for_user(userid, conn)
    weights = {{'buy': w1}, {'moredetails': w2}, {'details': w3} }    ← 每种事件的权重字典
```

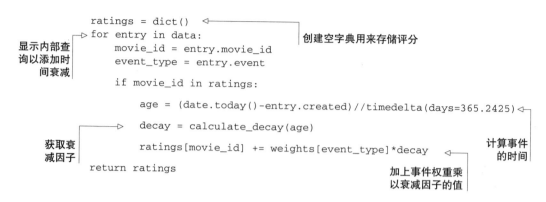

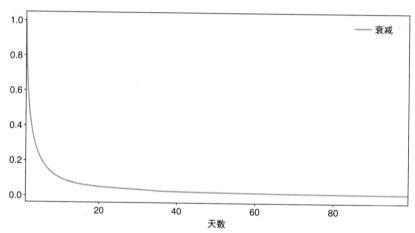

图 4.14　衰减算法的函数

衰减函数如清单 4.5 所示。

**清单 4.5　衰减函数**

```
def calculate_decay(age_in_days):
    return 1/age_in_days
```

你可以尝试更复杂的时间衰减算法，看看它们各有什么优点。虽然理解衰减函数的效果可能有些难，但是，这依旧无法改变在推荐系统中添加一个事物衰减的因素对用户有多重要这个事实。

如果你有一匹马，你可能不会经常改变自己对于马匹的装备的喜好，但是如果你正在浏览一个新闻网站，那么陈旧的故事很可能会让你提不起兴趣。对于电影，时间衰减以天为单位可能有些短，一个月或一年可能更合适。但是，有时为了简单地测试系统，我们会以天为单位。

## 4.7 低频商品更有价值

流行商品经常被作为向客人推荐的首选（可以理解）。但是，如果你想了解什么对用户更重要，同样需要关注少数用户购买的商品。看看下面的例子：

- 我购买了《指环王》，它在排行榜上排名第一（当时），而且每个男人都会去购买这部电影。
- 我购买了《指环王》的特别收藏版，里面有限量 100 份的主演签名海报。

其中哪个例子提供了有关我的偏好的更多信息？第一个例子让我成为全球半数的人其中之一，因为在第一个例子中我并非与众不同。第二个例子让我进入一个最多只有 100 个人的专属俱乐部，而这 100 个人都具有独特的偏好。

通常用来描述这个问题的另一个例子是香蕉。每个人都会购买香蕉，所以知道用户购买香蕉相比于购买辣味的进口沙丁鱼并没有提供更多的价值，因为后者才是可以体现买家独特品味的商品。我为什么要讨论这个？是这样的，你可以对你正在计算的评分进行过滤，相对于普通商品，特殊商品的价值更高。要实现这个可能并不容易，所以让我们赶紧尝试一下吧。

首先,让我们定义一个函数。这与众所周知的词频 - 逆向文档频率问题（TF-IDF）密切相关，它经常被用于在用户查询时搜索引擎对商品进行排序。你可以将此视为无查询搜索，可对特殊商品赋予更多的价值。想知道哪些商品是特殊的，需要先去寻找 IDF。如果用户购买了一个流行商品，这无法提供有关用户品味的信息。而如果用户喜欢只有少数人才会喜欢的东西，那么它可以更好地体现消费者的个人品味。

该函数可以用多种方式实现。下面的函数是其中一个我觉得比较好的。[1] 要找到特殊商品，可以像下面这样计算逆向用户频率（IUF）：

$$iuf_{i,u} = \log\left(\frac{N}{1+n}\right)$$

其中：

- $n$ 是用户 $u$ 购买商品 $i$ 的次数。
- $N$ 是用户的数量。

---

[1] 在 J. S Breese 等人的论文 "Empirical Analysis of Predictive Algorithms for Collaborative Filtering" 中提到了协同过滤，我建议你阅读它。详情可参见链接23。

这意味着结果将以对数的方式呈现。采用对数的方法可以确保较小的数之间能存在较大的差异，而数字越大它的重要性越小，可以在图 4.15 中看到这一点。

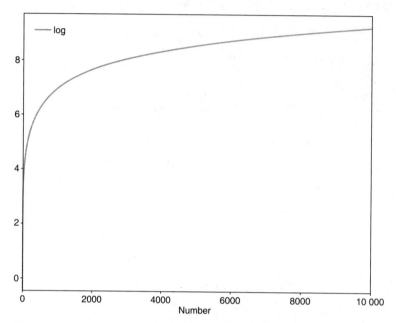

图 4.15　log 函数的值在数字从 1 到 10 000 时的变化。在数字较小时，log 函数的值的变化很大，而在数字变大时，log 函数的值的变化会变小

因为在计算 IUF 时用户数 $N$ 是常数，它的图形看起来如图 4.16 所示。用户评分与 IUF 相乘得到的加权评分如下：

$$wR_{ui} = R_{ui} * iuf_{i,u} = R_{ui} * \log\left(\frac{N}{1+n}\right)$$

如果你希望将这些评分保持在 1~10 之间，则需要再次进行标准化，就像在清单 4.2 中所做的那样。如此可以便于查看评分并将其与显式评分进行比较。如果你担心会因此为网站带来过多的转换工作，可以考虑在 SQL 语句和服务器上分开实现此功能。

如果你在教机器如何预测评分，那么推荐系统工程师和数据科学家对你会有很大的帮助。请记住，如果最终计算出的推荐内容仅仅只与数据相符而不符合用户的实际情况，那么问题就在于你构建的隐式评分计算过程之中。计算隐式评分是创建推荐系统的基础，做得好可以让推荐系统更好地进行预测，但做得不好将导致推荐系统失败。

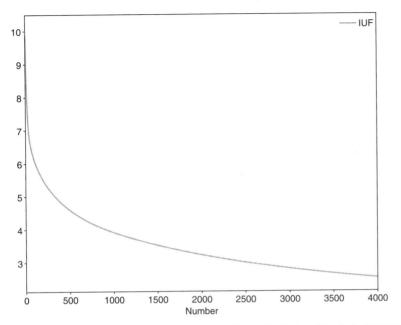

图4.16 IUF 看起来如此。如果只有少数人购买该商品，那么它会增长得很快，而如果很多用户购买该商品，它不会增长很多

现在你已拥有仪表盘和隐式评分，可以更好地构建推荐系统了。下一步我们将研究如何更好地存储用户、商品和评分数据。在下一章中你将看到几种推荐，拭目以待吧！

## 小结

- 用户-商品矩阵是推荐算法的数据存储格式。你可以使用显式评分和隐式评分，或用户是否消费了商品来在二值矩阵中进行填充。
- 评分是将用户与商品联系起来的黏合剂，它可以由用户手动输入，也可以根据用户的行为计算得出。
- 时间衰减算法考虑的是并非所有的信息都同样重要：过时的数据相对来说重要性差一些，因为人们的偏好会随时间而改变。
- 将逆向频率因素添加到方程式中，因为稀有的商品包含了更多的用户信息，而流行的商品则恰恰相反。

# 5 非个性化推荐

在本章你会看到一些推荐案例，它们是非个性化的。但这并不意味着本章的内容不重要。

- 你将学习使用非个性化推荐来给用户推荐有趣的内容。
- 你将看到一些示例，这些示例解释了为什么你的网站应该对内容进行排序。你还将学习如何通过构建榜单来向用户展示流行的商品，以及突出显示用户感兴趣的商品。
- 你将学习如何根据购物车中的商品来计算关联规则，然后使用这些规则创建种子推荐。
- 你将学习如何实现推荐组件，它是 MovieGEEKs 网站的核心组件，该网站上的推荐内容就是推荐组件负责提供的。

大多数网站的推荐都是从非个性化推荐开始的，因为这很容易，而且不需要你事先了解用户的任何具体信息。非个性化推荐的特点是尽管你对用户知之甚少，也可以进行推荐。人们可能会说，系统应该只做非个性化推荐直到系统对用户有了足够的了解可以进行个性化推荐时，但请记住，人类天生就是具有趋同性的动物，所以大多数人都不太清楚什么商品是最流行的——特别是在不明确自己不喜欢什么的时候。

我们将在本章中处理图表、排序和关联规则。我们将观察一些前面提到的好的图表。图表是一种基于数据的简单的推荐方式，例如，哪些商品销量大。图表与数据排序也有关系，所以我们会继续讨论数据排序的问题。我们将查看图表的实现，并讨论在 MovieGEEKs 网站上对电影进行重新排序。在本章的第 2 部分，我们将研究人们放在购物车中的东西，并使用一种叫作商品集或频繁项集的东西，以此提出诸如"买了 X 的人也会买 Y"之类的建议。对于所有与推荐系统交互的用户，我们将一视同仁，这也是为什么这被称为非个性化推荐的原因。

在主要介绍了如何收集用户数据的前 4 章之后，你可能会认为抛开个体而将数据作为一个整体来看待有点不公平。但请记住，大多数网站都有许多不明身份的访客，并且你希望去迎合他们，因为他们可能是你的网站的潜在客户。但即使你知道了访客的身份，也很可能没有足够的数据来计算个性化的推荐内容，此时正好可以用非个性化的推荐来填补空白。

## 5.1 什么是非个性化推荐

在第 1 章中我们讨论了广告和推荐的区别，让我们再来简单地谈一谈它们。

### 5.1.1 什么是广告

如图 5.1 所示，Manning 网站上的每日团购是广告。广告是供应商希望显示给用户的内容，并且通常是人们会很感兴趣的优惠内容。但是，作为网站的所有者，你应谨慎行事，因为糟糕的广告会使客户流失。我认为阻碍用户正常开展活动的广告就是糟糕的广告，例如，在播放电影之前无法关闭的弹出窗口或将用户引导至非

每日团购是广告。虽然这个很不错，但它仍然是广告。

图 5.1 Manning 出版社网站上的每日团购

预期的页面等。

广告往往是卖家试图说服用户这是一件好的或是廉价（即便它不是）的商品，而推荐是找到用户想要的东西。比如，很多用户想要找便宜的东西。而事实上，很多网站的商业逻辑也正是建立在推荐廉价商品之上的。就我个人而言，在我发现自己需要某件东西之后我会去寻找它们，而像图 5.2 所示的这样的优惠券网站，人们在上面搜索他们需要的东西之前却并不明确知道自己需要什么。

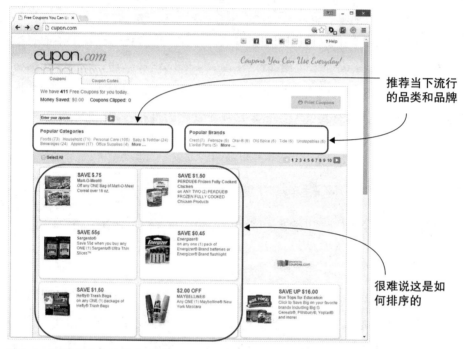

图 5.2　该网站从各处收集优惠券

图 5.2 所示的网站使用非个性化推荐来推荐更多的优惠。在顶部，它列出了流行的品类和品牌。虽然屏幕的中央部分列出了优惠券的清单，但很难说出这是如何计算出来的。该网站只是众多选择之一，我认为这是卖家与那些乐于购买便宜东西的人建立联系的很好的方式——因为这往往会让用户花更多的钱来购物。

## 5.1.2　推荐有什么作用

个性化推荐或非个性化推荐都是基于数据并根据数据计算得来的。为了防止定义过于模糊，我们限定其为由计算机基于数据计算得出的。这意味着，在图 5.2 所示网站上的热门品类属于推荐内容（通过计算得出哪些品类被浏览得更多）。在开始计算之前，让我们看一个例子，如果网站在没有任何数据的情况下可以做些什么。

## 5.2 当没有数据的时候如何做推荐

我们之前谈过，没有数据意味着无法推荐。推荐源于人们的喜好。所以，没有数据意味着无法推荐。这时候能做些什么呢？你可以手工伪造一个推荐结果集（这是一个比商业广告更纯粹的目标）。你可以将其称为聚光灯，如图 5.3 所示的网站做的那样。如果你不想让人设置聚光灯页面，可以做一个精简版本。

图 5.3 聚光灯页面

首先，呈现无序数据意味着什么？例如，MovieGEEKs 网站的页面，第一页显示的电影就是数据库中靠前的内容。提供这样的数据并非巧合。可以按字母顺序将数据插入数据库，或者如果始终将数据添加至最后，则旧的数据始终会显示在最前面。

> 提示　切勿使用数据库中设置的排序规则。应该针对所显示的内容设置某种默认的排序规则。

### 对价格进行排序往往不是好主意

在按价格进行排序之前，请考虑一下这意味着什么。对于图 5.2 所示的优惠券收集网站来说，这可能意味着最少的优惠会排在最前面，反之亦然。另一个方法可能是按折扣的比例来排序。例如，如果某项优惠让你在价值 10 美元的商品上节省了 1 美元，那么该优惠将在可节省 2 美元但商品价格为 100 美元的优惠之前展示。因为前者的折扣是 10%而后者是 2%。

### 按最新时间排序可以让网站充满活力

如果电影网站没有任何价格信息，这时候你能做些什么呢？首先，推荐商品最简单的方法之一是根据大多数人最喜欢的方式来排序（假设你知道这一点）。例如，电影可以用拍摄时间进行排序。因为就电影而言，最好是把新电影排在前面。只要内容充满活力，网站同时也会变得充满生机。

但请记住，近期的事物并非总是最令人向往的。比如销售古董，你应该把年代最久远的古董放在前面，例如图 5.4 所示的网站。

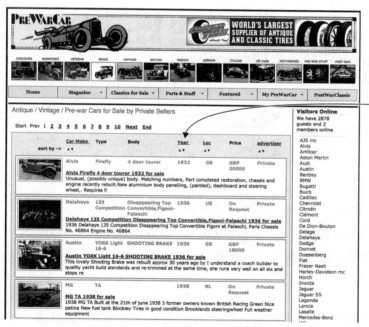

该网站是少数越老旧的东西越会被排在前面的网站

图 5.4 一个致力于古董车市场的网站

来看另一个例子。如果你销售的商品是园艺工具，那么人们不会太在意它们是否是最近生产的，除非你在与丹麦人谈论韦伯烤架。因为丹麦男性似乎每年必须至少更换一次韦伯烤架，而且会一次比一次大。这完全得益于天才的营销手段。

## 5.2.1 商品的十大排行榜

早在互联网时代之前,十大排行榜就随处可见。每个周末我都会收听收音机里的十大音乐排行榜,我会虔诚地将排在前面的歌曲记录下来,并在整周里循环播放。(循环播放就是你听完一首歌后倒带重头继续听。通常整盘录音带里的歌曲都是流行歌曲。)除了从朋友那里听来的,十大排行榜基本上是我获取推荐的唯一方式。后来当 MTV 传到丹麦时,这种情况变得更加疯狂……

尽管如此,如图 5.5 所示的十大排行榜,从那以后名声就开始不怎么好了,这很可惜,因为它的确向人们推荐了受欢迎的东西。无论你的个人品味如何,或是你有多么主观,你都可能会喜欢十大排行榜。

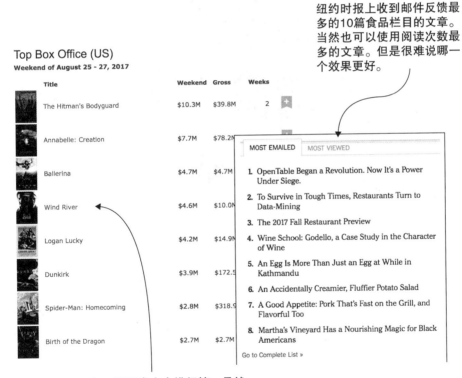

图 5.5 某网站上 2017 年某个周末美国收入最高的 10 部电影,以及纽约时报收到邮件反馈最多的 10 篇食品栏目的文章

十大榜单就是你想要的吗?并非完全如此。十大榜单会满足大部分人的需求,

但用户的品味却不尽相同,这些不同也使得推荐系统的相关话题变得妙趣横生。十大榜单说明了什么是值得琢磨一番的。如果你有 11 个用户,10 部电影,只有 2 个人喜欢最受欢迎的那部电影,其他 9 个人更喜欢其他电影。这又说明了什么呢?所以花时间来分析数据是有必要的。

让我们来看看榜单是如何实现的。例如,图 5.6 显示了最常被购买的商品。我们还可以制作一个被浏览最多的商品的榜单,或者用 Facebook 的术语来说,被喜爱最多的商品的榜单。

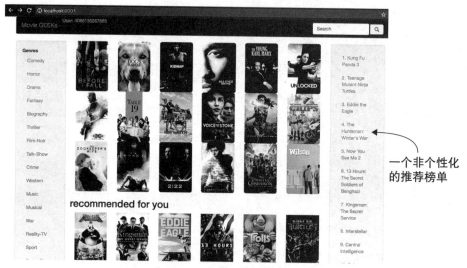

图 5.6　MovieGEEKS 的榜单显示了最常被购买的电影

## 5.3　榜单的实现以及推荐系统组件的准备工作

如第 4 章所述,你可以快速添加榜单。要执行正确的操作并在正确的地方添加功能,首先需要创建推荐系统组件,这是你将在本章的其余部分需花费大量精力学习的内容。

### 5.3.1　推荐系统组件

推荐系统可以通过多种方式构建,具体取决于你需要提供的推荐量、商品目录的大小以及访问者数量。有一点可以肯定,推荐系统应该是一个独立于网站的架构,如此你才可以快速提升性能。

## 5.3 榜单的实现以及推荐系统组件的准备工作

MovieGEEKs 网站由两个组件（和一个数据库）组成。第一个组件称为构建器，它负责推荐所需的所有预计算（训练）工作，第二个组件负责进行推荐。创建构建器组件的原因是，大部分的推荐内容需要大量的计算，这需要大量时间，而这不能等到用户等待页面加载时才去做。大多数推荐算法的目标是尽可能多地进行预计算，以尽可能地实现实时性。

通常，可以将推荐算法分为基于内存的和基于模型的两种。在基于内存的推荐算法中，推荐系统实时访问日志数据，而基于模型的推荐算法则表示算法会预先计算数据以使其具备更佳的即时性。经验表明，基于内存的算法具有一定的局限性，因为在需要展示更多视图的时候服务器的性能难以满足要求。

看看图 5.7，你会有不同的实现方式吗，理由又是什么呢？浅色框中的内容是我们已经讨论过的组件。深色框中的内容是本节的主题。推荐系统 API 处理来自网站的请求；推荐数据库包含计算的推荐结果。在有些算法中，推荐构建器是建模的组件，它预先计算推荐内容并将它们保存在推荐数据库中。

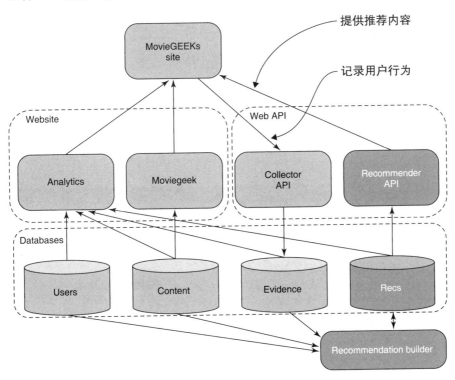

图 5.7　MovieGEEKs 网站的推荐系统架构图

### 5.3.2 GitHub 上的 MovieGEEKs 网站代码

你可以从 GitHub 上下载 MovieGEEKs 网站的代码,网址参见链接 2。按照根目录下的自述文件说明进行安装后就可以使用了。

### 5.3.3 推荐系统

推荐系统需要访问所有的数据,这具体取决于它需要生成什么类型的推荐。网站通常会用一个单独的实例运行推荐系统,并且会有一个简单的(甚至是硬编码)回退推荐在推荐系统遇到问题时继续提供数据以保证安全。

> **注意** 将推荐系统与网站的其他模块分开是因为推荐系统在性能方面要求很高。

MovieGEEKs 网站使用独立的 Django 应用程序来实现推荐系统,这使得推荐系统可以在单独的机器上独立运行。

### 5.3.4 为 MovieGEEKs 网站添加一个榜单

榜单的实现其实很简单,只需要计算每件商品的购买数量并把它们绘制出来。使用的 SQL 语句需要按数据内容进行分组并计算日志中的购买事件。代码清单 5.1 中的 SQL 查询语句还做了一件事情:它将电影的标题添加到了榜单中。在现实的系统中,每天进行一次预计算是比较合适的,因为每次显式榜单需要查询的内容很多,花费的成本高昂。

**清单 5.1 用 SQL 语句查询卖得最好的商品**

```
SELECT  content_id,           ← 获取content_id、电
        mov.title,              影标题和购买数量
        count(*) as sold
FROM    collector_log log     ← 从日志表中获
JOIN    moviegeeks_movie mov    取购买数量
ON      log.content_id = mov.movie_id   ← 使用电影的id关联
WHERE   event like 'buy'                  电影表和日志表
GROUP BY content_id, mov.title   ← 根据content_id和
ORDER BY sold desc                 标题进行分组
              ↑
        根据购买列进行倒序排列
```

从电影表中获取电影的标题 → JOIN
只关注购买事件 → WHERE

如果你下载了网站代码就会知道,你所查询的日志文件是空的。但是,如果你运行根目录下的 moviegeek/populate_logs.py 脚本,它会自动为你生成日志数据。该

## 5.3 榜单的实现以及推荐系统组件的准备工作

脚本在第 4 章中有更详细的描述。

recommender/views.py 脚本中的榜单的实现方法如清单 5.2 所示。这虽然不是完美的代码,但它确实有效。

**清单 5.2　recommender/views.py 脚本中榜单的实现方法**

```
def chart(request, take=10):                          # 调用流行度推荐方法来检索卖得最多的商品
    sorted_items = PopularityBasedRecs().recommend_items_from_log(take)
    ids = [i['content_id'] for i in sorted_items]     # 从列表中提取 movie_id
    ms = {m['movie_id']: m['title'] for m in
          Movie.objects.filter(movie_id__in=ids).values('title',
                                                        'movie_id')}   # 使用提取出的 movie_id 来获取电影标题
    sorted_items = [{'movie_id': i['content_id'],
                     'title': ms[i['content_id']]} \
                    for i in sorted_items]            # 创建一个新的、排过序的并且包含电影标题的列表
    data = { 'data': sorted_items }
    return JsonResponse(data, safe=False)             # 以 JSON 数据格式返回结果
```

清单 5.2 调用了清单 5.3 中所示的方法,以从日志中提取数据。

**清单 5.3　recs/popularity_recommender.py 中的 recommend_items_from_log 方法**

```
recs/popularity_recommender.py
def recommend_items_from_log(self, num=6):
    items =                                           # 检索商品并计算它们被购买的频率
      Log.objects.values('content_id')
    items = items.filter(event='buy').annotate(Count('user_id'))
    sorted_items = sorted(items, key=lambda item: -float(item['user_id__count']))   # 以购买的数量进行排序
    return sorted_items[:num]
```

要查看方法的输出,请在浏览器中键入网址 `localhost:8000/recs/chart`。我得到了先前图 5.6 所示的 MovieGEEKs 网站上最畅销的 10 件商品。

### 5.3.5　使内容看起来更具吸引力

我们来看看 MovieGEEKs 网站的内容(数据库中的电影)。我之前说过,不能让数据库来决定你的内容呈现的顺序。如果 MovieGEEKs 网站中的电影以数据库中存储的顺序呈现,它就会向用户展示过时的电影(参见图 5.8)。

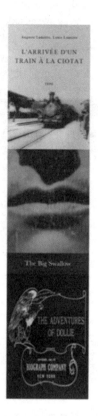

图 5.8　按照数据库中的存储顺序呈现的电影列表

你可以更改清单 5.4 中所示的代码来解决排序问题。

清单 5.4　先展示最老的电影

```
movies = selected.movies.order_by('year')
```

这行代码表示按年份进行排序,从最老的电影开始。如果你喜欢黑白电影,这很适合你,但我认为现在大多数人都更喜欢彩色电影。要在 Django 的查询中显示最新的电影,请在列名前添加减号,如清单 5.5 所示。

清单 5.5　先展示最新的电影

```
movies = selected.movies.order_by('-year')
```

如此一来,MovieGEEKs 网站的首页会变得更具吸引力,就像你在图 5.9 中看到的那样。

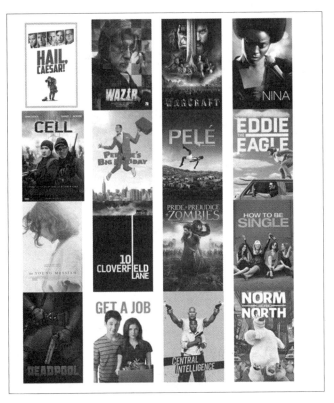

图 5.9 优先展示最新的电影

你也可以根据发布日期对电影进行排序,但这并不适用于所有的情况,因为客户并非总是在找最新的电影。例如,Netflix 经常在目录中添加新的内容,而且这些内容并非总是最新的,因此你的排序还应当考虑其他因素。

如果我们再次把目光转向园艺工具,根据生产日期排序可能并不合适,而你的数据库中可能包含园艺工具通常在何时会被使用的相关数据。你在初秋对土地做准备工作时需要的工具,之后播种时需要的工具,再后来需要一些除草的小工具,等等。园艺设备可以按季节进行排序,当季的工具排在最前面。有了这些排序和非个性化推荐的例子(参见图 5.6),现在是时候来看几个更具体的推荐例子了。

## 5.4 种子推荐

榜单不错但太过普遍。许多网站喜欢使用你查看特定商品时的数据,因为这可以用来创建相关商品的推荐。这些相关商品可以被称为种子。

种子推荐,这是一种搜索吗?是的,种子推荐可以是商品、产品或论文,你可以将其用作输入以查找其他相关的内容。可以根据搭售的商品来弄清楚如何提出建议。要了解人们如何搭配购买，你需要研究相关数据。

当你查看 Amazon 或几乎其他所有网上商店的商品时，最著名的种子推荐之一是捆绑销售（FBT）（参见图 5.10）。在商品之间创建这些关联的方法称为关联分析，或者更通俗的说法是购物车分析。让我们来看看如何做到这一点。

图 5.10　Amazon 的一个捆绑销售的例子

## 5.4.1　频繁购买的商品与你正在查看的商品很相似

你能找到所有与当前商品一起搭售的商品，然后取其中的前 $X$ 个来创建一个 FBT 推荐吗？或许可以，但稍后你就会发现，这并不怎么管用。

展示 FBT 推荐的挑战之一是，大多数商品都会与流行商品一起被购买。一个经典的例子是，大多数丹麦人在离开超市时都会在购物袋里放一升牛奶，所以不管购物袋里还有其他什么东西，你都可以说这些东西经常和一升牛奶搭售。

在我写到这里的时候，我妻子刚从超市回来，她买回的不是一升牛奶，而是两升牛奶（图 5.11 所示的是购物收据）。超市里的大多数商品都经常会和牛奶一起搭售。这会产生大量牛奶与其他商品的频繁项集。当两个或两个以上的商品经常在一起搭售时，将之称为频繁项集。

图 5.11　我妻子买的东西（购物清单里包含塑料袋、酸奶、牛奶和橄榄）

你可能在想,"这很好,但这只适用于超级卖场的经营者。"其实不然,这适用于许多不同的领域。

在接下来的内容里,我们将研究如何在一个简单的超市示例中计算 FBT 商品,继而在电影网站中实现它。除此之外,你可以将它应用到更大的商品销售中,如家具或房地产销售,或船舶销售网站,这些网站通常在销售商品时可以搭售 FBT 商品。对于这些网站,可以考虑推荐一些较小的商品。我从来没有买过船,但我敢说,无论船多大,都会需要救生衣。根据是帆船还是快艇,可能还会需要一些其他的特殊装备。当你在卖贵重的商品时,添加 FBT 推荐效果是很好的,或者你可以称其为常用的装备。

### 5.4.2 关联规则

除了关注最受欢迎的商品,这里还有一些有关关联规则的想法。商业情景中的关联规则被认为是善意的建议。大多数人不喜欢新型的硬盘,只是因为没有匹配的数据线可以连接它。很幸运的是,如果在 Amazon 上买东西,它会提醒大多数人在购买硬盘的同时还要购买匹配的数据线,如图 5.12 所示。

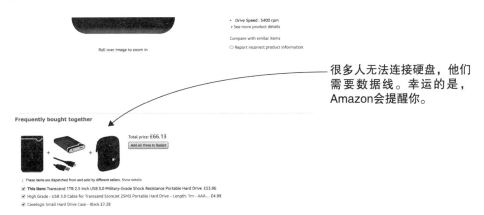

图 5.12 在 Amazon 上,外部移动硬盘通常会和数据线一同被购买

现在让我们考虑一下如何获得这些关联规则。下面列出了超市的账单详情。假设超市中有五种商品:牛奶、红枣、酸奶、胡萝卜和面包。在关联规则中,我们将这些称为商品。

1  {面包,酸奶}
2  {牛奶,面包,胡萝卜,}

**3**  {面包,胡萝卜}

**4**  {面包,牛奶}

**5**  {牛奶,红枣,胡萝卜}

**6**  {牛奶,红枣,酸奶,面包}

这里的每一行都是一笔交易。要制定关联规则,请查看一同被购买的商品。比如牛奶,其他商品都与牛奶一同被购买过。这说明了什么呢?无论什么商品你都可以说它会和牛奶一起被购买,因此,这确实说明不了什么。

你需要找出总是被一起购买的商品,但不能是与其他所有商品一同购买的商品。商品清单的任何子集都被称为商品集。面包和牛奶是一个商品集 { 面包, 牛奶 },它们可以在以上六笔交易中的其中三笔里找到。这是否意味着当购物车里有面包时就推荐牛奶是个好主意呢?确实如此。

让我们设定一些数字,这些数字可以更容易地确定规则是有效的还是仅仅是个巧合。在例子中,{ 面包, 牛奶 } 商品集在六笔交易中出现三次,面包存在于六分之五的交易里,因此很难找到不包含面包的交易。考虑到这一点,可以将置信度定义为商品集出现的次数除以第一个商品出现的次数。

---

**定义:置信度**

$$c(X \to Y) = \frac{|T(X \text{ AND } Y)|}{T(X)}$$

$T(X)$ 是包含 $X$ 的交易集合。

---

让我们计算一下当购买了面包时牛奶也会被购买的置信度评级。如下:

$$c(bread \to milk) = \frac{|T(bread \text{ AND } milk)|}{|T(bread)|}$$

接下来,需要找到包含面包和牛奶的集合,然后找到包含面包的集合。

$T(bread \text{ AND } milk) = \{milk, bread, carrots\}, \{bread, milk\}, \{milk, dates, yogurt, bread\}$

$T(bread) = \{milk, bread, carrots\}, \{bread, carrots\}, \{bread, milk\}, \{milk, dates, yogurt, bread\}$

## 5.4 种子推荐

代入方程式中可得出：

$$c(bread \to milk) = \frac{|T(bread\ AND\ milk)|}{|T(bread)|}$$
$$= \frac{3}{5}$$
$$= 0.6$$

根据这个结果，可推断当你在购物车里看到面包时，有 60% 的置信度可以在购物车中找到牛奶。这样就可以了吗？请等一下。对红枣和胡萝卜做同样的计算，结果是：

$$c(dates \to carrots) = 0.5$$

虽然我经常同时买面包和牛奶，但我并不相信有一半买红枣的人会同时购买胡萝卜。简单地说，还没有足够的红枣交易来支持这个结论。所以你可以使用第二个定义来探究两个商品之间是否存在关联规则。

---

**定义：支持度**

$$S(X \to Y) = \frac{|T(X\ AND\ Y)|}{T()}$$

$T(X)$ 是包含 $X$ 的交易集合，$T()$ 是所有的交易。

---

让我们看看前面两个例子代入这个公式后的结果：

$$S(bread \to milk) = \frac{3}{6}$$

$$S(dates \to carrots) = \frac{1}{6}$$

换句话说，证据表明，面包→牛奶的关联规则大于红枣→胡萝卜的关联规则，这也印证了之前的结论。但如果我们回到现实生活中，大多数商店（至少是那些存活下来的商店）拥有远不止 6 种商品，交易的数量会大得多。

当我开始写这一章时，我在 Facebook 上向好友们询问他们最近一次去超市购买的东西，我希望借此得到一些很好的示例数据。但反馈结果太混乱，以至于根本无法使用。图 5.13 说明了关联规则很快就会复杂得难以计算。

图 5.13 Facebook 上乐于助人的好友们很快就回应了我的诉求

要找到关联规则,首先需要找到频繁项集。图 5.14 显示了如果你有 4 种商品 { 牛奶,黄油,红枣,面包 } 时可能会产生的频繁项集。这个例子很简单,我们可以通过图 5.14 来看看如何实现它。

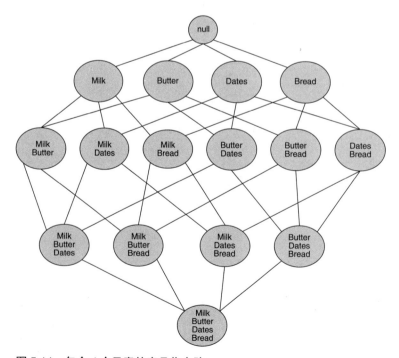

图 5.14 包含 4 个元素的商品集点阵

## 5.4 种子推荐

图 5.14 显示了 4 种商品的所有可能组合。如果从底部开始查找，你会发现一个包含所有元素的商品集，你可以想想要成为频繁项集它需要满足哪些条件？集合中的商品需要经常同时出现在交易中。

如果你从点阵左边向上查找，会找到一个包含 {牛奶,黄油,红枣} 的商品集，如图 5.15 所示。要成为频繁项集，牛奶、黄油和红枣需要经常一起出现在交易中。你可以根据所有商品必须经常同时出现这点来快速实现。

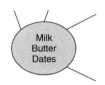

图 5.15 黄油很少出现在商品集的点阵图中

先看仅包含一个元素的商品集。如果你发现黄油几乎从不出现，那么可推测出包含黄油的不是频繁项集，便可删除所有包含黄油的集合，图 5.16 中的黑色节点显示了可以删除的集合。你将在下一节中看到如何去实现它。

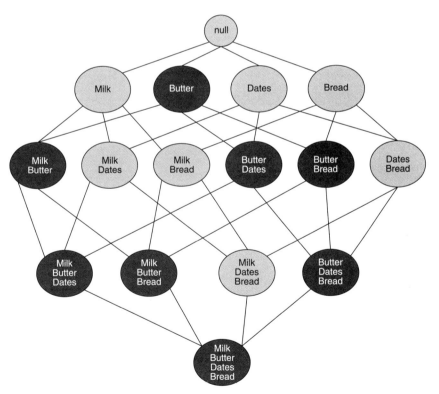

图 5.16 图中黑色的节点显示了那些关联规则不会产生的频繁项集。因为黄油很少出现，所以包含黄油的节点都不常见

### 5.4.3 实现关联规则

5.4.2 节中描述的过程如下所示：

1. 确定最低支持度和最低置信度。
2. 获取所有交易。
3. 创建商品集列表，并计算它们的支持度（商品出现的次数除以交易的总次数）和置信度。
4. 构建包含多个商品的商品集列表，通过对每次交易进行推断，得出商品的所有组合并添加至商品集的支持度中，从而计算支持度和置信度。
5. 遍历商品集并删除不符合置信度要求的集合。

让我们将其转换为 Python 代码，但在设置最低支持度和置信度这些内容之前稍等片刻。

#### 获取所有交易

MovieGEEKs 网站上没有购物车的概念，所以我们假设在购买行为发生时就是一笔交易。可以从日志中获取交易记录，这意味着你首先需要从数据库中检索购买事件，然后根据会话 ID 构建交易记录，如图 5.17 所示。

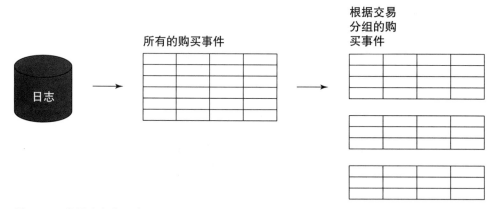

图 5.17 从日志中获取交易记录

要从日志中获取所有交易，需包含购买事件的所有日志，如代码清单 5.6 所示。这就是 `retrieve_buy_events` 方法所做的事情。

### 清单 5.6 从日志中检索购买事件

```
def retrieve_buy_events():
sql = """
SELECT *
FROM   Collector_log
WHERE  event = 'buy'
ORDER BY session_id, content_id
"""
    cursor = data_helper.get_query_cursor(sql)
    data = data_helper.dictfetchall(cursor)
    return data
```

◁── 使用SQL语句获取所有购买事件

现在，你需要按交易对每个购买事件进行分组。为此，你需要把数据传入 `generate_transactions` 方法，如清单 5.7 所示。此方法通过数据运算将每个交易存储到字典中，在该字典中，交易 ID 是键，会话 ID 是键的值。

### 清单 5.7 创建列表并把它添加到字典中

```
def generate_transactions(data):
    transactions = dict()
    for trans_item in data:
        id = trans_item["session_id"]
        if id not in transactions:
            transactions[id] = []
        transactions[id].append(trans_item["content_id"])
    return transactions
```

- 遍历所有行
- 检索交易ID（示例中的会话ID）
- 如果之前没出现过，创建一个列表并将其加入字典
- 将内容添加到交易中

#### 获取所有商品集，并计算其支持度

现在可以计算频繁项集了。清单 5.8 中所示的方法做了简单的抽象。

### 清单 5.8 计算频繁项集的支持度和置信度

```
def calculate_support_confidence(transactions, min_sup=0.01):
    N = len(transactions)
    one_itemsets = calculate_itemsets_one(transactions, min_sup)
    two_itemsets =
     calculate_itemsets_two(transactions,
                            one_itemsets, min_sup)
    rules = calculate_association_rules(one_itemsets,
                                    two_itemsets, N)
    return sorted(rules)
```

- N是交易的数量
- 计算所有包含一个元素的商品集
- 计算所有包含两个元素的商品集
- 计算关联规则
- 对规则进行排序并返回

该方法创建了两个字典：包含一个元素的频繁项集和包含两个元素的频繁项集。清单 5.9 所示的是得出这两个结果的方法声明。我们先来看一下 calculate_itemsets_one 方法。

清单 5.9　创建包含一个元素的商品集的列表

FrozenSets 是一个特殊的集合。FrozenSets 是不可变的，因此可以用作字段的键值（详细信息可参见链接24。）

### 默认字典

在清单 5.9 中，引入了默认字典的概念。字典中的每个新元素都以声明的类型初始化其默认值，这使得代码具有更好的可读性。随着交易数量的增加，该方法遍历所有的交易并对交易中的每个元素进行计数。

完成此操作后，包含一个元素的商品集（如代码清单 5.9）将作为此方法的输入，该方法可以对置信度和支持度大于某个最小值的商品集进行计算。代码清单 5.10 展示了对包含两个元素的商品集的计算。

## 5.4 种子推荐

**清单 5.10 创建一个包含两个元素的商品集列表**

```
def calculate_itemsets_two(transactions, one_itemsets, min_sup=0.01):
    two_itemsets = defaultdict(int)
    for key, items in transactions.items():      ← 遍历所有交易
        items = list(set(items))                  ← 删除重复项
        if (len(items) > 2):
            for perm in combinations(items, 2):   ← 仅查看包含多于两个商品的交易
                if has_support(perm, one_itemsets):
                    two_itemsets[frozenset(perm)] += 1
                                                  ← 查看商品列表中所有两个商品的组合
        elif len(items) == 2:
            if has_support(items, one_itemsets):  ← 仅包含两个商品的交易
                two_itemsets[frozenset(items)] += 1
    return two_itemsets
```

- 检查商品集是否具有支持度
- 将商品集添加进商品集列表中
- 检查商品集是否具有支持度

对结果字典再次进行迭代，并且大于最小支持度的商品将被添加到最终返回的字典中。现在你可以计算关联规则了（参见代码清单5.11）。

**清单 5.11 计算关联规则**

```
def calculate_association_rules(one_itemsets, two_itemsets, N):
    timestamp = datetime.now()
    rules = []
    for source, source_freq in one_itemsets.items():     ← 遍历所有包含一个元素的商品集
        for key, group_freq in two_itemsets.items():     ← 遍历所有包含两个元素的商品集
            if source.issubset(key):                      ← 检查包含一个元素的商品集是否是包含两个元素的商品集的子集
                target = key.difference(source)           ← 如果是，则设置target为不等于source的值
                support = group_freq / N
                confidence = group_freq / source_freq
                rules.append((timestamp, next(iter(source)), next(iter(target)), confidence, support))
    return rules
```

- 支持度是商品集出现的次数除以交易的总数
- 追加规则
- 置信度是group出现的次数除以source出现的次数

值得注意的是，如果你希望使用关联规则在查看购物车时推荐商品，那么查看具有多个商品的关联规则是有价值的。但是本例中计算只有一个商品的数据是有意义的，因为你要用它来进行单个商品的推荐。

### 5.4.4 在数据库中存储关联规则

既然你可以计算关联规则,那么每当客户查看商品时就进行计算是否有必要呢?这一点是值得思考的。你可以进行离线计算,然后找一个可以快速检索的地方保存计算的结果。并且应该及时更新关联规则,而且在更新时,不应该影响其他服务。

可以将关联规则保存到表里吗?这会带来一些问题。让我们看一下这个问题。用户查看电影的详细信息时会查询规则表。这种查询也会在系统添加新规则时发生。为了避免在保存新规则时出问题,你需要一个记号来标记当前要检索的规则。

解决这个问题的一种方法是引入一个版本表,如图 5.18 所示。版本表确保系统不会混淆不同版本的规则。版本表每行记录了规则的版本,这意味着你无法直接查询关联规则,但可以如清单 5.12 所示那样用版本表进行关联查询。

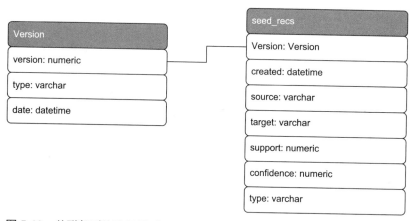

图 5.18 关联规则的数据模型

**清单 5.12 从一个特定来源的最新版本检索关联规则的 SQL 语句**

```
WITH currentversion as
(SELECT version
       FROM version
       WHERE type = 'association_rules'
       ORDER BY version desc
    LIMIT 1)
SELECT *
FROM seeded_recs recs
WHERE source = '<the source id>'
AND recs.version = currentversion
```

在你很高兴有版本表的设计时,我得告诉你,MovieGEEKs 网站并没有使用这种方法。

## 5.4.5 计算关联规则

要运行关联规则计算器，首先应生成第 4 章中提到的日志（通过运行 python populate_logs.py 生成的）。然后，你可以运行代码清单 5.13 所示的命令。

**清单 5.13　计算关联规则**

```
python -m builder.association_rules_calculator
```

这将生成关联规则并将其保存在数据库中，这样你便会了解关联规则的工作原理和实现方法。

让我们快速浏览 MovieGEEKs 网站来看看实际的规则。要使用关联规则检索推荐内容，需调用代码清单 5.14 所示的方法，它是用 Django 实现的（如果你不了解 Django，这可能不会很有趣），但你仍然能够看懂到底发生了什么。

**清单 5.14　使用关联规则的种子推荐**

```
def get_association_rules_for(request, content_id, take=6):
    data = SeededRecs.objects.filter(source=content_id) \
                .order_by('-confidence') \
                .values('target', 'confidence', 'support')[:take]
    return JsonResponse(dict(data=list(data)), safe=False)
```

从种子推荐表中检索对象，这里 source 等于 content_id，并且根据置信度进行排序

封装成 JSON 格式并返回

如图 5.19 所示的登录页，右侧显示的是 Top 10。（登录页面上的推荐也来自关联规则，相关内容见第 6 章。）如果单击其中的条目（理论上，可以单击任何电影，但我们使用了一个小数据集来构建它们，所以其中只有少部分可用），你将在详情页上看到当前的关联规则。

以我为例，当我单击 *Teenage Mutant Ninja Turtles* 时，会在详情页面上看到如图 5.20 所示的推荐内容。

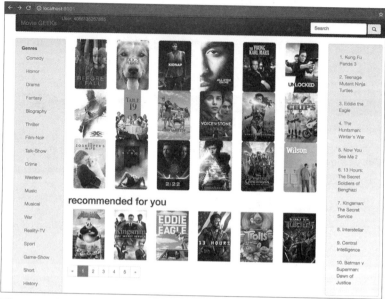

图 5.19　登录页的右侧是 Top 10

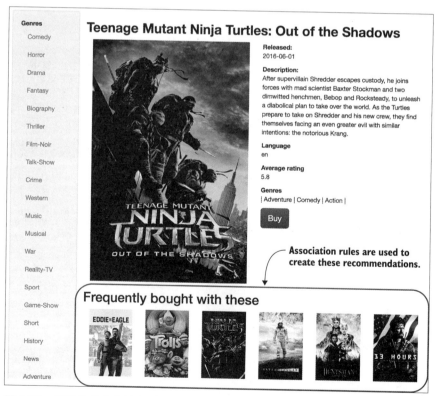

图 5.20　显示推荐内容的详情页

### 5.4.6 运用不同的事件来创建关联规则

一位朋友给我推荐了一本 Angeline G. Close 写的书 *Online Consumer Behavior*（Routledge，2012），它使我更深入地了解了用户在互联网上的行为，从而来巩固第 3 章学习的内容。（猜猜我是否照做了？）当我在亚马逊上查看这本书的详情时，我发现了一个我以前没见过的推荐类型（参见图 5.21）。我认为这个推荐内容对这本书不利，因为它给人一种人们查看了这本书但最终还是买了其他书的感觉。

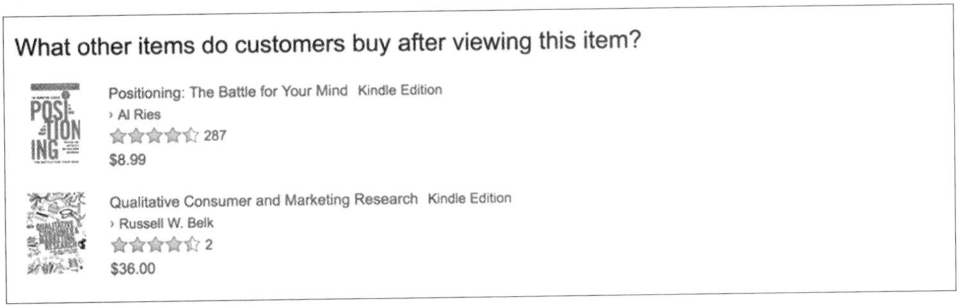

What other items do customers buy after viewing this item?

Positioning: The Battle for Your Mind  Kindle Edition
› Al Ries
★★★★☆ 287
$8.99

Qualitative Consumer and Marketing Research  Kindle Edition
› Russell W. Belk
★★★★☆ 2
$36.00

图 5.21　亚马逊的推荐内容：顾客在看了这本书后买了什么

有趣的是，它显示了一种加强关联规则的方法。即使没有多少人购买这本书，你也仍然可以通过查找顾客查看书籍的所有会话来创建关联规则，然后查看顾客最终购买的书籍。使用的不是只包含购买商品的频繁项集，而是购买事件和查看书籍的会话集合。然后，当你找到所有支持的频繁项集时，便可以计算从这本书开始的规则并将其用作推荐。

令人兴奋的是，我们甚至不需要对这一章进行总结，并且你可能希望赶紧跳到下一章学习构建推荐内容的更多方法。但总结是你温习所读内容的最好方法。

## 小结

- 图表很棒且易于添加。你可以通过多种方式绘制数据图表，而不仅仅是计算最常购买的商品。
- 最好不要出现无序的内容。应根据你认为大多数用户感兴趣的方式对内容进行排序。对于电影和书籍可以按照发布日期排序，而对于优惠券，可以按照省钱程度进行排序。
- 关联规则基于搭售的商品，并用于显示经常同时购买（FBT）的商品的推荐。

通过支持度和置信度等指标来计算规则的可用性。
- 最好将推荐内容保存到数据库中，这将使推荐系统响应更快。另一方面，计算它们需要时间，并且会占用一定的存储空间。
- 为数据库的推荐内容中添加版本号可以让你同时管理多个版本，这意味着你可以在开发环境使用一个版本，然后在准备好上线时切换到最新的版本。更重要的是，当你正在使用的推荐版本出现问题时，你还可以恢复到旧版本中。

# 冷用户（冷商品）

是时候学习如何面带微笑拥抱你的新客户了。在这一章中：

- 我们将考察新用户的冷启动问题。
- 我们将学习如何细分用户，了解什么是半个性化。
- 我们将以具体网站为例来学习冷启动这个新的知识点。
- 你将看到一个简单的使用了关联规则的个性化推荐的实现。

在这一章中，开始会感觉有点"冷"，所以戴上你的帽子和手套，让我们开始吧。在前一章中，我们讨论了如何获取数据，幸运的是，大多数网站在开发推荐系统前都已经有了用户数据。但是即便有了大量的数据也不能解决如何引入新事物的问题，无论是商品还是用户。

## 6.1 什么是冷启动

毫无疑问，如果你不了解你的用户，你就不能对他们进行个性化推荐。不能提供个性化推荐是一个很大的问题，因为你希望让新的用户感到自己受欢迎，这样他们就会成为忠实的回头客。有回头客是很棒的，说明他们对你一直很满意，此外，如果还能增加新的用户就更好了。

这个问题就叫作冷启动。这个术语不仅用于向新用户提供推荐，还用于将新商品添加进目录。新商品不会显示在任何非个性化推荐中,因为它没有任何销售统计数据,并且它们也不会出现在个性化推荐中,因为系统不知道如何把它们和其他商品进行关联。

冷启动会带来灰羊问题。灰羊指的是那些独具品味的用户,即使有数据,在数据中你也无法找到与他们有相同购买记录的其他用户。

我们基于商品与用户绑定的信息做出个性化推荐。图 6.1 显示了在计算推荐时最常用的关联关系。在接下来的章节中,我们将更多地介绍这些关系;但现在冷启动问题是要搞清楚当你没有或只有少数这类关系时应该做什么。

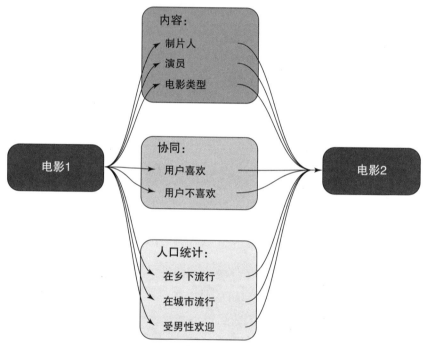

**图 6.1** 计算推荐时常用的关联关系

图 6.1 表明,如果用户给电影 #1 评高分,并且出现了图中任意一种连接,你就可以向该用户推荐电影 #2。但如果用户评高分的商品没有任何连接,那么你将很难向用户推荐其他内容。

幸运的是,只有当新用户尚未与任何商品发生关联时(这里的关联指查看、购买和评分)才会出现这种情况。而且,正如你所看到的那样,独具品味的用户也会产生类似的问题。让我们从头开始详细地介绍这种情况,我们将从最简单的冷商品开始。

## 6.1.1 冷商品

商品的目录不宜太多，否则新的内容会像大海捞针一样难寻。因此，如何引入新的内容至关重要。在大多数情况下，添加新商品应该由网站手动推广该商品的进程来完成，例如，向具有相似兴趣的用户发送电子邮件。

让访客注意到新商品的一种简单方法是在网页上添加一个展示该内容的区域。大多数人喜欢看到新鲜事物。Netflix 有单独的区域展示新鲜货，如图 6.2 所示。

图 6.2　Netflix 展示新鲜货

另一种方法是增加新商品的曝光度，使其看起来很受欢迎并展示在用户的推荐中。然后，如果它们没有被消费，你便可以慢慢地将它们闲置。

## 6.1.2 冷用户

一个新访客的到来就是一种冷启动。何时向用户提供个性化推荐？许多科学论文表示，在用户评价 20 至 50 个商品之前，不应该对其计算推荐内容。但是客户通常希望网站在达到此数目之前就能够提供推荐。

一些电影网站会从你评价 5 部电影后开始推荐；但这并非大多数网站的做法。当用户搜索某些商品时，你便完全可以确定这类商品就是用户感兴趣的东西。

图 6.3 显示了我在 LinkedIn 上进行的搜索。你可以看到，左上角有创建工作的提示按钮。这些内容可以提供用户所需的充分证据，并且足以对可能与用户相关的一组或两组内容进行分类。

何时才算拥有足够的信息来进行推荐，需要一个折中的方案。当你有较多数据时可以进行高质量的推荐，而拥有很少的数据时只能提供低质量的推荐，如何决定是你将要面临的问题。比如，足以确定某人喜好的最少数据量是多少？在电影网站上可能需要 5 个评分就够了，但在其他场景下可能需要不同的数据量。

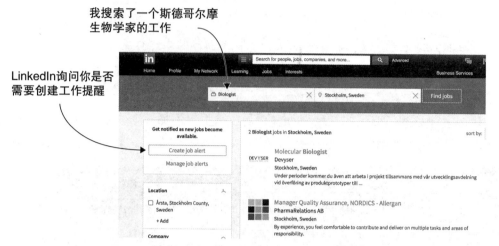

图 6.3　LinkedIn 使用你的搜索关键字设置工作提示,这说明搜索关键字与你正在寻找的内容相关

当新用户到来时,你什么都不知道。[1] 没有数据意味着没有个性化的信息。不要着急,让我们先了解一下在开始之前需要具备哪些知识。

要记住一件事,当你的用户数据很少时,你可能无法确切地了解用户的喜好。例如,当 Sara 访问 MovieGEEKs 时,她希望对她看过的电影这样分类:动作类占 20%、剧情类占 20% 和喜剧类占 60%,但她尚未对任何电影进行过评分。今天,她购买了一部剧情类的电影。于是系统知道了 Sara 喜欢剧情类电影,但并不知道她是喜欢剧情片多一点还是喜欢喜剧多一点。如果从剧情片开始推荐,但那只是 Sara 喜欢的其中一小部分。但是,正如前面所提到的,推荐即使稍微有些偏差也比没有任何推荐强。

在第 12 章,你将了解到混合推荐。当使用这样的推荐时,如果没有个性化推荐可以提供,那它将回归到最普遍的推荐内容。

例如,亚马逊将向你展示人们正在关注的商品。找出人们当前正在关注的商品是很简单的。在日志中查找人们在最后一分钟、一小时或一天内浏览过的商品。但是你还会遇到其他的问题。即使你对客户有所了解,仍然可能遇到冷启动问题。我们称之为灰羊问题。

---

[1] 这是一个经过修改的事实:因为你知道他们的IP地址,这也许可以表明他们来自哪里。更多内容参见6.3节。

### 6.1.3 灰羊

灰羊不是你想的那样（虽然我不知道你的想法，但至少不是大部分人想象的那样），也不是那个产羊毛的可爱动物。在这里，灰羊是指那些具有独特品味的用户，他们所拥有的商品在数据里找不到——或者只能找到极少——相同的购买记录。

之所以在冷启动问题中提及灰羊，是因为灰羊也遇到了在没有数据的情况下计算推荐的问题。冷用户和灰羊的解决方案有很多相似之处，所以在这里值得一提。

### 6.1.4 现实生活中的例子

有一部电影，我们称之为 $X$；没有人愿意看它。而苏珊可能会遇到一个在 $X$ 中扮演了 2 分钟角色的演员，而这也是她唯一愿意观看的 2 分钟片段。她曾和这个演员在网上聊过，于是她打算购买这部电影，所以她访问了电影网站。在这种情况下，苏珊可能不会再想看类似的电影，所以此时推荐一部相似的电影是错误的——但你却并不知情。

一般来说，人们倾向于购买他们喜欢的东西。事实上，苏珊带来了更多的问题，原因有两个：系统会花费精力寻找相似之处，但却找不到任何东西；如果苏珊突然又购买了一部流行的电影，你便会在这部流行的电影与一部只被一个用户查看或购买过的电影之间建立联系。

这最终可能会导致推荐系统开始向喜欢那部受欢迎的电影的人推荐电影 $X$。只有在用户产生了更多数据之后，你才会意识到电影 $X$ 是个异常值应忽略它，因为电影 $X$ 的支持度太低了。当我们讨论关联规则时，这可能不算问题，但当我们讨论协同过滤时，这便会成为一个问题。

**一个关于灰羊和冷商品的例子**

灰羊看起来像是奇怪的用户，因为你无法给他推荐任何商品，但参考一下像 Redbubble 这样的网站（网址参见链接 25），网站登录页如图 6.4 所示。Redbubble 网站是艺术家可以展示和销售多种形式的艺术品的地方，从墙壁艺术到 T 恤、连帽衫等。它拥有数百万件艺术品和来自世界各地的用户群，Redbubble 上有许多喜欢购买无人问津的商品的用户。

艺术难以界定，所以很难说有人因为喜欢一件艺术品，所以同时也会喜欢另一件艺术品。如果将这与大多数商品仅销售过几次的事实相结合，结果是即使对老客户也很难做出推荐。

图 6.4　Redbubble 的登录页

　　Redbubble 上的大部分商品都是冷商品，因为很少有人购买这些商品。因此，你无法对这些商品进行关联。在 Redbubble 上购买商品的顾客很容易成为灰羊，这意味着他们购买了其他人不曾购买过的东西。

　　在许多方面，Redbubble 与像 Google 新闻这样的新闻网站、YouTube 这样的视频网站或 Issuu 这样的杂志网站存在相同的问题。艺术家、电影制作人或杂志出版商要在没有描述的情况下添加内容（例如，流派、标签等）。当他们添加标签信息时，人们对标签的含义又有不同的看法。在 Redbubble 上，当你查看上传的作品并尝试标记它时，会发现难以对艺术品进行标记。你可以去 Redbubble 网站上看看有没有自动添加标签的好方法。

## 6.1.5　面对冷启动你能做什么

　　在下面的内容中，你将看到如何减少冷启动问题的发生。[1] 冷启动问题（用户、商品和灰羊）的许多解决方案都与将要在接下来的内容中研究的一个算法有关，接下来我们会进行学习。例如，基于内容的过滤是处理冷商品的最好方法，这些我们将在第 10 章中看到。在此之前，我们暂不讨论这个问题。

　　虽然没有解决冷启动问题，但经常用于在 Facebook Connect 等社交媒体上建立

---

[1] 我最初写的是规避，但正如一位审阅人员说的那样，这并不是避开冷启动问题，而是减少冷启动问题的发生。

用户关系的解决方案是从用户的个人资料中提取数据,以此来避免冷启动问题。这些资料不一定会为你提供合适的数据,但它可以作为一个开始。

## 6.2 追踪访客

可悲的是,大多数用户都难以捉摸。很多人在访问网站时不登录账号或在不同的设备和位置登录,因此识别回头客很困难。这很糟糕,因为如果你想要了解用户,当他们再次访问网站的时候,你得辨别出他们是否是新用户。你需要跟踪新老用户,以了解他们的行为。

### 6.2.1 执着于匿名用户

一旦有新用户访问你的网站,最好能向他们说明注册的好处,无论是通过Facebook、注册页或表格。你希望用户能够注册,并保存匿名会话的ID,以便他们再次访问网站时能够认出他们。能够识别用户意味着你可以存储他的信息,这能让系统提前为用户计算推荐内容。

在过去,人们只有一台计算机,那时只需在用户的浏览器中设置一个cookie即可。如今仍然值得这么做,但请记住,一旦用户更换浏览器或设备,你就无法追踪用户了。这个问题非常重要,以至于很多公司在找到解决方案后都会对自己在这方面做的工作进行宣传。[1]

Django支持匿名会话:即使用户尚未向系统添加任何信息,你也可以在会话中放置cookie。该会话框架允许你基于每个站点存储和检索任意数据,它将数据存储在服务器中,并提取发送和接收的cookie。

cookie包含会话ID,可以在存储数据的数据库中进行查找。请设置用户ID并保存它。这是因为只要收到cookie,并且只有一个人在使用该设备,那么系统就可以识别出用户。但是,在服务器中存储会话同样需要小心,因为如果你有4000万名用户,存储和检索用户数据将会成为一个问题。跟踪用户很难,即使是回头客也很困难。减少冷启动问题还有其他一些方法。

## 6.3 用算法来解决冷启动问题

冷启动仍然是一个难题,因为还没有一个很好的解决方案,而且与某些杂志所

---

[1] 来看一个Adform的例子,详情参见链接26。

说的不同，机器学习并不是那么神奇：它也是根据数据做出推断的。如果没有数据，就没有可靠的结果。即使是在稀疏数据集中也要查找信息。你希望使用数据中已有的信息并将其与新用户相关联，或者更确切地说，将新用户与已有信息进行关联。

在下文中，我们将使用上一章介绍的关联规则，并为现有用户创建用户组，然后思考如何快速地把用户放进用户组。最后，我们将讨论如何询问用户他们喜欢什么。

### 6.3.1 使用关联规则为冷用户创建推荐信息

通过查看购物交易可创建关联规则，该规则会告诉推荐系统当一个人将面包放入购物车中时就可以向其推荐黄油。在上一章中，这些规则用于商品推荐。如果你将这些规则与一个新用户浏览的商品列表相结合会发生什么呢？你可以通过用户浏览的商品查找相关的规则，然后根据规则给用户做出推荐。图 6.5 说明了如何实现这一点。

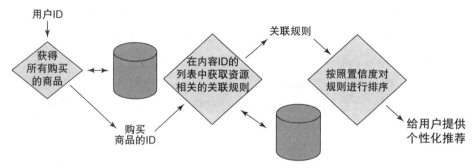

图 6.5　使用关联规则做出个性化推荐

该系统可以在用户查看第一个商品时启动，这可能发生在第一个会话中。然后随着访问次数的增加，对数据可能会有越来越多的限制，如表 6.1 所示。

表 6.1　使用哪些事件

| 访问次数 | 要使用的事件 |
| --- | --- |
| 0～2 | 查看商品信息 |
| 2～4 | 查看更多详细信息 |
| 4+ | 购买 |

除非你可以重新定义它，否则只能根据更有价值的信息检索关联规则。例如：

- 根据用户购买的商品来获取关联规则。
- 根据用户购买的商品和查看商品详情来获取关联规则。
- 根据所有用户的数据来获取关联规则。

#### 购买商品的加权平均数

当用户购买他们的第一件商品时,你就可以使用关联规则提供基于该商品的推荐。然而,随着购买商品的增加,你可以采用关联规则的加权平均值。假设用户购买了面包和黄油,系统已经保存了以下规则:

面包 => 果酱 [1]
面包 => 黄油
面包 => 戈贡佐拉奶酪
黄油 => 果酱
黄油 => 面粉
鸡蛋 => 培根

选择的规则结果如下:

面包 => 果酱(和黄油 => 果酱)
面包 => 戈贡佐拉奶酪
黄油 => 面粉

你应该再加一个"面包 => 黄油"的规则,但是黄油已经买过了,这条规则已经没用了。如果两个规则指向同一目标,则可以使用加权平均数计算新的置信度。然后对它们进行排序选取其中最好的那一个,在返回推荐之前需要删除重复项。如果用户是回头客,但你没有多少关于他的数据,你还可以根据用户最近购买商品的时间为每条规则添加权重。越新购买的商品权重越高。

在电影场景中添加业务规则是一种很好的推荐方式。这意味着可以将特定领域的知识纳入系统,这点我们将在下面进行介绍。

### 6.3.2 使用领域知识和业务规则

有时推荐系统无法为你做任何事情。例如,有人购买漫画的同时又购买了恐怖电影,此时推荐系统无法弄清楚其中的缘由。最终,这将变成一条关联规则。那些购买了《小鹿斑比》和《德州电锯杀人狂》的用户使得系统向购买了迪士尼电影的年轻人推荐了一部有关电锯大屠杀的电影!

避免这种情况的一种方法是基于用户当前正在查看的内容的类型进行过滤,将推荐内容限制在较为合适的某些类型中。数据科学家会告诉你,在输出中添加这些约束会破坏推荐算法,但我却发现通常这是必要的做法。

---

1 "面包=>果酱"表示当你在购物车里看到面包时,往往同时也会看到果酱。

业务规则可以被正面或负面地定义。你可以说，"在观看漫画类型的节目时，系统只能推荐漫画和家庭类的电影。"或者，你可以列出所有不应该被推荐的内容，例如，"当一个人观看卡通电影时绝不能推荐恐怖电影。"

有好几种方法来实现此目的。通常要计算 100 条推荐内容（如果你需要 10 条建议的话），然后过滤并取得推荐中的前 10 个，如图 6.6 所示。

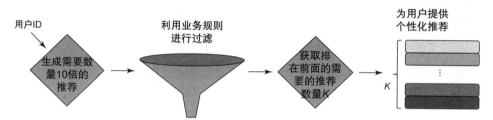

图 6.6　使用业务规则来提供合理的推荐

### 6.3.3　使用分组

冷启动是一个令人烦恼的问题，但对此我们却无能为力。再说一次，如果你对用户有所了解，这能起到一定的作用吗？

有一句谚语"物以类聚，人以群分"，我不确定这句话是否完全正确，因为有时候情况正好相反。但有一件事是肯定的：喜好相同的孩子能够更好地在一起看电视。改变旧的谚语可能会让那些提出谚语的人在坟墓中不得安宁，但这正是我们要做的事情。

对具有相似品味的人进行分组，这样你就可以找出某一类人喜欢什么样的内容。当新访客到来时，如果能确定他们属于某种类型，你便可以给他推荐该分组的热门内容。这被称为人口统计推荐。许多人说这不管用，因为在人口统计的某个群体中人们的口味也不尽相同，但它至少可以算是半个性化推荐。如果用户没有登录，人口统计学通常不可用，但如果他们登录了，你便可以获取用户信息，取得先机。

**显而易见的分组**

在你准备用无监督的机器学习算法进行聚类之前，让我们看一些自然的分组。如果你的网站有一个访客，你通常可以获得他的 IP 地址，并且通过 IP 地址，可以知道他所处的位置。

如果这个人来自哥本哈根（丹麦首都），你的商店里又有许多不在丹麦销售的商品,那么你最好过滤这些商品,只展示在哥本哈根出售的商品。如果你是卖衣服的,那么你至少要区分两个群体——男性和女性。除此之外,还可以根据用户的年龄对他们进行分组。

让我们通过一个例子来说明如何利用性别的优势。如果你的用户数据包含性别,则可以在检索女性的购买事件时过滤一些请求,并基于这些用户而不是整个数据集来创建图表。这同样适用于男性。不过提示一下,也可能有很大一部分男性会购买女性礼服作为礼物(我是其中之一),然后他们就会被归为女性,反之亦然。

在你的服装店里,如果有女性礼服和男士西装。当男性访问你的网站时,你可以过滤连衣裙仅展示男士西装,这会让访问者感到更放松。这似乎有点太简单了。了解访问者的性别是很关键的,因为服装通常根据性别有明显的区分。让我们来看一个高级一点的例子,你会知道性别并不是特例。

例如,不同年龄段的人观看《星球大战》。年轻一代觉得无聊,因为《星球大战》上映的时候他们还太小,新拍的《星球大战》他们又觉得不够酷。只有小孩子和在电影院看过这些电影的那个时代人很喜欢这部电影。如果你知道访问你网站的人的年龄小于15岁或者在40~50岁之间,那可以给他们推荐《星球大战》,对于其他年龄段的人则可以推荐漫威的超级英雄电影。

**不明显的分组**

让我们对上一节中显而易见的分组进行扩展,并考虑以下内容:如果有如下这些群体"喜欢在周末晚上看动作片的德国女性"和"在校期间购买恐怖电影的美国男性青少年"。这些分组并不那么明显,即使在数据中也很难体现,但这对网站进行个性化推荐来说是很有价值的信息。分组不一定要包含人口统计数据,它可以是基于用户的任何类型的数据。

分组通常是由市场研究人员根据行业实践的经验来决定的,在许多情况下,这会变成猜测。猜测是可以的,但并非总是实用的。因此,越来越多的研究人员不再手动进行分组,而是使用聚类分析来找出这些不明显的分组。

聚类分析是一种不太主观的查找分组的手段,可以使用无监督的机器学习算法来完成。对于具有相似特征的群组,聚类是一个奇妙的词,因此我们将尝试查找有特殊消费的特定类型的用户。

### 6.3.4 使用类别来避免灰羊问题以及如何介绍冷商品

"以退为进",这句话很矛盾,但有时却是必要的。这是如何避免灰羊问题和冷商品的方法背后的思想。

如果你的商品只有少数人购买和评分,则很难做出推荐。但是,如果你退后一步并使用商品的元数据,可能会找到相似的商品。这听起来令人困惑,让我们来看一个例子。

回到 Redbubble 网站,这里有一件事情要做:艺术家倾向于创造符合特定用户群的品味的艺术品(至少这是我的假设)。避免出现稀疏数据的方法是关注艺术家而非单个艺术品。要想做到这一点,你需要按艺术家对所有艺术品进行分组。

萨尔瓦多·达利创作了许多艺术品,其中的两件如图 6.7 所示。假设他并非举世闻名,没有成千上万的人愿意购买他的画作。假设购买了左边画作的用户同时也购买了艺术家 $X$ 的画作,这时便可以使用前一章中实现的方法做出推荐。你也可以查看那些购买了萨尔瓦多·达利的艺术作品的同时也购买了艺术家 $X$ 作品的用户。如果推荐是基于艺术作品的,那么就推荐艺术家 $X$ 的最流行的作品。

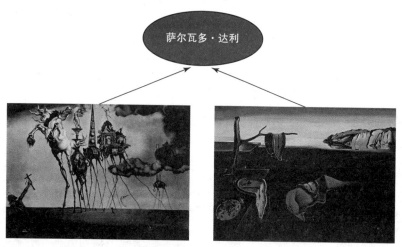

图 6.7 按照艺术品分类而非按艺术家分类

通常,这可以抽象为图 6.8 所示的方法。你可以将此逻辑用于与 Redbubble 同类的网站,也可以用于许多其他类型的网站。对于音乐,你可以按照艺术家将歌曲抽象;对于新闻,你可以使用主题标签进行抽象,也可以按作者对文章进行抽象。

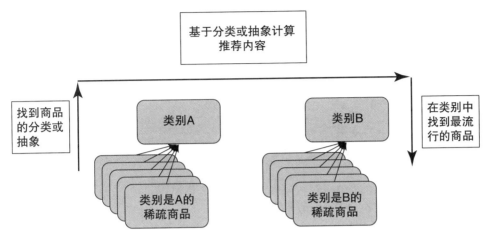

图 6.8 使用元数据来避免数据稀疏性

请记住，抽象或分类不能过于笼统，否则分类之间的关联会失去价值。这种关联的一个例子是"动作片 => 喜剧片"。你可以在数据中找到大量关联，但在计算高质量的推荐时几乎没什么用。

一个不那么明显的例子是：我喜欢 J.J. Abrams 的电影，所以我可能会观看他导演的所有电影（特别是在《原力觉醒》之后）。喜欢他的人也可能会喜欢 Richard Marquand，因为他导演了《绝地归来》。[1] 你可以尝试实现下面的规则，根据抽象数据创建关联规则，也可以基于用户正在观看的电影做出推荐，推荐是否准确取决于你持有的数据集。

托尔金的作品、每升汽油能行驶超过 40 公里的汽车都是一种分类。要实现这个，你可以更改第 5 章中描述的关联规则，用作者和制造商类别取代商品 ID，然后创建一个基于元数据的特殊查找规则。

## 6.4 那些不询问就很难被发现的人

一个入门的解决方案是在开始时询问用户对一个现有的商品列表的看法。但对于大多数电子商务网站而言，在访问者回答几个问题之前限制其访问权限并不是一个好主意，因为这么做可能并不值得。然而，你依旧可以选择这么做。

亚马逊为我们提供了改进推荐的途径。你可以登录亚马逊并单击"改进你的推荐"来操作，如图 6.9 所示。亚马逊的这种做法对我们没有太多帮助，因为你在试

---

[1] 老实说，Richard Marquand 在《星球大战》系列之后拍的电影似乎不是我喜欢的类型，但为了举这个例子，让我们继续吧。

图收集新用户的数据,而不是老用户的(即使你不会得到太多老用户的数据)。

图 6.9 亚马逊提供了一种改进推荐的方法

如何创建一个让用户可以告诉你他的偏好的页面?这并不像听起来那么简单,你应该展示什么内容——最受欢迎的(每个人都喜欢的)或最不受欢迎的(很少有人喜欢的内容)?如果选择后者,很可能会遇到灰羊问题而不利于了解用户。这还不如去猜测推荐内容。另一方面,如果选择受欢迎的商品,那么会获得将这个用户与其他用户进行比较的好处。

要解决这个问题,你得知道一种叫作主动学习的东西,这很酷。但遗憾的是,这超出了本书的范畴。你可以通过 Ruben 等人公开发表的"主动学习"的文章(文章名称为"Active Learning in Recommender Systems")来了解更多相关信息。推荐系统的主动学习是有关创建一种为用户提供良好的评估标准的算法,然后向推荐系统提供关于此人喜好的有价值的信息。

### 6.4.1 当访客数据不够新时

校验用户数据是否够新是值得的,这是可以持续去做的事。可以只使用上周的数据或最近的 20 个数据来进行推荐。或者可以添加权重,以便使新商品具有更高的权重。或者当用户购买了 5 件商品时,你只关注购买事件。

当你查看原始证据而非隐式评分时,关联规则似乎更有意义。然而,你可以先用隐式评分作为种子,然后根据评分再对其进行加权。

## 6.5 使用关联规则快速进行推荐

如何将关联规则添加到 MovieGEEKs 网站?你已经有了一个适用于关联规则的

框架，因此你需要获取用户感兴趣的内容，再找到每个商品的关联规则。然后你就可以得到最适合的推荐。这没有那么神奇，让我们来看看它是否能解决问题。

关联规则只是其中一种实现方法，还有许多相似的方法可以使用。例如，你可以使用基于内容的推荐，但我们还没有介绍这种推荐（基于内容的推荐将在第 10 章中讨论），所以先看关联规则吧。就 MovieGEEKs 网站而言，你可以使用首页下方的内容，如图 6.10 所示。

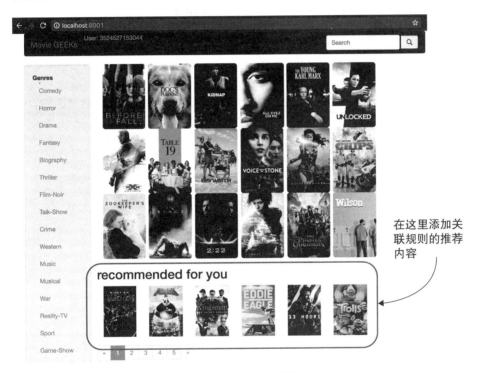

图 6.10　在 MovieGEEKs 网站展示个性化推荐的区域

这是一个添加个性化推荐的清单：

- 在页面上找到一个好位置。
- 收集并使用用户与之产生交互的商品列表。
- 找到关联规则。
- 根据置信度排序并显示推荐商品。

## 6.5.1　收集数据项

你希望当用户查看某些内容时推荐系统能够立即运转，这样你就能从日志中获取数据。隐式评分可以更好地体现用户的喜好，但是对于新用户，你无法确定系统是否已经计算好了隐式评分。

你当前正在试图解决的问题是给不了解商品的用户做推荐，因此将用到用户与之交互的所有商品，而不仅仅是购买的商品。这是因为数据稀缺，而且在大多数情况下，用户在一开始是不会购买任何商品的。

### 6.5.2　检索关联规则并根据置信度对其排序

你可以使用已实现的方法来获取关联规则，但这意味着你将为每个商品查询数据库。你也可以创建一个如清单 6.1 所示的新方法来查询数据库。

**清单 6.1　使用关联规则计算推荐内容**

```
def recs_using_association_rules(request, user_id, take=6):
    events = Log.objects.filter(user_id=user_id)\
                        .order_by('created')\
                        .values_list('content_id', flat=True)\
                        .distinct()

    seeds = set(events[:20])         ⇐ 使用最新的20个事件

    rules = SeededRecs.objects.filter(source__in=seeds) \
                    .exclude(target__in=seeds) \
                    .values('target') \
                    .annotate(confidence=Avg('confidence')) \
                    .order_by('-confidence')

    recs = [{'id': '{0:07d}'.format(int(rule['target'])),
             'confidence': rule['confidence']} for rule in rules]
    return JsonResponse(dict(data=list(recs[:take])))
```

根据user_id在数据库中查询用户事件，并根据创建事件的顺序，返回一个列表

只获取目标行

显示不在用户事件日志中的目标

查询关联规则并且查找源在活跃用户的事件日志中的所有规则

进行JSON格式化并且返回

创建一个结果的数据字典

根据平均置信度排序

如果在结果中找到重复的目标，取其平均置信度

调用清单 6.1 所示的方法会得到 JSON 格式的结果。要测试它，可以尝试请求链接 27 所示的网址，会生成如清单 6.2 所示的 JSON 结果。

### 清单 6.2 生成的结果

```
{
data:
[
{confidence: 0.006463878326996198,
id: "1291150"},
{confidence: 0.004617055947854427,
id: "1985949"},
{confidence: 0.004562737642585552,
id: "2267968"},
{confidence: 0.004562737642585552,
id: "0475290"},
…
}
```

← 这些值会有不同，是因为它们基于一个可变的数据集

← 结果包含更多的条目

### 6.5.3 显示推荐内容

使用无痕浏览模式（在电脑上使用 Chrome 浏览器，按 Ctrl+Shift+N 组合键）可模拟新用户进行会话（参见图 6.11）。在无痕浏览模式下会隐藏所有的 cookie（并且在关闭无痕浏览模式的选项卡时，这些 cookie 会被删除）。用这种方法来模拟新用户访问网站时，网站如何展示非常有用。就像当你想订购机票而没有航空公司来计算所需的航班时就会变得非常麻烦。……不说这个了。……无痕浏览模式可以让你看到新用户访问 MovieGEEKs 网站时的情况。

图 6.11 新的私有会话显示了新用户访问 MovieGEEKs 网站时的样子

查看运行 Django 应用程序的终端窗口（参见图 6.12），没有推荐的原因很清楚。因为这是一个新的私有会话，并且该站点无法识别该用户，所以它被认为是新用户。进一步观察图 6.12 所示的内容，没有找到种子，这意味着尚未获取任何有效的数据。

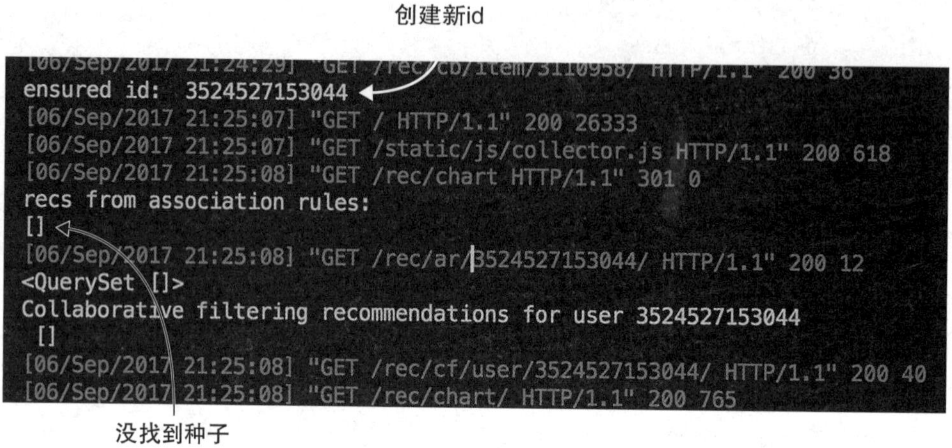

创建新id

```
[06/Sep/2017 21:24:29] "GET /rec/cb/item/3110958/ HTTP/1.1" 200 36
ensured id:  3524527153044
[06/Sep/2017 21:25:07] "GET / HTTP/1.1" 200 26333
[06/Sep/2017 21:25:07] "GET /static/js/collector.js HTTP/1.1" 200 618
[06/Sep/2017 21:25:08] "GET /rec/chart HTTP/1.1" 301 0
recs from association rules:
[]
[06/Sep/2017 21:25:08] "GET /rec/ar/3524527153044/ HTTP/1.1" 200 12
<QuerySet []>
Collaborative filtering recommendations for user 3524527153044
  []
[06/Sep/2017 21:25:08] "GET /rec/cf/user/3524527153044/ HTTP/1.1" 200 40
[06/Sep/2017 21:25:08] "GET /rec/chart/ HTTP/1.1" 200 765
```

没找到种子

图 6.12 命令行显示了新用户

让我们购买一件商品（打开 http://localhost:8000/movies/movie/3110958/）。单击"购买"并检查你的 Django 应用程序日志输出是否显示了已注册的记录。你将进入图 6.13 所示的页面。

返回主页，你会看到主页展示了与图 6.13 中常被购买区域相同的推荐内容，如图 6.14 所示，但推荐电影的排序有所不同。（推荐电影的 id 为 10、18、45 和 9。）

现在为了让事情变得更有趣，让我们购买在关联规则列表中的另一个商品，以此来更新推荐内容。这里有个诀窍。如果你购买了最受欢迎的商品，那么正在使用的关联规则的置信度将远远高于其他商品，如果页面没有任何变化，在做出推荐之前请先查看置信度指标。

如果查看之前的关联规则，你可以看到如果选择 Y，则至少应该有一个元素会发生变更。打开 http://moviegeeks:8000/movies/Y，然后单击"购买"。返回主页并刷新（大多数浏览器中刷新操作的快捷键是 F5），推荐内容会随之更新。

## 6.5 使用关联规则快速进行推荐

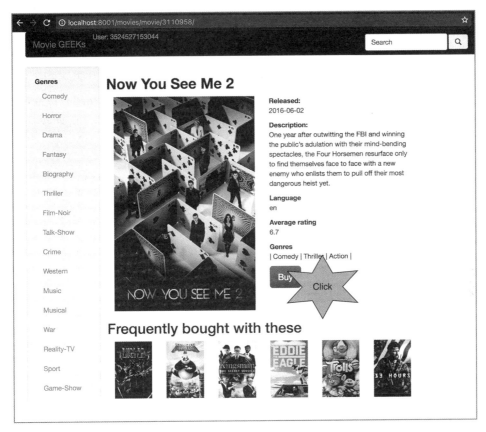

图 6.13 购买《惊天魔盗团 2》

在和一个商品交互之后出现了推荐

图 6.14 与商品交互后的推荐内容

### 6.5.4 评估

这里实现的推荐很简单，但优点是你可以立即获取推荐，这正是你要执行的操作。当你获得更多数据时，就可以更好地计算用户喜好，后面的章节将介绍这些内容。

另外要记住的是，MovieGEEKs 上的推荐所依据的数据是自动生成的。这一代人只关注电影的类型，所以把《忍者刺客》和《时间旅行者的妻子》关联起来会有点牵强，因为它们一部是动作片而另一部是剧情片。

我们在本章中介绍了很多方面的内容。推荐系统包含许多问题，这些可以通过多种方式进行解决。研究表明这些方式各有千秋，每种方式都适用于特定的数据集。理解这些方式，然后选择一种最适合你的网站的是非常重要的。我们以此来结束本书的第 1 部分内容。我们已经了解了推荐系统的所有基础知识，并讨论了用户以及如何了解他们。现在该去研究算法并了解推荐系统是如何施展"魔力"的了。正如你所看到的，事实上这并没有什么神奇之处，但这依旧很酷。

## 小结

- 冷启动问题意味着你得向网站的新访客推荐内容。介绍新商品也是冷启动问题，我们将在后面的章节中详细介绍。
- 为所呈现的数据进行有意义的排序是一个很好的开端，这将使许多网站看起来是动态变化的。
- 灰羊是那些具有独特购物口味的用户。有时可以通过将商品根据类型抽象来解决灰羊问题。
- 使用关联规则为新用户创建推荐是一种简单快捷的方法，可以让推荐工作快速地开展起来。
- 可以使用分组来进行半个性化推荐。或者，使用人口统计学进行人口统计推荐。

# 第2部分

# 推荐算法

一个算法必须是可信的。

—Donald Knuth

在前 6 章中,我们了解了推荐系统相关的生态系统和基础架构。现在,在第 2 部分中,我们将介绍创建推荐系统的算法。我们将研究如何使用系统收集的数据来计算向用户推荐的内容,还将讨论如何评估推荐系统并分析每种算法的优缺点。

# 第 7 章 找出用户之间和商品之间的相似之处

可以通过多种方式计算相似度，我们将研究其中的大部分内容。在这一章中：

- 你将了解相似度及其表亲——距离。
- 你将了解如何计算商品集之间的相似度。
- 你可以基于两个用户对商品的评分，使用相似度函数来衡量两个用户的相似程度。
- 有时对用户进行分组会有所帮助，可以通过 k-means 聚类算法来进行分组。

第 6 章描述了非个性化推荐和关联规则。关联规则是一种在不查看商品和与之发生交互的用户的情况下对商品做关联的方法。然而，个性化推荐基本都是包含相似度计算的。这种推荐的一个例子是 Netflix 的"更多相似的内容"，如图 7.1 所示，它使用一种算法来查找相似的内容。

在后面的内容中，你将学习如何测量两个商品或两个用户是否相似。你将首先了解如何计算二值数据（买入与未买入）之间的相似度，然后根据用户的评分（以及同一用户对不同商品的评分）来衡量用户之间的相似度。你可以使用测量相似度的工具来了解商品之间的相似之处。在第 8 章中，我们将在实现协同过滤算法时用到它。

在本章中，我们还将学习如何将用户按相似的品味分组。我们将以此来为用户提供推荐。在第 8 章中，将看到聚类可以优化协同过滤算法的示例。本章是一个工具介绍章节，但它对于推荐系统和许多机器学习算法都是必不可少的。在学习之前，让我们看一下图 7.1 所示的推荐。

在Netflix上，你可以查看更多相似的内容的推荐，这个很可能就是相似度算法计算得出的结论。

图 7.1　Netflix 上有关《闪电侠》电视剧的更多相似的内容的个性化推荐

在图 7.1 中，很明显它不仅仅展示了与《奇异博士》相似的电影。如果我们给《奇异博士》加一个标签，首先想到的是超级英雄，它与《美国队长：内战》和《神奇女侠》有关。但是另外两部电影与《奇异博士》有何相似之处呢？

在本章中，我们将研究使用不同指标计算商品之间和用户之间的相似度。我们将从相似度的直接释义开始，然后再研究计算它们的方法。

## 7.1　什么是相似度

讨论相似度是很有必要的，因为通过相似度可以找到你喜欢的商品，也可以找到与你品味相同的用户。如何定义相似度？例如，如何回答下面的问题：两个人的相似度是多少，回答一个 -1 到 1 范围内的值？你可能会问，"在什么方面的相似度？"让我们缩小范围以计算他们的相似度。答案可能有很多。可以说两个人有相似的喜好，因为他们都喜欢汤姆·汉克斯的电影、科幻电影，或仅仅只是整夜电影（在丹麦，

## 7.1 什么是相似度

有一个名为整夜电影的术语,这是一种要播放整晚的电影,与正常时长的电影相比,这种电影时间更长。整夜电影是一部超过 2 小时 45 分钟的电影)。但是,即使是喜欢科幻片的人也有差异。有人喜欢《星际迷航》,有人喜欢《星球大战》,他们相似吗?

你可以使用评分数据来增加了解用户喜好的准确性,也可以使用其他信息找到相似之处,例如,使用关于内容的元数据或用户的人口统计信息。本章介绍如何得到事物之间的相似度。在科学文献中,很少有相似度函数可以得到精确的结果,我们将在下面的章节中逐一介绍。你还可以通过对相似用户的分组来优化计算用户相似度的次数。

### 7.1.1 什么是相似度函数

可以通过多种方式计算相似度,总体可以定义如下:给定两个商品 $i_1$ 和 $i_2$,它们之间的相似度由函数 $\text{sim}(i_1, i_2)$ 得出。

商品越相似,此函数的返回值越大。相同商品的相似度 $\text{sim}(i_1, i_1) = 1$,两个没有任何共同点的商品的 $\text{sim}(i_1, 与 i_1 没有任何共同点的商品) = 0$。图 7.2 展示了两个相似度函数的例子。思考一下,你应该选择哪一个。哪个更好取决于你所要进行计算的领域和拥有的数据。

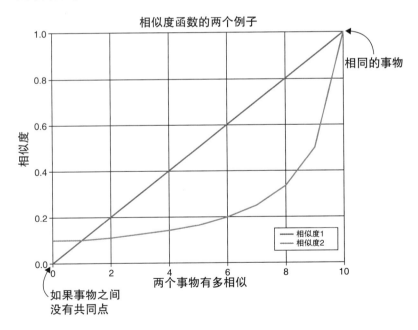

图 7.2　两个不同的相似度函数。如果有一半的共同特征,直线返回的相似度为 0.5。曲线返回大约 0.20 的相似度

相似度测量与商品之间距离的计算密切相关。一般来说，相似度和距离之间的关系如下：

- 当距离变大时，相似度趋于零。
- 当距离趋于零时，相似度趋于 1。

## 7.2 基本的相似度函数

如前所述，没有正确或错误的相似度计算方法。不同的方法在不同的数据集上运行的效果不同，但有几个指导意见，本节将对此进行讨论。

我们首先看一下用于比较集合的 Jaccard 相似度。举个例子，一个集合中包含了用户购买的电影。我们将研究评分之间的相似度，第一个维度是两个用户对同一部电影的评分之间的相似度。这可以用来衡量用户在评价电影时的相似度。为此，我们将使用 Pearson 和 Cosine（余弦）相似度函数。每种计算相似度的方法都需要特定类型的数据，如表 7.1 所示。

表 7.1　不同的数据类型

| 数据类型 | 数据示例 | 相似度 |
| --- | --- | --- |
| 元数据：这可以是仅包含喜欢和购买商品交易的数据 | 用户 1 喜欢电影 2<br>用户 2 喜欢电影 2<br>用户 3 喜欢电影 1 | Jaccard 相似度 |
| 二值数据：数据拥有两种可能的值，例如，喜欢或不喜欢 | 用户 1 不喜欢电影 1<br>用户 1 喜欢电影 2<br>用户 2 喜欢电影 2<br>用户 3 喜欢电影 1 | Jaccard 相似度 |
| 量化数据 | 用户 1 给电影 2 打了 4 颗星<br>用户 2 给电影 2 打了 10 颗星<br>用户 3 给电影 1 打了 1 颗星 | Pearson 或 Cosine 相似度 |

在开始之前，我们将在表 7.2 中列举一些内容，以便描述相似度函数。

表 7.2　相似度函数的元素

| 名称 | 定义 | 举例 |
| --- | --- | --- |
| $r_{ui}$ | 用户 $u$ 对商品的评分 | $r_{Sara,star\ trek}$ = 4.5 表示 Sara 对《星际迷航》的评分为 4.5 |
| $\bar{r}_u$ | 用户 $u$ 评分的平均值 | 用户 $u$ 给出的所有评分的平均值。如果 Peter 给《星际迷航》评分为 4，给《星球大战》评分为 3，那么 $\bar{r}_{Peter}$ = 3.5 |
| $P_{a,b}$ | $a$ 和 $b$ 对商品评分的集合 | 商品的集合，如果你有之前 Sara 和 Peter 的例子。$P_{Sara,Peter}$ = { 星际穿越 } 表示他们都对《星际穿越》进行了评分 |

## 7.2.1 Jaccard 距离

Jaccard 距离最初是由 Paul Jaccard 在 *coefficient de communaté* 中提出的，这个概念表示两个集合之间有多相近。距离被用在 Jaccard 索引和 Jaccard 相似度系数中。

两个集合？这与用户和商品有什么关系？如果每部电影都有一个包含购买该电影的用户的集合，那么可以通过查看两部电影的用户集合来比较这两部电影。

如前面所说，数据集可以从用户的交易记录中产生，这会得到一个列表，列表中的每行表示用户是否购买了商品（1 = 买，0 = 未买）。或者，如果用户喜欢商品，你可以得到一个元数据集合，如表 7.3 所示。这是一种元数据集，因为 1 和 0 代表两种不同的信息。

表 7.3 元用户 - 商品矩阵（1= 购买，0= 没购买）

| | Comedy | Action | Comedy | Action | Drama | Drama |
|---|---|---|---|---|---|---|
| Sara | 1 | 1 | 0 | 0 | 0 | 0 |
| Jesper | 1 | 1 | 1 | 0 | 0 | 0 |
| Therese | 1 | 0 | 0 | 0 | 0 | 0 |
| Helle | 0 | 1 | 0 | 1 | 0 | 0 |
| Pietro | 0 | 0 | 0 | 0 | 1 | 1 |
| Ekaterina | 0 | 0 | 0 | 0 | 1 | 1 |

要得到两种商品之间的相似度，需要计算有多少个用户同时购买了这两种商品，然后除以购买了其中任意一种（或两种）商品的用户总数。如公式：

$$\text{相似度}_{\text{Jaccard}}(i,j) = \frac{\text{同时购买了两种商品的用户数}}{\text{购买了 } i \text{ 或 } j \text{ 其中任意一种（或两种）商品的用户数}}$$

$i$ 表示商品 1，$j$ 表示商品 2。

要计算两部电影之间的相似度，需要计算表 7.4 中所示的同位数（用户对每部电影做相同事件的次数）。该表中 6 个用户中有 4 个对这两部电影做了相同的操作，这表示两部电影之间的 Jaccard 相似度为 4/6。如果你查看表 7.4 中没有用户反馈的电影，则 Jaccard 相似度为 2/4 = 0.5，意思是它们只是有点相似。

表7.4 《黑衣人》和《星际迷航》之间的相似度

| | 《黑衣人》 | 《星际迷航》 | 1 表示相似<br>0 表示不相似 |
|---|---|---|---|
| Sara | 1 | 1 | 1 |
| Jesper | 1 | 1 | 1 |
| Therese | 1 | 0 | 0 |
| Helle | 0 | 1 | 0 |
| Pietro | 0 | 0 | 1 |
| Ekaterina | 0 | 0 | 1 |
| | | | Sum = 4 |

0.5 是否是高相似度取决于不同的领域，因此你应该选取适合你的相似度函数。稍后，我们将使用 Jaccard 相似度算法来查看 MovieGEEKs 网站上用户的相似度。如果你的数据集中有更多的详细信息，则可以进行额外的相似度计算。我们来看几个例子。

## 7.2.2 使用 $L_p$-norm 测量距离

测量距离的一般方法是使用 $L_p$-norm，在本节中，我们将看到两种不同的度量——$L_1$-norm 和 $L_2$-norm。评分表示人们喜欢该电影的程度，如果你的数据集比 MovieGEEKs 网站中使用的数据集更详细，那么可以使用一系列其他函数来计算距离和相似度，而不仅仅是用 Jaccard 度量方法。

### $L_1$-norm

什么是相似度？我再问一次（希望能听到你的回答）。如果你想知道 Pietro 和 Sara 对《爱宠大机密》这类电影是否有相似的看法，可以让他们在 1~10 的范围内给电影评分。Pietro 认为这部电影还行，所以他给了 6 分，而 Sara 作为一个狗和动漫的爱好者为其评了 9 分，因为对她来说这是一部近乎完美的电影。图 7.3 显示了 Pietro 和 Sara 的评分。

仅基于一部电影，很容易衡量两个用户的相似度，即使这并没有真实地反映他们的品味或喜好。你可以像下面这样计算两者之间的差异：

$$\text{distance}(Sara, Pietro) = |r_{Sara} - r_{Pietro}|$$

## 7.2 基本的相似度函数

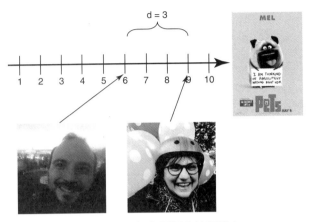

图 7.3 两个用户对同一部电影评分的相似度

这里：

- $r_{Sara}$ 是 Sara 的评分。
- $r_{Pietro}$ 是 Pietro 的评分。

使用此公式可得到距离为 9-6=3。由于两人评分之间的距离最大值为 9，所以可以这样计算相似度（距离最小时为 1，距离最大时为 0）：

$$\text{相似度 (Sara,Pietro)} = \frac{1}{|r_{Sara} - r_{Pietro}|+1}$$

这里，我在分母中加了 1，以避免两个评分相同时出现除以零的异常。回到距离计算的方法，对于这两部电影，如图 7.4 所示，你可以计算每个评分之间的差异并将它们相加，得到以下公式：

$$\text{绝对差的和 SAD} = \sum_{i=1}^{n} |r_{Sara,i} - r_{Pietro,i}|$$

这种测量距离或相似度的方法叫作曼哈顿距离，它是出租车几何学（详情可在维基百科上进行查询）的一部分。然而，在公认的圈子里，它的名字是 $L_1$-norm。这个想法来源于，如果你想测量曼哈顿两个街角之间的距离，你要像在网格中行驶一样，而不是像乌鸦一样直线飞行。

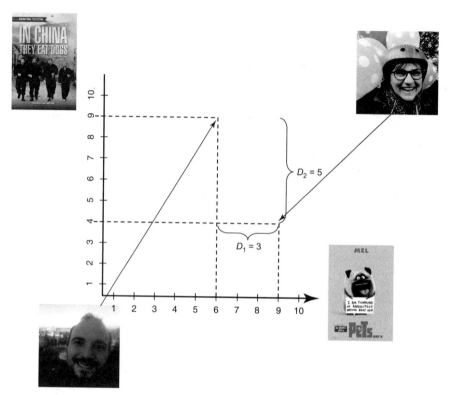

图7.4 两个用户对两部电影评分的相似度。Pietro 给 *In China They Eat Dogs* 的评分为 9，Sara 对其的评分为 4，所以差异度 $D_2$=5，同理，$D_1$=3 的结果来自他们对《爱宠大机密》评分的差异度

根据 $L_1$-norm，你计算的相似度为 3 + 5 = 8。通常，还会用到平均绝对误差（MAE），它是用 $L_1$-norm 的平均值计算的。如下面的公式所示，唯一的不同点是，你要用相似度总和除以商品的总数得到评分的平均距离：

$$\text{平均绝对误差 MAE} = \frac{1}{n}\sum_{i=1}^{n}|r_{\text{Sara},i} - r_{\text{Pietro},i}|$$

在第 9 章我们将再次探讨 MAE，那时你需要对推荐系统进行评估。为了探究相似度，让我们继续下一个范数。

### $L_2$-norm

$L_2$-norm 是 $L_1$-norm 的大哥，它在几何上可以被理解为不使用出租车测量曼哈顿两个点之间的距离，而是像乌鸦一样从一个点飞到另一个点的直线距离。它源于著名的毕达哥拉斯定理，$a^2 + b^2 = c^2$，它表示斜边的平方（三角形中与直角相对的一侧）

## 7.2 基本的相似度函数

等于另外两边的平方和。

$L_2$-norm 被称为欧几里得范数。定义如下：

$$\text{distance (Sara,Pietro)} = \| r_{\text{Sara}} - r_{\text{Pietro}} \|_2 = \sqrt{\sum_{i=1}^{n} \left| r_{\text{Sara},i} - r_{\text{Pietro},i} \right|^2}$$

当你使用机器学习时，就会用到欧几里得范数，它用于衡量算法的性能。取范数的平均值，称为均方根误差（RMSE），定义如下：

$$\text{均方根误差 RMSE} = \frac{1}{n} \sum_{i=1}^{n} \left| r_{\text{Sara},i} - r_{\text{Pietro},i} \right|^2$$

同样，可以在平方差的总和上加 1 来计算相似度。但在推荐系统中使用这些公式并不是一个很好的解决方案。在这里列出它们是因为在评估算法时需要使用它们。以下内容介绍了适合用来测量相似度的好方法。

### 7.2.3 Cosine 相似度

另一种方法是将评分矩阵中的每一行视为空间中的向量，然后计算它们之间的角度。我知道这听起来有点太"空间性"了，但是一旦你看了下面的例子将发现这是非常有意义的，我们将数据精简到表 7.5 中。

表 7.5 一个精简的评分矩阵

|  | Comedy | Action |
| --- | --- | --- |
| Sara | 3 | 5 |
| Therese | 4 | 1 |
| Helle | 2 | 5 |

然后，将数据绘制到图 7.5 所示的坐标系中。这也适用于两个以上的商品，但因为增加一种商品将会增加一个维度，从而增加说明的复杂度，所以我们继续使用两种商品的例子，但希望你相信我，它可以迅速适用到更多的商品的场景中。

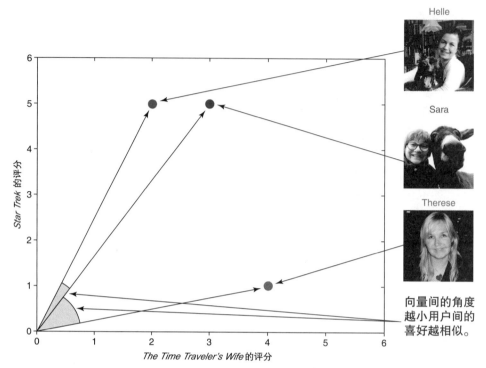

图7.5 可以通过查看两个评分向量间的角度来测量相似度

从向量之间的角度很容易看出,Sara 和 Helle 在评分方面比 Therese 和 Sara 更接近。因此,你可以认为 Helle 和 Sara 的喜好更相似。

这里有一个小问题。回到图 7.5 并假设有一个用户对两部电影的评分为 6,而另一个用户对两部电影的评分为 1,他们的向量将指向同一方向,因此他们的相似度为 1。当使用向量的角度计算相似度时,这可能会是一个问题。但据我所知,在实践中,这并不是一个问题。

下面通过计算几个相似度来进行测试,但我们计算的并不是用户的相似度,而是商品的相似度。Amazon 向我们展示了商品间的协同过滤算法效率更高,原因很简单,因为它们拥有的客户多于商品,所以计算商品的相似度可以减少计算量。

### 计算商品的相似度

计算商品的相似度意味着你要计算列之间的相似度(参见表 7.6),而不是上一节中所述的行之间的相似度。

## 7.2 基本的相似度函数

表 7.6 计算商品的相似度

| | Comedy | Action | Comedy | Action | Drama | Drama |
|---|---|---|---|---|---|---|
| Sara | 5 | 5 | | 2 | 2 | 2 |
| Jesper | 4 | 5 | 4 | | 3 | 3 |
| Therese | 5 | 3 | 5 | 2 | 1 | 1 |
| Helle | 3 | | 3 | 5 | 1 | 1 |
| Pietro | 3 | 3 | 3 | 2 | 4 | 5 |
| Ekaterina | 2 | 3 | 2 | 3 | 5 | 5 |

计算列之间评分的函数是通过孩子们在学校就能学到的余弦公式完成的。考虑到你可能忘了在学校学习过的这些知识，我们再一次把公式列出来：

$$\text{sim}(i,j) = \frac{r_i \cdot r_j}{\|r_i\|_2 \|r_j\|_2} = \frac{\sum_u r_{i,u} r_{j,u}}{\sqrt{\sum_u r_{i,u}^2} \sqrt{\sum_u r_{j,u}^2}}$$

它很漂亮，是不是？遗憾的是，我们必须稍微修改一下这个公式，因为我们正在比较用户之间的评分，而人们在评分时的标准并不一样（一个积极的评分者会给出较高的评分，反之亦然），你需要考虑到这一点。Badrul Sarwar 和朋友们提出了修改后的 Cosine 相似度计算公式，通过减去用户的平均评分来弥补缺点。[1] 幸运的是，这并没有改变公式的美感：

$$\text{sim}(i,j) = \frac{\sum_u (r_{i,u} - \bar{r}_u)(r_{j,u} - \bar{r}_u)}{\sqrt{\sum_u (r_{i,u} - \bar{r}_u)^2} \sqrt{\sum_u (r_{j,u} - \bar{r}_u)^2}}$$

### 7.2.4 通过 Pearson 相关系数查找相似度

如果使用表 7.6 中的评分数据，你会发现它们的相似之处。如果在图表中绘制它们，$x$ 轴表示商品，$y$ 轴表示评分，然后用直线把点连接起来，会看得更加清楚；你可以清楚地看到哪些评分是相似的，哪些不是（参见图 7.6）。

---

[1] 请参见 Badrul Sarwar 等人编写的 "Item-based Collaborative Filtering Recommendation Algorithms" 文章，可在链接 28 所指示的网址上找到文章的电子版。

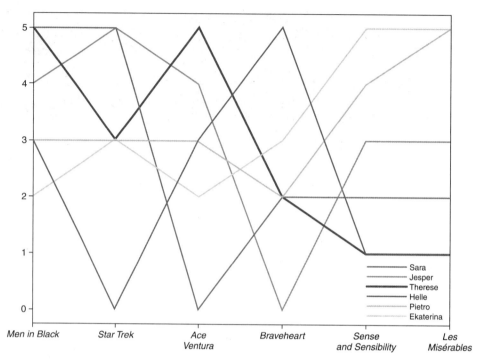

图 7.6 绘制 MovieGEEKs 网站的用户评分。纵轴表示评分,横轴表示电影。这些电影和评分来自表 7.6

Pearson 相关系数着眼于这些点,并测量每个点与平均值的差异:非常不同意味着它的返回近似为 -1,而非常相似则意味着近似为 1。注意,值的范围是 -1 到 1,和表 7.4 不同,并非 0 到 1。

该算法用于计算两个用户之间直线的相似度。如果它们的趋势相同(上下方向一致),则是 1 或接近于此。在这里,0 表示毫无关联,而 -1 表示用户的喜好正好相反。

使用 Pearson 相关系数,通过从每个评分中减去商品的平均评分来对评分进行标准化处理,如下面的公式所示:

$$\text{sim}(i,j) = \frac{\sum_{e \in U}(r_{i,u} - \overline{r_i})(r_{j,u} - \overline{r_j})}{\sqrt{\sum_{e \in U}(r_{i,u} - \overline{r_i})^2}\sqrt{\sum_{e \in U}(r_{j,u} - \overline{r_j})^2}}$$

这里的用户集都对商品 $i$ 和 $j$ 进行了评分。

不要担心公式看起来过于复杂。我们将在本章后面用加法和乘法来实现它。让我们试运行一下,来看看 Jesper 和 Pietro 有多相似。

## 7.2.5 运行 Pearson 相似度

表 7.7 展示了 Jesper 和 Pietro 对 6 部电影的评分情况。

表 7.7　Jesper 和 Pietro 的评分

|  | Comedy | Action | Comedy | Action | Drama | Drama |
|---|---|---|---|---|---|---|
| Jesper | 4 | 5 | 4 | 3 | 3 |  |
| Pietro | 3 | 3 | 3 | 2 | 4 | 5 |

要计算 Pearson 相似度，你需要：

1. 计算平均评分
2. 对评分进行标准化处理
3. 将结果带入公式中

### 计算平均评分

首先，对每个用户而言，你需要对其所有评分求和，然后除以评分的数量：

- Jesper: (4+5+4+3+3)/5=3.8
- Pietro: (3+3+3+2+4+5)/6=3.33

请注意，Jesper 对 5 部电影进行了评分，而 Pietro 则对 6 部电影进行了评分。你需要使用每个用户的评分数量来计算平均值。扣除平均值可使评分具有可比性。

因为 Jesper 只给出了 3 到 5 之间的评分，所以可以推断，当他的评分为 3 时，表示他可能不太喜欢这部电影，当他评分为 5 时表示这是他喜欢的电影。但如果他给其他 10 部电影评 1 分，他的平均评分会低很多，这将使得评分为 3 具有更加积极的意义。这也可能表明 Jesper 只是看了使他无动于衷的电影，但是为了使相似度计算有效，假设他只使用评分 3 和 4 来描述自己的喜好。

> **有关实现的说明**
>
> 请记住，当你有一系列类似于 Jesper 的评分时，你需要计算评分的平均值。如果 Jesper 的评分如数组 [4,3,0,4,4]，你要使用普通的求平均值的方法，得到 15/5 的值。虽然零不影响分数总和（15），但它仍然计入总评个数（5）。

### 标准化评分

如前所述，一个可靠的用户评分应该参考用户的其他评分。要比较两个用户的评分，需要将它们的评分进行标准化。标准化意味着用最简单的方式描述更广泛的事物，它意味着你可以将某些值的比例调整为可比较的或具有相对等的水平。

要对评分进行标准化，可以从每个用户的评分中减去他的评分的平均值。例如，要从 Jesper 和 Pietro 的评分中减去平均值，你需要计算 ($r_{Jesper,i} - \bar{r}_{Jesper}$) 和 ($r_{Pietro,i} - \bar{r}_{Pietro}$)，如表 7.8 所示。通过这种方式，你将拥有计算 Pearson 相似度的基础。

表 7.8  Pietro 和 Jesper 标准化后的评分

| Jesper | 0.20 | 1.2 | 0.2 | | -0.8 | -0.8 |
|---|---|---|---|---|---|---|
| Pietro | -0.33 | -0.33 | -0.33 | -1.33 | 0.67 | 1.67 |

将评分标准化为正负数使得评分具有了积极或消极的感觉。例如，与评分 3 相比，-0.75 的评分看起来是消极的。也许它应该被视为负面的评分，但对于一个乐观的人来说，该范围意味着有一点儿喜欢或是非常喜欢，对于悲观的人则意味着从非常讨厌到有一点儿喜欢。

### 把结果带入公式

设 $nr_{a,i} = r_{a,i} - \bar{r}_a$，将 Pearson 相似度公式转换一下，这里使用了标准化的评分：

$$\text{sim}(a,b) = \frac{\sum_{i \in P}(nr_{a,i})(nr_{b,i})}{\sqrt{\sum_{i \in P}(nr_{a,i})^2}\sqrt{\sum_{i \in P}(nr_{b,i})^2}}$$

带入标准化的评分数据，得到如下内容：

$$= \frac{(0.2)(-0.33)+(1.2)(-0.33)+(0.2)(-0.33)+(-0.8)(0.67)+(-0.8)(1.67)}{\sqrt{(0.2)^2+(1.2)^2+(0.2)^2+(-0.8)^2+(-0.8)^2}\sqrt{(-0.33)^2+(-0.33)^2+(-0.33)^2+(0.67)^2+(1.67)^2}}$$

现在只需计算即可（或者复制粘贴让浏览器帮你算出结果）：

$$\text{sim}(\text{Jesper}, \text{Pietro}) = \frac{-2.4}{\sqrt{2.8} \times \sqrt{3.56}} = -0.76$$

这个结果告诉我们：Jesper 和 Pietro 的喜好一点也不相似。你可以说他俩的喜好恰好相反。

### 7.2.6 Pearson 相关性系数与 Cosine 相似度类似

Pearson 相关系数和 Cosine 相似度看起来很相似，事实上，在后面的章节中，你将看到调整后的 Cosine 相似度函数。调整意味着添加标准化的评分，这与 Pearson 相关系数相同。调整后的 Cosine 相似度和 Pearson 相关系数之间唯一的区别是 Pearson 相关系数使用两个用户都评过分的商品，而 Cosine 相似度使用所有被一个或者两个用户评过分的商品，当一个用户没有对某个商品评分时将其评分置为 0。

在前面 Jesper 和 Pietro 的例子中，两个相似度函数产生以下结果：

$$\text{sim}_{\text{Normalized Cosine}}(\text{Jesper}, \text{Pietro}) = -0.62$$
$$\text{sim}_{\text{Pearson}}(\text{Jesper}, \text{Pietro}) = -0.75$$

需要注意的一点是，如果计算具有较少评分的用户与具有较多评分用户之间的相似度，Cosine 函数计算的相似度趋近于零。为什么？ 如果有许多不重叠的商品，则分子不会增加，因为如果其中一个用户没有对某个商品评分，那么该评分将被设为 0，而分母却是所有评分的平方和。

## 7.3 *k*-means 聚类

正如你将在下一章中看到的，计算用户或商品之间的相似度是邻域协同过滤算法的致命弱点。这是因为，算法要求对当前用户（或商品）与其他所有用户（或商品）的相似程度有所了解。因此，将数据集划分为较小的组是一个好主意，因为你只需计算组中一小部分用户的相似度。

图 7.7 显示了分为四个聚类的数据。用户每次访问你的网站时，你都需要将系统中的所有用户与此当前用户进行比较。如果你有聚类，就可以查找用户所在的组，从而忽略其余四分之三的用户。

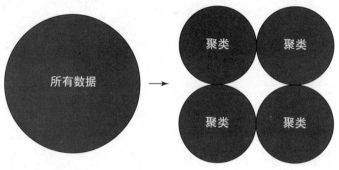

图 7.7 聚类数据

## 7.3.1 k-means 聚类算法

聚类也称为分组。我们在前面的章节中讨论过非个性化推荐。那时，我们讨论了使用人口统计对数据进行分组，然后查找与新访客相似的用户组。其目的是为了优化，因为我们希望通过找到用户组来减少计算用户之间相似度的次数。

如果用户 $X$ 访问你的网站，你必须遍历数据库中的所有用户，但如果将用户划分为组，则可以计算用户与所属组中用户之间的相似度，这使计算的范围缩小了。这是理想的情况，但组中的用户可能不够相似。既然如此，让我们尝试聚类。我们将使用 k-means 聚类，这是一种流行的分组算法。

**k-means 聚类算法是如何工作的**

k-means 聚类就是所谓的无监督机器学习算法。这是不受控制的，因为你没有给出任何正确的输入－输出的例子。它也是一个参数化算法，因为需要你提供一个参数 $k$ 来运行它。添加一个参数听起来很简单，但找到合适的参数却很困难，结果的差别可能在于你没有一个很好的用户组。

参数 $k$ 用来告诉算法应该找到多少个聚类。在下一节中，我们将学习如何使用 Python 实现 k-means 聚类来解决这个问题：根据用户 Sara、Dea、Peter、Mela、Kim、Helle、Egle、Vlad 和 Jimmie 对两部电影的喜欢程度，把他们分成两组。数据如下：

- Sara = [7,1]
- Dea = [10,0]
- Peter = [0, 6]

- Mela = [1, 4]
- Kim = [5,3]
- Helle = [9,9]
- Egle = [2,1]
- Vlad = [4,4]
- Jimmie = [6,8]

前两个人应该很好分组，因为他们都喜欢同一部电影且不喜欢另一部，而其他人就有点难以区分了。绘制成图，如图 7.8 所示。

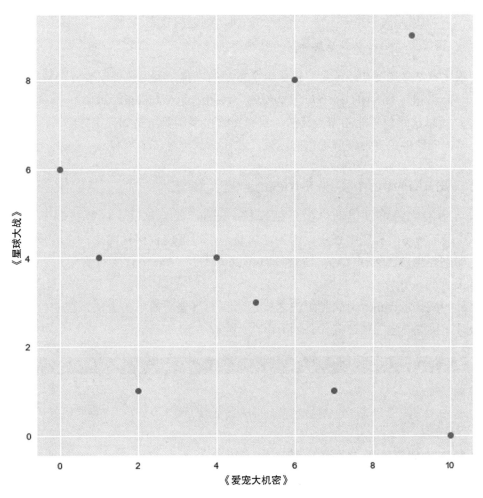

图 7.8 每个点表示用户对《星球大战》和《爱宠大机密》的评分

*k*-means 聚类算法通过找到称为*质心*的 *k* 点来运作，并且需满足质心与所有项的距离之和最小的原则。此时，我正在观察喷灌器浇花。由于丹麦的水很珍贵，所以需要考虑喷灌器放置的位置，就像我需要找到合适的 *k* 值，在浇水时尽可能地节约用水。*k*-means 聚类算法也适用于此，因为质心表示放置喷头的最佳位置。

该算法的执行步骤如下。

- 选取 *k* 作为聚类的中心。
- 循环以下步骤：
  - 对于集合中的每个数据点，找到距离最短的质心。
  - 分配所有点后，计算所有项目与质心之间距离的总和。
    - 如果距离不小于上一次运行的结果，则返回聚类。
  - 将每个质心移动到指定聚类的中心。

有很多方法来选择初始原型，这是一个重要的步骤，因为它可以改变聚类结果。在 Peter Harrington 编写的 *Machine Learning in Action*（Manning，2012）一书的第 10 章中，可以找到更智能的聚类算法。我想在这里展示算法是如何工作的，因为了解了这些才能让你更好地理解输出的结果，并让你分辨对与错。

### 7.3.2　使用 Python 实现 *k*-means 聚类算法

本节中的代码可以帮助你更好地理解 *k*-means 聚类算法。这些代码不会在 MovieGEEKs 网站的程序中使用，因为这只是一个很好的说明性实现，它的效率并不高。如果你想自己运行代码，请查看 GitHub 项目中 Notebook 文件夹中的 Jupyter Notebook 代码。[1]

要开始我们的 *k*-means 聚类算法之旅了，我们将采用简单的方法，在初始化聚类中心时随机选择输入项。其代码如清单 7.1 所示。

**清单 7.1　生成质心**

```
import random

def generate_centroids(k, data):
    return random.sample(data, k)
```
← 取出数据中的随机数k

**为数据集的每个数据点找出距离最短的质心**

接下来要做的是计算数据中的每一项与质心的距离，并找出距离最短的那个质

---

[1] 要想了解关于Jupyter Notebook的更多信息，请参见链接29。

## 7.3 k-means聚类

心。我们将在这里使用是一个众所周知的距离算法，即如前所述的欧几里得范数。公式如下：

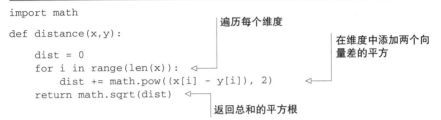

$$\left\| r_{\text{Sara}} - r_{\text{Pietro}} \right\|_2 = \sqrt[2]{\sum_{i=1}^{n} \left| r_{\text{Sara},i} - r_{\text{Pietro},i} \right|^2}$$

该公式可以用清单 7.2 中的代码实现。

**清单 7.2　计算两个向量之间的距离**

```
import math
def distance(x,y):
    dist = 0                          # 遍历每个维度
    for i in range(len(x)):
        dist += math.pow((x[i] - y[i]), 2)   # 在维度中添加两个向量差的平方
    return math.sqrt(dist)            # 返回总和的平方根
```

你可以使用 distance 方法来确定每个元素应该属于哪个组，如清单 7.3 中的代码所示。该方法返回与每一项距离最小的质心。

**清单 7.3　为聚类分配数据项**

```
def add_to_cluster(item, centroids):
    return item, min(range(len(centroids)),
                     key= lambda i: distance(item, centroids[i]))
```
遍历每个聚类中心并返回距离项目最小的那一个

当分配了所有点时，distance 方法计算所有项目与质心距离的总和。总和用于比较算法的迭代。第二次迭代将第二次设置的距离总和与前一次的进行比较。如果前一个更好，则算法终止；否则，它会进行下一次迭代。

每次迭代都会移动质心。这可以通过多种方式来完成，但在清单 7.4 中，质心会移动到聚类中所有点的中心。

**清单 7.4　把质心移动到聚类的中心**

```
from functools import reduce

def move_centroids(k, kim):
    centroids = []
    for cen in range(k):             # 循环遍历k聚类，以创建一个新的质心
        members = [i[0] for i in kim if i[1] == cen]   # 查找聚类中的所有成员（记住，每一项都包含两个原始元素——实际向量和聚类分配）
        if members:
            centroid = [i/len(members) for i in reduce(add_vector, members)]
            centroids.append(centroid)   # ……把所有向量相加然后除以向量的个数。你将得到聚类的质心
    return centroids
```
如果聚类不为空……

清单 7.5 中的 add_vector 方法很简单，它遍历向量并把所有元素相加。

**清单 7.5　公共方法**

```
def add_vector(i, j):
    return [i[k] + j[k] for k in range(len(j))]
```

让我们看一下完整的 *k*-means 算法，参见清单 7.6。

**清单 7.6　*k*-means 聚类算法**

```
def k_means(k, data):
    best_weight = math.inf              ◁──── 设置最好的权重为无穷大

    centroids = generate_centroids(k, data)  ◁──── 生成质心

    while True:
        iteration = list([add_to_cluster(item, centroids) for item in data])   为聚类确定每个点
        new_weight = 0
        for i in iteration:                                  ◁──┐ 计算每一
            new_weight += distance(i[0], centroids[i[1]])        │ 项与质心
                                                                 │ 间的距离
        if new_weight < best_weight:        ◁──┐
            best_weight = new_weight           │ 如果新权重优于当前
            new_weight = 0                     │ 最好的权重则继续，
        else:                                  │ 否则，返回结果
            return iteratiasd+on

        centroids = move_centroids(k, iteration)   ◁──── 重新计算质心

k_means(k, data)   ◁──── 运行聚类
```

使用聚类意味着在计算用户的相似度时，可以减少要比较的用户数。图 7.9 显示了算法运行四次迭代的执行情况。

运行的结果是表 7.9 中展示的三个聚类。对于一个小例子来说这似乎没有问题。

表 7.9　聚类的示例

| 聚类 | 成员 |
| --- | --- |
| 0 | Peter = [0, 6] |
|  | Mela = [1, 4] |
|  | Vlad = [4,4] |
|  | Kim = [5,3] |
|  | Egle = [2,1] |
| 1 | Helle = [9,9] |
|  | Jimmie = [6,8] |

## 7.3 k-means聚类

续表

| 聚类 | 成员 |
|---|---|
| 2 | Sara = [7,1]<br>Dea = [10,0] |

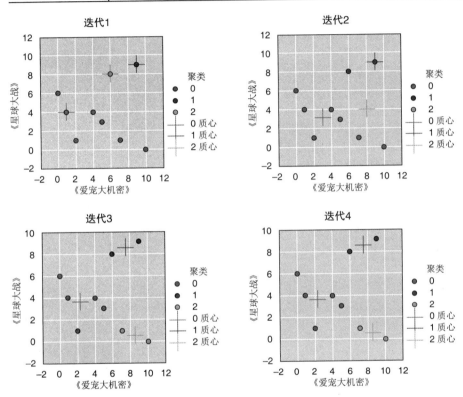

图7.9 k-means 聚类在结束之前运行四次迭代的结果

随机选一个例子看看这是否有效。例如，一个喜欢《爱宠大机密》，但是对《星球大战》不感兴趣的新用户（[10,4]）属于哪个聚类？

**警告**

在继续之前，我恐怕得告诉你，当你看到类似表7.8（Pietro 和 Jesper 的标准化评分）所示的例子时，很容易认为 k-means 聚类是一个神奇的方法，它可以适用于你的每一次需求。但事实并非如此。与大多数其他机器学习算法一样，k-means 聚类算法很难正常运行，它经常会返回不可理解或不可用的结果。

书中的例子很简单，能够说明它是如何工作的，但遗憾的是，它不起作用的场景却难以描述，这就留给读者自己去发现吧。图 7.10 显示了当我从不同的起点开始时得到的另一个结果。

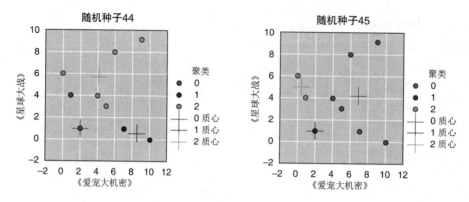

图 7.10 k-means 聚类看起来并不好的结果

我恐怕自己已经无能为力了。在下一节中，你将看到如何在 MovieGEEKs 网站中实现 k-means 算法以快速获得相似用户的列表。至少它将向你展示如何用一种更直观的方式实现它。

### 如何使用聚类

可以通过两种方式使用聚类：

1. 在组中查找用户。如果你要找与 Kim 相似的用户，那么可以查找 Kim 所在的组并在该组中查找其他用户。
2. 为新用户分组。如果出现新用户怎么办？找到最接近新数据点的质心，然后，把新用户添加至所属的聚类中。

别急着现在就实现聚类，让我们遵循本章的流程，先给 MovieGEEKs 网站添加相似度，然后再实现聚类。

## 7.4 实现相似度

只有那些与当前用户评价了许多相同商品的用户才有意义。更为挑剔的是，你需要的用户还要与当前用户评价了相同的商品。这些是你需要进行推荐的用户。

这些集合就像图 7.11 所示的，显示出了哪些商品集对于用户协同过滤很重要。

## 7.4 实现相似度

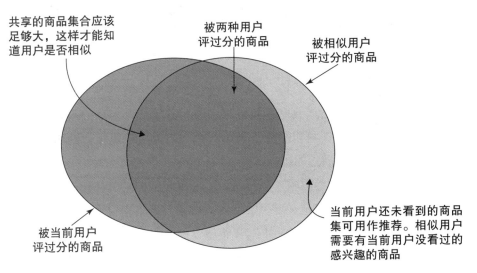

图 7.11 显示哪些商品集对用户协同过滤很重要

简而言之，你希望找到与当前用户有很多共同点但又并非完全相同的用户。如何才能做到这一点？如果你使用的是 SQL 语句，那么在查找与 id=4 的用户相似的用户时，首先要执行清单 7.7 所示的操作。

**清单 7.7 使用 SQL 语句获取候选用户**

```sql
WITH au_items AS (              ← 获取当前用户已
SELECT                             评分的所有商品
  distinct(movieid), rating
FROM
  public.ratings
WHERE
  userid = '4')
SELECT userid, count(movieid) overlapping   ← 查找所有与当前用
FROM public.ratings                            户评价了一个或多
WHERE movieid IN (SELECT movieid from au_items) and   个相同商品的用户
userid <> '4'                    ← 仅查找当前
AND  overlapping > min              用户对电影
group by userid         ← 通过ID分组    的评分
order by overlapping desc;    ← 按重叠商品排序
```

要求重叠超过几分钟
非当前用户（其他用户）

使用 Django 实现查询，你可以使用 QuerySet，程序代码如清单 7.8 所示。可以在 GitHub 上的 /recommender/views.py 文件中找到此查询代码。

### 清单 7.8　使用 Django ORM 获取候选用户

```
ratings = Rating.objects.filter(user_id=user_id)
sim_users = Rating.objects.filter(movie_id__in=ratings.values('movie_id')) \
        .values('user_id') \
        .annotate(intersect=Count('user_id')).filter(intersect__gt=min)
```

这是一个缓慢的查询，但考虑到它能排除很多与当前用户不相似的用户，这是值得的。有了这段代码，你现在可以只查看前 100 个与当前用户最相似的用户或与当前用户至少拥有一定数量共同点的用户。

有多少个候选用户才是合适的呢，GroupLens 的 Michael D. Ekstrand 和他的同伴们建议使用 20~50 个用户。[1] 我感觉这个数字对大多数据集来说太大了，但是对于样本数据集来说，这是一个不错的参考。我希望你能实践一下。

接下来，我们来看看如何实现之前所学的 Pearson 相似度。清单 7.9 中所示的方法比较了两个用户并计算了他们的相似度。可在 GitHub 上的 /recommender/views.py 文件中找到此代码。

### 清单 7.9　实现 Pearson 相似度的方法

```
def pearson(users, this_usr, that_usr):
  if this_usr in users and that_usr in users:
    this_sum = sum(users[this_usr].values())      ◁── 查找用户的
    this_len = len(users[this_usr].values())           平均评分
    this_usr_avg=this_sum/this_len

    this_keys = set(users[this_user].keys())
    that_keys = set(users[that_user].keys())      ◁── 合并两个
    all_movies = (this_keys & that_keys)               电影集合

    dividend = 0
    divisor_a = 0
    divisor_b = 0

    for movie in all_movies:
        nr_a = users[this_user][movie] - this_user_avg   ◁── 通过减去平均值来
        nr_b = users[that_user][movie] - that_user_avg       标准化用户评分
        dividend += (nr_a) * (nr_b)
        divisor_a += pow(nr_a, 2)
        divisor_b += pow(nr_b, 2)

    divisor = Decimal(sqrt(divisor_a) * sqrt(divisor_b))
    if divisor != 0:
      return dividend/divisor            ◁── 把所有内容放在一起并
    return 0    ◁──                          计算Pearson相关系数
                如果除数为0则返回0
```

---

[1] GroupLens 是明尼苏达大学的一个研究小组，已经对推荐系统进行了大量的研究。

## 7.4.1 在 MovieGEEKs 网站上实现相似度

为了更好地理解相似度，我们来看看它是如何在 MovieGEEKs 网站管理系统中实现的吧。你看过 MovieGEEKs 网站吗？它有一个分析模块，该模块可以查看每个用户的分析数据。你可以在 http://localhost:8000/analytics/user/100s 中找到它。

查找 ID 为 100 的用户。用户 100 喜欢许多不同类型的电影，例如，冒险片、动画片和惊悚片，如图 7.12 所示。

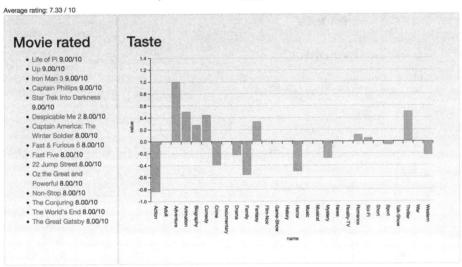

图 7.12　用户 100 个人档案页面的顶部

你的任务是在页面上实现另一个部分，即显示相似用户的部分。你可以在图 7.13 中看到它。

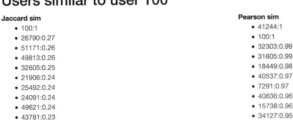

图 7.13　与用户 100 相似的用户，左边是用 Jaccard 相似度计算的结果，右边是用 Pearson 相关性计算的结果

## 第 7 章 找出用户之间和商品之间的相似之处

在 MovieGEEKs 网站中，相似度被认为是推荐系统的一部分，因此我在推荐系统 API 中添加了一个 `similar_users` 方法，如代码清单 7.10 所示。`similar_users` 方法需要 `user_id` 和类型作为入参。该类型让你能够使用其他类型的相似度计算轻松地进行扩展。感兴趣的读者可以查看它的相关配置，我直接跳到该方法的 Python 代码。

**清单 7.10  similar_users : /recommender/views.py**

```python
def similar_users(request, user_id, type):
    min = request.GET.get('min', 1)
    ratings = Rating.objects.filter(user_id=user_id)
    sim_users = \
        Rating.objects.filter(movie_id__in=ratings.values('movie_id'))\
            .values('user_id') \
            .annotate(intersect=Count('user_id')) \
            .filter(intersect__gt=min)
    users = {u['user_id']: {} for u in sim_users}
    dataset = Rating.objects.filter(user_id__in=users.keys())

    for row in dataset:
        if row.user_id in users.keys():
            users[row.user_id][row.movie_id] = row.rating

    similarity = dict()
    switcher = {
        'jaccard': jaccard,
        'pearson': pearson,
    }
    for user in sim_users:
        func = switcher.get(type, lambda: "nothing")
        s = func(users, int(user_id), int(user['user_id']))
        if s > 0.2:
            similarity[user['user_id']] = s
    data = {
        'user_id': user_id,
        'num_movies_rated': len(ratings),
        'type': type,
        'similarity': similarity,
    }
    return JsonResponse(data, safe=False)
```

注释说明：
- 获取当前所有用户的评分
- 如有必要可以添加一个最小重叠数
- 获取与当前用户拥有重叠评分的所有用户的评分
- 根据当前用户的评分检索与其评价了相同的一部或多部电影的用户
- 提取所有 user_id
- 构建一个用户–评分矩阵
- 在 Python 中实现一个 case 语句。如果要添加其他相似度方法，可以增加方法的名称
- 遍历所有用户
- 向相似用户列表添加用户
- 获取方法的引用并执行
- 检查相似度是否大于 0.2。该数字取决于对相似度大小的需求
- 以 JSON 格式返回

Pearson 算法在清单 7.9 中有详细描述。这里使用的是 `jaccard` 方法，代码参

## 7.4 实现相似度

见清单 7.11。详细说明请参阅 7.2 节。可以在 /recommender/views.py 文件中找到此段代码。

**清单 7.11 jaccard 方法**

```
def jaccard(users, this_user, that_user):
    if this_user in users and that_user in users:     ← 计算两个用户
        intersect = set(users[this_user].keys()) \      之间的交集
& set(users[that_user].keys())
union = set(users[this_user].keys()) |\              ← 计算两个用
 set(users[that_user].keys())                           户的并集

return len(intersect)/Decimal(len(union))            ← 返回Jaccard
  else:                                                   相关性
return 0
```

我做了一个小测试，以查看 Pearson 相似度和 k-means 聚类算法是否以相同的方式运作。我在用户 2 的相似用户列表中找了一些用户作为抽样，相似度计算结果分别是 0.87 和 0.85，并且它们都位于第 7 聚类中。无法证明它在所有情况下是否都能奏效。但是，通过查看一个示例，可以很好地表明实现是否正确。

我们在这里看到的用户相似度计算是不需要任何特殊训练的。在第 8 章中，我们将学习商品的相似度并对相似度进行预先计算。

### 7.4.2 在 MovieGEEKs 网站上实现聚类

在你的网站中使用聚类算法会带来一个质的飞跃，不要对此有任何顾虑。我们将使用 Scikit-learn 库[1]的一部分聚类算法来实现该解决方案。这些算法也是一种 k-means 算法，但据推测它比我们之前介绍的代码更快更好，所以我们将使用它。需要把聚类添加至 MovieGEEKs 网站的两处分析模块（参见图 7.14），首先是主页 http://localhost:8000/analytics/。但是在开始计算之前，不会显示任何聚类。

---

1 Scikit-learn是Python的一个免费的机器学习库。更多关于Scikit-learn的信息可以参阅链接30。

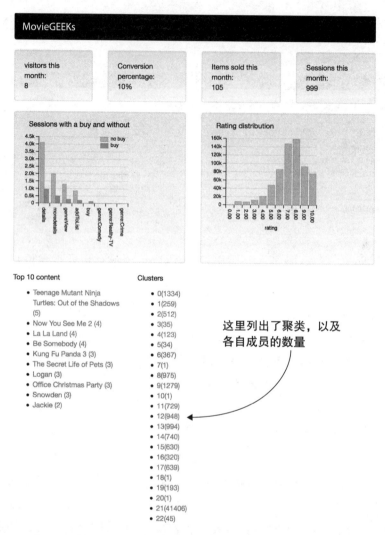

图 7.14 MovieGEEKs 网站的页面包含分析仪表盘和聚类列表

为 MovieGEEKs 网站实现的脚本与清单 7.6 相同，只是这里从数据库加载数据来计算 k-means 聚类，然后在聚类表中为每个 `user_id` 保存一行数据，其中包含相应的 `cluster_id`，代码如清单 7.12 所示。可在 /builder/user_cluster_calculator.py 中找到该脚本。

## 7.4 实现相似度

**清单 7.12　UserClusterCalculator 脚本**

```python
class UserClusterCalculator(object):

def load_data(self):
    print('loading data')
    user_ids = list(
        Rating.objects.values('user_id')
            .annotate(movie_count=Count('movie_id'))
            .order_by('-movie_count'))
    content_ids = list(Rating.objects.values('movie_id').distinct())
    content_map = {content_ids[i]['movie_id']: i
                   for i in range(len(content_ids))}
    num_users = len(user_ids)
    user_ratings = dok_matrix((num_users,
 len(content_ids)),
dtype=np.float32)

    for i in range(num_users):
        # each user corresponds to a row, in the order of all_user_names
        ratings = Rating.objects.filter(user_id=user_ids[i]['user_id'])
        for user_rating in ratings:
            id = user_rating.movie_id
            user_ratings[i, content_map[id]] = user_rating.rating
    print('data loaded')

    return user_ids, user_ratings

def calculate(self, k = 23):
    print("training k-means clustering")

    user_ids, user_ratings = self.load_data()

    kmeans = KMeans(n_clusters=k)
    clusters = kmeans.fit(user_ratings
.tocsr())

    plot(user_ratings.todense(), kmeans, k)

    self.save_clusters(clusters, user_ids)

    return clusters

def save_clusters(self, clusters, user_ids):
    print("saving clusters")
    Cluster.objects.all().delete()
    for i, cluster_label in enumerate(clusters.labels_):
        Cluster(
            cluster_id=cluster_label,
            user_id=user_ids[i]['user_id']).save()
```

- 获取评分表中所有的user_id
- 获取评分表中所有的content_id
- 创建一个content_ids和整数列表的映射，然后在稀疏矩阵的实现中使用它
- 根据用户和商品的数量创建dok矩阵的实例[1]
- 遍历所有用户并将数据添加至矩阵
- 创建一个k-means聚类算法的实例
- 施展魔法（生成聚类）
- 删除数据库中的所有聚类，为新聚类腾出空间
- 保存聚类

---

1　更多关于dok矩阵的信息请参见链接31。

```
if __name__ == '__main__':
    print("Calculating user clusters...")

    cluster = UserClusterCalculator()
    cluster.calculate(23)
```

该脚本可以用命令行运行（也可以用 PyCharm 运行）。在命令行中输入清单 7.13 中的代码。

**清单 7.13　运行聚类算法**

```
python -m builder.user_cluster_calculator
```

在 2014 款的 MacBook 上，该脚本需要运行几个小时，所以在继续下面的内容之前去做些运动和吃点零食吧。

除了 MovieGEEKs 网站页面上的分析模块视图外，你可以单击其中一个聚类（例如第一个聚类），然后会打开如图 7.15 所示的视图。它显示了所有聚类成员的标准化评分分布。

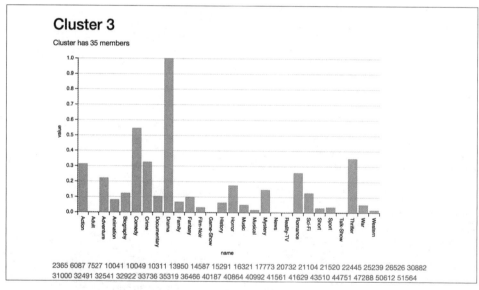

图 7.15　MovieGEEKs 网站的分析模块展示的聚类

本章讨论了如何理解聚类算法以及如何验证聚类算法是否有用。使用聚类也是下一章将要描述的算法的一种优化手段，可以使用聚类算法缩小搜索相似用户的范围，以便可以更快地计算推荐内容。

相似度和距离是推荐系统和许多机器学习算法的重要组成部分。数据学家经常花费大量的时间将类别或文本转换为可用于计算相似度的数据格式，因此对相似度函数有一个很好的了解是很重要的。

在本章中，我们讨论了可视化的数据，例如，二维量化数据。它非常适合展示用例，但很少在现实生活中使用。弄懂本章有关相似度的二维数据的例子可以帮助你更好地理解其他更复杂的场景。

## 小结

- 测量集合之间的相似度可用于计算用户之间交易数据的相似度，例如，购买或数据评分。
- 对于提供评分的用户，无论是隐式的还是显式的，量化的数据都是必要的。
- $L_p$-norm 可用于量化数据，其也是讨论其他相似度方法的起点，例如，Pearson 相似度和 Cosine 相似度，它们看起来很相似但却有不同的用途。
- k-means 聚类在特殊的场景下很有用，但在检查结果时要小心。如你所见，它很容易出现异常，然后给用户提供奇怪的推荐内容。（示例中附带了一个警告用来提醒你该示例仅仅是用来解释算法的，很多算法都难以满足使用者的需求。这一点需要好好考虑。）

# 邻域协同过滤

协作可使事情变得更简单,让我们通过本章介绍的方式进行协作。

- 首先,重新审视评分矩阵。
- 了解协同过滤背后的理论。
- 协同过滤分成好几个步骤,我们将逐一介绍这些步骤,同时了解需要做出的选择。
- 学习如何在 MovieGEEKs 网站中实现协同过滤。

本章介绍协同过滤,并会详细介绍它的一个分支——基于邻域的过滤。协同过滤是这些过滤方法的统称,它们的共同点是对数据的选择。这些过滤方法仅使用评分(隐式的或显式的)作为生成推荐的依据。

我专门用两章来阐述协同过滤:本章和第 11 章。第 11 章将介绍使用矩阵分解来寻找隐藏特征(潜在特征)的学习模型。第 10 章将会介绍基于内容的过滤。[1]

在本章中,你将了解到推荐系统的历史,并了解使用协同过滤的不同方法。我们将在本章学习协同过滤的核心——基于邻域的过滤,它是基于用户之间和物品之间的相似度,采用类似第 7 章中介绍的函数进行计算的。

---

1 在第12章和第13章,我也使用了协同过滤。第12章主要讲作为特征推荐之一的混合推荐,第13章主要讲排序算法。但协同过滤不是这些章节的重点。

# 第 8 章 邻域协同过滤

到目前为止,我们只创建了简单的非个性化推荐系统。现在是时候近距离接触个性化推荐了。到目前为止创建的推荐都是基于自动生成的收集行为的,但从现在开始,我们将使用一个叫作 MovieTweetings 的真实评分数据集并基于它生成推荐。[1] 我建议你到 GitHub 上查看这个数据集,先熟悉它。

协同过滤算法很简单,只需做一点准备工作就能创建推荐。在每个准备步骤中,都有一个影响结果的选项列表。我们将详细研究每一步,以便理解整个过程。

读完本章后,你将了解 Amazon 是如何实现物品-物品协同过滤算法的——这是一个最早于 2003 年发布的算法。[2] 我很惊讶 Amazon 到现在还没有搞出新的东西。该算法用于生成 Amazon 给用户推送的推荐商品页面。图 8.1 所示的是它推荐给我的页面,如你所见,我已经购买了有关数据统计和机器学习的图书。它总体的思路是找到其评分与我给的评分或购买过的物品相类似的物品。

图 8.1 Amazon 网站为我推荐的物品

---

1 更多关于 MovieTweetings 数据集的设置详见链接32。
2 详情请参见G. Linden等人的文章"Amazon.com Recommendations: Item-to-Item Collaborative Filtering",具体参见链接33。

基于邻域的协同过滤算法是第一种被归类为推荐系统算法的算法。让我们先来了解一些历史。

## 8.1 协同过滤：一节历史课

大多数人都认为自己是独一无二的，不喜欢被划分为一个特定的类型，但这正是使用协同过滤来计算推荐的目的所在。简单来说，协同过滤会为你推荐一系列物品，这个列表是根据和你有相同喜好的人的购买记录创建的，有些东西是他喜欢但是你还没有尝试过的。

### 8.1.1 当信息被协同过滤时

故事大概开始于 1992 年的施乐帕克研究中心，当时研究中心的人意识到发送的电子邮件数量激增，"……导致用户被大量涌入的文档淹没"[1]。这让我不禁想到在 1992 年，施乐帕克研究中心确实还什么趋势也没看到，但在其他许多情况下，施乐帕克研究中心都走在了时代的前沿——也许在信息过载方面也是如此。

他们建立的邮件系统基于这样的假设：总是有少数用户会立即阅读所有内容，然后支持感兴趣的内容，然而大多数用户只会阅读看起来比较吸引人的内容。这个邮件系统被称为 Tapestry，我们经常会在推荐系统文献中看到这个名字。

两年后，由麻省理工学院和明尼苏达大学合作开展的 GroupLens 项目创建了一个用于协同过滤网络新闻的开放式架构。[2]GroupLens 希望解决同样的信息过载问题，并希望人们可以对新闻组信息进行评分。这一次，该系统建立在这样的假设之上：过去对某新闻的评分达成一致的人可能会再次达成一致。

施乐帕克研究中心和 GroupLens 项目组为我们现在所知的推荐系统奠定了基础。接下来的一节我们主要描述 GroupLens 最初所做的工作以及之后的改进。

### 8.1.2 互帮互助

协同过滤所基于的假设是：我们一起可以做得更好，我们一起可以更好地理解

---

1 详情请参见 D. Goldberg 等人的文章 "Using Collaborative Filtering to Weave an Information Tapestry"（1992），具体参见链接34。

2 详情请参见链接35。

## 8.1 协同过滤：一节历史课

彼此。听起来很美并且有点俗气，就像好莱坞史诗电影的结局，但这就是协同过滤背后的理念。此外，你需要假设：人们的喜好随着时间的推移基本上是保持不变的，如果你过去同意某人的观点，你将来很可能也会同意他的观点。在深入研究协同过滤理论及其计算方法之前，让我们尽量讲得更具体一点。

第 6 章介绍的推荐是基于人们的历史购买记录做出的，通过查看他们的购物车可以得到这些信息。而现在，你将聚焦于用户。也可以说，我们在问一个问题："如果用户是购物车，里面会有什么？"

书店和图书馆的海报经常这样写："如果你喜欢这本受欢迎的书 $X$，那么你也应该试试这本书 $Y$（可能不那么受欢迎）。"这些海报是针对一大群人的，而且效果往往很好，它们类似于过滤后的图表。不同于此的是，你要做的是为用户创建个性化的物品列表，至少是为一小组趣味相同的用户创建这样的列表。你不希望将它们打印出来挂在墙上，而是在用户访问你的网站时立即创建并呈现它们。

基于邻域的过滤可以通过两种方式来执行。你可以找到与你有相似电影喜好的用户，然后给他们推荐他们可能喜欢的电影，虽然你还没有看过，这就是基于用户的过滤（在图 8.2 中，从左上角开始然后向右再向下）。或者，你也可以将与你喜欢的物品类似的物品推荐给他们（在图 8.2 中，从左上角开始然后向下再向右），这就是基于物品的过滤。用户之间和物品之间的相似度都是根据评分计算的。

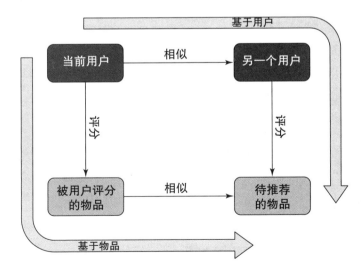

图 8.2 基于邻域的过滤的两种方法。一种方法利用类似用户，而另一种方法利用与当前用户喜欢的物品相类似的物品

基于用户的这条路径意味着要观察类似的用户。我的好朋友托马斯和我相识多年,而且我很确定他喜欢的电影和我喜欢的很相似。如果我想去看电影,我会发短信请他推荐。如果我有一群与我有相似品味的朋友,我就可以问他们所有人,然后利用所有的回答。这个小组其实就是在为我协同过滤电影选项,并告诉我哪些值得看。

例如,假设你观看了一部新电影《星际迷航》,并且你希望看类似的电影。你问所有的朋友对《星际迷航》的看法,以及他们是否可以给你推荐他们喜欢的其他电影。我会问 Helle,我知道她喜欢科幻小说,她会告诉我她还喜欢《星球大战外传》。而 Pietro 对科幻小说不感兴趣,所以他自然讨厌这部电影,并向我保证他永远不会再浪费时间在其他像《星球大战》这样的电影上。有这两个证据,意味着我可以推断这两部电影是相似的(一个人喜欢这两部,另一个人都不喜欢)。因为我喜欢《星际迷航》,所以我可能也喜欢《星球大战》。通过这种方式,在朋友们的协作帮助下,我找到了要去电影院看的下一部电影(如果我晚上不需要写这本书的话)。

简而言之,要么找到当前用户的相似用户,然后将相似用户喜欢的但是当前用户还未看过的电影推荐给他;要么找到当前用户喜欢的物品并推荐与之类似的物品。为了完成这些工作,我们还得使用评分矩阵来描述用户的偏好。

### 8.1.3 评分矩阵

表示用户喜好的一种方法是列出他们表达过观点的所有内容。通常,将这些数据保存在用户 - 商品矩阵中,这些在第 7 章中已经学过了,我们在此复习一下。

矩阵是一个奇特的东西,用于表示带有数字的表,如表 8.1 所示。每个单元格表示用户对一件物品的观点。通常,5 分或 10 分这样的分数是很不错的评分(取决于你使用的评分等级),而接近于零的分数是不好的评分。

我们所要计算的是对此矩阵中每个空单元格的预测分数——这些数字代表预测的是特定用户对特殊物品的观点——使用的是矩阵中已存在的数据。这是否意味着你希望矩阵中没有空单元格?不完全是,因为这表明用户已经对你提供的所有物品做出了评价或消费,这在某种程度上是好事,但是,他们接下来必须去其他地方获得更多信息。如果矩阵中的空单元格太多,那么你就遇到了我在第 6 章中详细讨论过的冷启动问题。

表 8.1 评分矩阵的示例。请注意，Sara 没有评价 Ace Ventura，Jesper 和 Helle 没有评价 Braveheart

|  | Comedy | Action | Comedy | Action | Drama | Drama |
|---|---|---|---|---|---|---|
| Sara | 5 | 3 |  | 2 | 2 | 2 |
| Jesper | 4 | 3 | 4 |  | 3 | 3 |
| Therese | 5 | 2 | 5 | 2 | 1 | 1 |
| Helle | 3 | 5 | 3 |  | 1 | 1 |
| Pietro | 3 | 3 | 3 | 2 | 4 | 5 |
| Ekaterina | 2 | 3 | 2 | 2 | 5 | 5 |

这与我说的寻找相似用户和物品有什么关系呢？如果你仔细看表 8.1，就可以看到 Sara 和 Therese 有相似的喜好，所以要找一部好的电影推荐给 Sara，你可以选择一部 Therese 喜欢的但 Sara 没有看过的电影。或者，你可以说 Sara 喜欢《黑衣人》（*Men in Black*），然后找出一部评分与之相近的电影。如果你看看《神探飞机头》（*Ace Ventura*），就会发现喜欢它的人给出了高分（Jesper 和 Therese），不喜欢的人给的分都很低（Helle、Pietro 和 Ekaterina），所以这些评分可以被认为是相似的。这是经过简化的表格，你应该记住，通常空单元格比有值的单元格多，因此协同过滤需要做更多的工作。怎么才能让一个程序帮你完成这项工作呢？

## 8.1.4 协同过滤管道

在谈论机器学习和预测应用程序时，通常会谈到管道（Pipeline），它是一个序列化事件组成的（可能是可并行的）管道，在进行预测之前，需要按一定的顺序进行计算。图 8.3 所示的管道简述了要采取的步骤。

在第 7 章中，我们学习了计算相似度的几种方法。图 8.3 所示的步骤 1 显示了一种方法。稍后，你将了解到应该使用哪个函数。使用第 7 章中描述的计算相似度的一种方法，可以创建当前用户与所有其他用户的相似度列表。步骤 2 对其他用户进行排序。在步骤 3 中，选择一个用于计算预测的邻域。同样，可以通过不同的方式决定哪个是邻域，但现在将其视为与当前用户相似的密切用户组。在本节的后面，我们将介绍如何做到这一点。

在步骤 4 中，使用邻域内用户的相似度以及这些用户对物品的评分来预测。这里的预测评分是 3.25。预测评分可以直接这样使用，也可以计算出多个评分，然后对这些评分进行排序，返回前 $n$ 个预测的评分，以获得前 $n$ 个推荐。

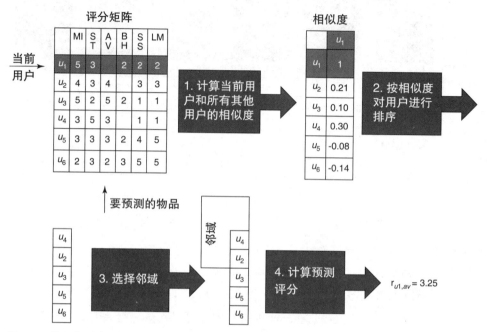

图 8.3　基于邻域 – 基于用户的过滤管道

大多数系统的目标是在期望得到推荐信息的用户访问网站之前，尽可能多地做一些事情。让我们看看能做些什么。

### 8.1.5　应该使用用户 – 用户还是物品 – 物品的协同过滤

应该使用哪种协同过滤呢？首先来看第一种协同过滤算法，它可以找到相似的用户并利用其信息来计算推荐。普通用户没有太多的物品评分，这意味着添加新评分可以改变系统对该用户喜好的计算。

预先计算哪些用户相似被认为是不明智的。对于同类型的人喜欢同类型的物品的观点，物品被认为是更稳定的，研究表明，你可以预先计算物品的相似度。需要重点考虑物品集的数量，比如其整个目录跟 Amazon 商城那么大（你可以想象一下 Amazon 河的流量或者 Amazon 网店的大小）。

再看图 8.2。假设你想要计算尽可能少的相似度。如果用户数多于物品数，那么应该选择基于物品的过滤；否则，基于用户的过滤更划算。

在学习的过程中，你可能会遇到基于用户 - 用户的过滤这个术语。人们仍然在讨论基于用户的过滤的原因是：它是一种更好的推荐方式。如果你使用物品 - 物品的过滤，将会找到一些物品，而它们和用户 A 已经评过分的那些物品有相似性，但是相似的物品不会给你带来与其分数等量的惊喜。

有了用户相似度，你的数据就有可能将用户与其他具有不同喜好的用户联系起来，并提供令人惊讶但却很贴心的推荐。如果你想解释为什么提供这些推荐，那么基于物品的过滤可以轻松完成此任务。这是因为系统会说给你推荐电影 Y 是因为你喜欢电影 X，它的风格和电影 Y 很相似。而基于用户的过滤则需要你更巧妙地解释，为什么在保护了其他用户隐私的情况下还能显示这样的推荐。

### 8.1.6 数据要求

数据是否符合协同过滤的要求？我已经多次提到，对于应该使用哪种推荐算法，没有明确的规则。虽然这依然是一个事实，但在你探索令人兴奋的协同过滤世界之前，我有一些建议。为了计算推荐，需要把数据很好地关联起来：

- 如果没有用户评分，则不产生任何推荐。
- 与其他用户没有重叠喜好的用户得不到有用的推荐。

实现协同过滤的一种方法是首先找出有多个用户（至少要超过两个）评分的所有物品，然后计算与这些物品中的一个或多个有关联的用户的数量。这些人是将会收到推荐的用户，其余的不会。

协同过滤的好处是，你的系统不需要具备任何专业知识。但请记住，你确实需要专业知识才能创建一个好用的推荐系统。

## 8.2 推荐的计算

我们探讨了基于用户和基于物品的过滤。我将继续谈论基于用户的过滤，但是你的代码实现最终更有可能会使用物品相似度，特别是当你拥有的数据集大约有 45 000 个用户，而只有 25 000 个物品时。物品相似度管道与图 8.3 所示的管道略有不同，但仍然可采取与图 8.3 所示相同的步骤，只是你查看的是物品而不是用户。图 8.4 显示了基于物品过滤的步骤。

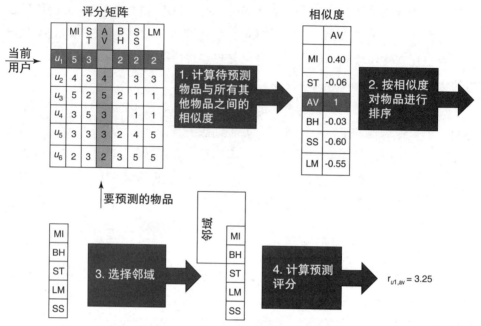

图 8.4 基于物品的过滤管道

## 8.3 相似度的计算

你需要做的第一件事是建立一个相似度函数,这在第 7 章中已经学过了。关于使用哪种相似度函数,有不同的思想流派。本节我们要用的函数是第 7 章中介绍的 Cosine(余弦)相似度。它提供一个相似度矩阵,对每个物品,它都提供一个相似物品的列表。

## 8.4 Amazon预测物品相似度的算法

假设物品的相似度是稳定的,我们就可以提前或离线计算物品的相似度。Amazon 是第一个,也可能是使用这种算法的最大的公司之一,其研究人员发表了一篇论文来描述他们使用的方法。[1] Amazon 早期的推荐系统的构建者 Greg Lindens 描述了如何做物品－物品协同过滤的伪算法:

---

[1] 详情请参见Linden等人的文章"Amazon.com Recommendations: Item-to-Item Collaborative Filtering",具体参见链接36。

## 8.4　Amazon预测物品相似度的算法

```
For each item in product catalog, I1
    For each customer C who purchased I1
        For each item I2 purchased by customer C
            Record that a customer purchased I1 and I2
        For each item I2
            Compute the similarity between I1 and I2
```

使用此算法，我们将得到一个数据集，可以在其中查找与当前物品相似的物品，从而更快地计算预测。Amazon 的这篇论文引用了 B. M. Sarwar 等人的一篇文章[1]，该文章也是学习物品-物品协同过滤的一个很好的资源。

回到我们的例子，表 8.2 与表 8.1 相同，为方便起见，这里重新列出来。

表 8.2　评分矩阵的示例。请注意，Sara 没有评价 *Ace Ventura*，Jesper 和 Helle 没有评价 *Braveheart*

|  | Comedy | Action | Comedy | Action | Drama | Drama |
|---|---|---|---|---|---|---|
| Sara | 5 | 3 |  | 2 | 2 | 2 |
| Jesper | 4 | 3 | 4 |  | 3 | 3 |
| Therese | 5 | 2 | 5 | 2 | 1 | 1 |
| Helle | 3 | 5 | 3 |  | 1 | 1 |
| Pietro | 3 | 3 | 3 | 2 | 4 | 5 |
| Ekaterina | 2 | 3 | 2 | 3 | 5 | 5 |

所有用户都给《黑衣人》（MIB）打了分，因此你需要依次查看。第一个用户是 Sara，她还评价了《星际迷航》（ST）、《勇敢的心》（B）、《理智与情感》（SS）以及《悲惨世界》（LM）。你应该把她的评分与《黑衣人》一起添加到已评分的影片列表中，所以你得到一个列表：MIB:[ST,B,SS,LM]。接下来是 Jesper，除了前面列表中列出的影片他还评价了 *Ace Ventura*（AV）。每一部影片应该只能被加入列表一次，因此现在得到如下列表：MIB:[ST,B,SS,LM,AV]。

由于篇幅所限，此处不再详述这一过程，但作为一个认真学习的读者，你应该继续为所有电影完成这个模型。最后的结果汇总如下：

---

[1]　详情请参见 B. M. Sarwar 等人的文章"Item-Based Collaborative Filtering Recommendation Algorithms"（10th International World Wide Web Conference, pp. 285-295）。

- MIB: [ST, B, SS, LM, AV]
- ST: [MIB, B, SS, LM, AV]
- B: [MIB, ST, SS, LM, AV]
- SS: [MIB, ST, B, LM, AV]
- LM: [MIB, ST, SS, B, AV]
- AV: [MIB, ST, B, SS, LM]

使用这些列表，可以计算 MIB 列表中每个元素的相似度。同样地，我会把第一个相似度计算出来，剩下的留给你当作练习。你可以使用调整后的 Cosine 相似度函数（根据用户均值而不是物品，来对物品评分进行标准化）来计算相似度。为了使计算合理，我们再次定义 $nr_{i,u} = r_{i,u} - \bar{r}_u$：

$$\text{sim}(\text{"MIB"},\text{"ST"}) = \frac{\sum_u nr_{\text{MIB},u} nr_{\text{ST},u}}{\sqrt{\sum_u nr_{\text{MIB},u}^2} \sqrt{\sum_u nr_{\text{ST},u}^2}}$$

我必须承认在这里遇到了一些麻烦。我试过写出计算过程，但是要么例子太小，计算过程太过简单，要么就是一页根本写不完。下面我将计算过程拆分成小步骤，应该会比较清楚。

首先，需要在表 8.3 中对表 8.2 进行标准化处理。同样，这是通过先计算用户的平均评分，然后用实际评分减去平均评分来实现的（这只是一种方法，在代码中会使用更复杂的方法）。有了标准化的评分，就可以计算 MIB 和 ST 之间的相似度。要做到这一点，请依次查看每个用户的评分并对其求和。我们把每个用户对这两部影片的评分相乘，然后对乘积求和（我已经指出了 Jesper 的评分对该等式的贡献）：

$$\frac{(2.2*0.2)+(0.6*-0.4)+(2.33*-0.67)+(0.4*2.4)+(-0.33*-0.3)+(-1.33*-0.3)}{\sqrt{2.2^2+0.6^2+2.33^2+0.4^2+(-0.33)^2+(-1.33)^2} * \sqrt{0.2^2+(-0.4)^2+(-0.67)^2+2.4^2+(-0.33)^2+(-0.33)^2}}$$

$$= \frac{0.1467}{3.559 * 2.574} = \boxed{0.016}$$

## 8.4 Amazon预测物品相似度的算法

表8.3 同表8.2，但根据用户的评分平均值进行了标准化

| | Comedy | Action | Comedy | Action | Drama | Drama |
|---|---|---|---|---|---|---|
| | (MIB) | (ST) | (AV) | (B) | (SS) | (LM) |
| Sara | 2.20 | 0.20 | | -0.80 | -0.80 | -0.80 |
| Jesper | 0.60 | -0.40 | 0.60 | | -0.40 | -0.40 |
| Therese | 2.33 | -0.67 | 2.33 | -0.67 | -1.67 | -1.67 |
| Helle | 0.40 | 2.40 | 0.40 | | -1.60 | -1.60 |
| Pietro | -0.33 | -0.33 | -0.33 | -1.33 | 0.67 | 1.67 |
| Ekaterina | -1.33 | -0.33 | -1.33 | -0.33 | 1.67 | 1.67 |

"这告诉了我们什么呢？"嗯，我们知道了调整后的Cosine相似度函数返回的值在-1和1之间。基本上，你可以把它解释为有多少人对这两部电影的评分高于或低于平均分。

如果你看一下表8.3中ST和MIB的数据，可以发现，Sara和Helle给出了高于平均评分的分数，而Pietro和Ekaterina给出了低于平均评分的分数。而Jesper和Therese给一部电影的评分超过平均水平，但给另一部的则较低。这里他俩是麻烦制造者。但是Sara和Helle给出的分数不同，所以没有一个用户对这两部电影的评价是一致的。0.016的相似度可以体现出这一点。

如果相似度接近1，那么所有人对两部电影的评价都是一致的，也即所有用户要么都给出正面评价，要么都给出负面评价。如果所有用户都对其中一部电影表示肯定，而对另一部表示否定，那么相似度接近-1。如果用户给电影的评分没有相关性，那么相似度接近0。我在表8.4中计算了所有的相似度。

表8.4 六部电影之间的相似度矩阵

| | MIB | ST | AV | B | SS | LM |
|---|---|---|---|---|---|---|
| MIB | 1 | 0.63 | 1 | -0.21 | -0.88 | -0.83 |
| ST | 0.63 | 1 | 0.35 | -0.47 | -0.64 | -0.62 |
| AV | 1 | 0.35 | 1 | 0.01 | -0.89 | -0.83 |
| B | -0.21 | -0.47 | 0.01 | 1 | -0.23 | -0.32 |

续表

| | | | | | | |
|---|---|---|---|---|---|---|
| SS | -0.88 | -0.64 | -0.89 | -0.23 | 1 | 0.96 |
| LM | -0.83 | -0.62 | -0.83 | -0.32 | 0.96 | 1 |

要了解相似度是如何分布的,最好在表的两端和中间各看一个。

- 接近 1——LM 和 SS 很有意思,因为你可以看到,除了它们自己,它们和其他的电影都不相似。这两部电影具有很高的相似度,因为所有用户对它们的评分都是一致的,要么都很高,要么都很低。但为什么相似度不是 1?因为用户给它们的评分并不完全相同。如果分数是相同的,相似度就是 1,就与 AV 和 MIB 的情况一样。

- 接近 -1——SS 和 AV 最不相似,这也是有道理的。我可以想象大多数喜欢 *Ace Ventura* 的人不会喜欢 *Sense and Sensibility*,反之亦然。

- 接近 0——*Ace Ventura* 和 *Braveheart* 之间的相似度接近 0。这表明有些用户喜欢 *Ace Ventura*,有些则不喜欢,反之亦然。在本例中,只有三位用户给两者都打了分,因此这不能说明什么。两位用户对这两部电影的评分均低于平均水平,而其中一位对 *Ace Ventura* 的评分为正,但对 *Braveheart* 的评分则为负。

在 Python 中计算这些值时,可以添加一个 `if` 语句,如果相似度函数返回的值大于零,则只表示相似度。这样做使得上述的列表更短,更容易查看。但在某些情况下,使用负值相似度(或非相似度)也是有价值的。你会考虑向不喜欢 *Sense and Sensibility* 的人推荐 *Ace Ventura* 吗?

### 注意只有 1 个物品或只有 2 个物品相似的问题

在先前的算法中,如果一个物品只有一个评分,则平均分等于该评分。这意味着标准化处理后的得分将为 0,这使得相似度函数无法定义。接下来,如果有一个用户是唯一评价了两个物品的人,则这两个物品的相似度为 1,而这个值是它们能具有的最大相似度。

计算几乎没有什么相似物品的用户之间的相似度时要小心。想象一下,只有 Helle 看过《黑衣人》和《星际迷航》,她对这两部影片的评价也大不相同,但相似度函数显示它们是最佳匹配:

$$\frac{2.17 \times 1.7}{\sqrt{2.17^2}\sqrt{1.7^2}} = 1$$

重叠用户数应该始终设置成最小值——重叠在某种意义上指的是为两部电影都打过分的用户数。不应该用只给一两个物品打过分的用户进行协同过滤。如果重叠的用户太多，也很难找到相似之处，因为所生成的推荐十分宽泛。如果每个人都喜欢几个物品，最后生成的推荐就变成了一张统计图表。

**注意** 记住，这是一种权衡。缩小用户数量，可能无法找到任何值得推荐的内容。如果用于协同过滤的用户太多，可能导致推荐内容偏离用户的喜好。

图 8.5 显示了有多少用户只评价了一部电影。45 000 名用户中有近 20 000 名用户在 MovieTweetings 数据集中只评价了一部电影。

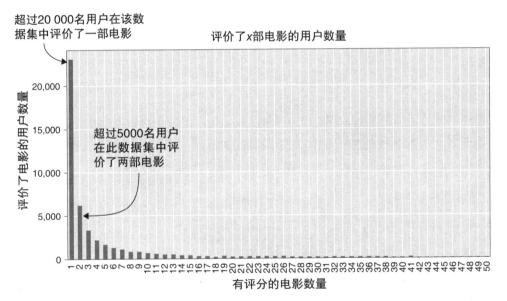

图 8.5　柱状图显示有多少用户评价了某个数量的电影。可以看到，有超过 5000 人评价了两部电影（$x = 2$）

## 8.5　选择邻域的方法

邻域就是一组与当前正在查看的内容类似的物品。把它称为邻域，是因为我们谈论的是距离很近的物品。在本节中，我将介绍三种定义以及计算此类邻域的方法：聚类、Top $N$ 和阈值。

### 聚类

在第 7 章中,我们学习了如何实现聚类。如果执行基于用户的过滤,则将这些聚类用作邻域,或者可以修改聚类算法来对物品进行聚类,并将其用于基于物品的过滤。要实现此目的,你可能希望添加更多的聚类,这样你的邻域就不会太大,但仍然很有效。这种方法的问题在于,当前用户可能会位于聚类边界或聚类具有奇怪的形状,因此可能无法获得最佳邻域。

除了直接用作邻域之外,聚类还可以用于优化算法。这样能缩小系统寻找邻域的范围。如果将物品聚合为两个聚类,那么只需要查看其中一个聚类就能产生很大的性能提升。

注意 缩小搜索邻域的空间,得到的邻域可能不是最优的,所以要小心。

我建议在有聚类和没有聚类的情况下分别进行测试,并比较推荐的质量是否有所下降(请参阅第 9 章)。如果使用聚类来缩小搜索区域,则可以结合 Top $N$ 或阈值一起使用。

### Top $N$

找到邻域的最简单的方法是定义一个数 $N$,其表示邻域中应该有多少个"邻居",然后假设所有的物品在邻域中都有 $N$ 个同类的物品。这可以让系统处理一些物品,但是物品之间可能没有任何相似度。图 8.6 的右图对此进行了说明。

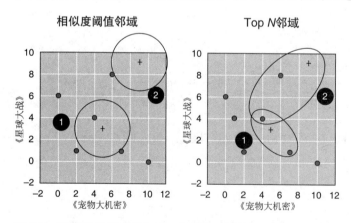

图 8.6 两种寻找邻域的方法。左图显示阈值邻域如何工作。在当前点的周围,绘制一个圆(至少在 2D 中),圆内的每一个点都是邻居。右图是 Top $N$ 方法。它不看距离,它的范围一直在扩大,直到里面有 $N$ 个邻居

图 8.6 所示的两个例子显示了需要三个邻居的结果。第一个示例找到靠近当前

点的点，而另一个示例需要的范围可能很大。Top N 方法会迫使系统采用与当前点不相似的点，这会使其成为一个糟糕的推荐。为了确保得到更好的推荐质量，你应该采用下面介绍的阈值的方法。

**阈值**

另一种定义邻域的方式是，你只希望找到附近符合某个标准的东西，如要求相似度必须高于某个特定的常数。这种方式如图 8.6 的左图所示。

对于图中的第一个点，这个方法非常有效，并且得到了与 Top N 邻域相似的物品。第二个点的问题是，它附近没有任何邻近的点。此时邻域变得很小，很孤独，而且很可能是空的。

> **提示** 在 Top N 和阈值方法之间进行选择其实是在数量和质量之间进行选择。阈值方法选择的是质量，而 Top N 方法选择的是数量。

无论选择哪种方法，都有一个问题要回答：阈值或 N 应该是多少？如果使用 Top N 方法来选择邻域，则需要找到常数 N，它表示邻域中应该有的点数。阈值方法需要有一个阈值常数，其值取决于具体的数据以及你希望得到的推荐质量。

在一个理想化的数据集中，所有的物品将在整个区域内均匀分布，很容易选择 N 的值。但这种情况并不经常发生，你需要在二者之间权衡：应该让推荐更符合紧跟时尚的人的口味，还是应该为品味独特的人提供服务。

## 8.6 找到正确的邻域

回到 8.4 节中的示例，现在让我们看看如果使用 Top N 或阈值方法会发生什么。使用 8.4 节中计算的相似度，那些邻域如表 8.5 所示。

表 8.5 计算出来的邻域。采用阈值方法，得到的元素都是相似的，
而采用 Top 2 方法，得到的大多数元素都不相似

| 电影名称 | Top 2 | 阈值 0.5 |
| --- | --- | --- |
| *Men in Black* (MIB) | ST: 0.63, AV: 1.00 | ST: 0.63, AV: 1.00 |
| *Star Trek* (ST) | MIB: 0.63, AV: 0.35 | MIB: 0.63 |
| *Ace Ventura* (AV) | MIB: 1.00, ST: 0.35 | MIB: 1.00 |
| *Braveheart* (B) | MIB: −0.21, AV: 0.01 | |
| *Sense and Sensibility* (SS) | B: −0.23, LM: 0.96 | LM: 0.96 |
| *Les Misérables* (LM) | B: −0.32, SS: 0.96 | SS: 0.96 |

正如在表中所看到的，如果使用 Top N 方法，*Braveheart* 在邻域中有其他相似电影，但如果使用阈值方法，其邻域内则没有相似电影。如果使用的是 Top N 方法，

则可以根据 $N$ 个相似度计算推荐值，即使它们根本不相似也能计算出一个结果。如果使用的是阈值方法，则不会推荐任何内容。既然已经确定了用于选择邻域的参数，那么就可以对邻域排序，然后开始计算预测评分了。

## 8.7 计算预测评分的方法

计算预测评分的最常用方法分为两种：回归和分类（对于精通机器语言的人来说），我将用两个例子来描述。图 8.7 概述了这两种方法。这张图掩盖了相似度值，计算预测评分时，这些值将再次出现。

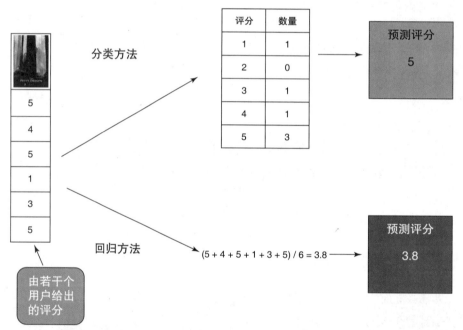

图 8.7 用两种方法为当前用户计算 *Pete's Dragon* 的预测评分，其邻域中的评分如图中右侧的表格所示。分类方法查看哪个分数出现的次数最多，因此最终分数为 5，而回归方法采用的是基于物品的评分的平均值，返回 3.8 分

回归方法的原理有点像利用同类房屋的价格预测某栋房屋的售价。分类方法的原理就像在选举中计票。

### 房价（回归）

要理解回归方法是如何实现的，可以想一下为待售房屋定价的例子。假设你想卖掉自己的房子，但不知道如何定价。有一种方法是，找到你所在地区已售的类似房屋（用房地产的行话来说，就是竞品楼盘），计算它们的平均售价。这种估价方

## 8.7 计算预测评分的方法

法类似于回归。

为特定用户预测物品的评分也可用同样的方法，并不限于预测房价，你可以找到相似的用户，并计算他们对某件物品的平均评分。

### 友好的选民（分类）

如果你们镇上有 10 个人竞选镇长，而你不知道要选谁，那么你问邻居们给谁投了票，然后你统计每个候选人分别得到了多少票。完成后，你选择得到票数最高的候选人。

此方法可以轻松应用到你的领域中：不是要求邻居对镇长候选人进行排名，而是要求他们评价一部电影。假设当前用户的邻域中有五个用户，并且他想知道那五个用户给电影的评分。他首先询问有多少人将这部电影评为一星，然后询问二星评价者的数量，依此类推，直到所有评分值都已计算在内。现在，当前用户可以查看评分计数，并选择邻域中大多数用户给出的分数作为电影的评分。你可以使用相似度得分而不是只将每个邻居计为一票，并使得投票数与相似度得分一样多。

这些例子都被简化了，没有在评分过程中增加权重。下一节，你将了解使用回归技术更详细地预测事情的方法。我们回顾一下，请看图 8.8。如果当前用户已经对一组物品打了分（交互），并且对于其中每一个物品，你会在邻域中找到与其相似的物品。这些相似的物品就是推荐系统给出的候选物品。

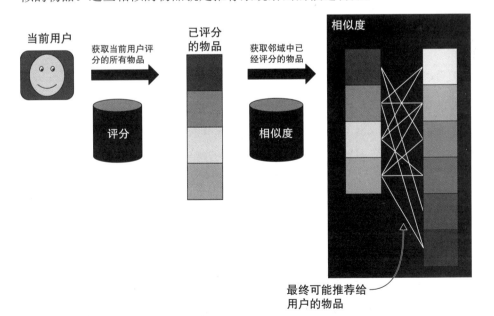

图 8.8  先获取特定用户评过分的物品，然后在该用户的邻域中找到它们，就可以找到推荐候选物品

## 8.8 使用基于物品的过滤进行预测

通过查看用户已评分物品的邻域,我们已经创建了一个相似物品的列表,现在可以进行预测了。到底如何做预测呢?继续阅读,一切都会变得明了。

从理论上讲,你可以获取目录中的所有物品并计算预测,但由于你的预测是基于当前用户已评分的物品的,因此你只会查看邻域中的物品。此处扩展了 8.7 节中的回归示例,我们将详细介绍如何预测物品的评分。

### 8.8.1 计算物品的预测评分

找到物品的邻域后,可以使用与该物品相似的物品的加权平均评分和当前用户的评分来计算预测评分。在计算时,需要加上用户的平均评分,以便返回的预测值落在与用户输入的评分相同的范围内。整个计算过程可以用如下公式表示:

$$\text{Pred}(u,i) = \bar{r}_u + \frac{\sum_{j \in S_i}(\text{sim}(i,j) \times r_{u,j})}{\sum_{j \in S_i}\text{sim}(i,j)}$$

说明:

- $\bar{r}_u$ 是用户 $u$ 的平均评分值。
- $r_{u,j}$ 是当前用户 $u$ 对物品 $j$ 的评分值。
- $S_i$ 是用户 $u$ 评分的邻域中的物品集。
- $\text{Pred}(u,i)$ 是用户 $u$ 对物品 $i$ 的预测评分。
- $\text{sim}(i,j)$ 是物品 $i$ 和物品 $j$ 的相似度。

假设你想预测 Helle 对《星际迷航》(*Star Trek*)的评分,它的分数在评分表里,但在这里我们重新计算一遍。你首先要查看先前计算的相似度模型,然后,都可以很方便地找到并使用邻域中的电影(不管你用什么方法,找到的邻域都是一样的)。你会得到如下结果:ST:MIB:0.63,AV:0.35。然后就是在函数中填充数字的步骤了:

$$\text{Pred}(\text{Helle}, \text{Star Trek}) = 2.6 + \frac{063 \times 0.4 + 0.35 \times 0.4}{0.63 + 035} = 3$$

如果你已经计算出了本节中的示例,那么应该为自己的第一个物品预测感到自豪。但是等一下!这是对评分的预测。怎么才能把它变成一个推荐呢?这很简单。对所有感兴趣的物品都预测一遍其评分,根据分数排序,然后返回前 10 名。因为

*Braveheart* 和其他物品的相似度低于设置的阈值,所以它不会被呈现出来。

下一个问题是,如果你的算法预测的物品评分低于平均水平,你会推荐它们吗?绝对不会。如果你仍然有点困惑,那么很快就会看到一个即使是机器也能理解的代码示例。

## 8.9 冷启动问题

协同过滤需要数据,但是对于新用户以及新物品就存在一个问题——没有用于生成推荐的数据。解决这一难题的方法仍然是让新用户对物品进行评分。或者,最好创建一个新的到货列表来展示新物品,因为很多用户喜欢查看网店新上架的物品。我们在第6章中详细讨论了这一点。另一种是使用利用/探索(exploit/explore)的方法,如图 8.9 所示。

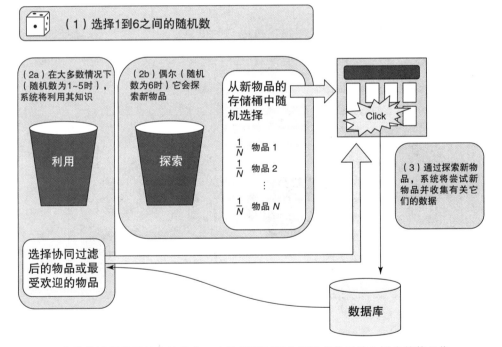

图 8.9 偷偷带进新物品的方法是在一定比例的时间内把这些物品注入混合的物品集

在图 8.9 中,注入新物品的时间占 1/6。抛出骰子(或使用某个随机库),得到一个数字,这个数字要么属于"利用"区间(1~5),要么属于"探索"区间(6)。"利用"指的是利用已有的知识并返回推荐。"探索"表示它显示了一个新物品。通过这种方式,物品被公开,用户有机会与它们进行交互。

## 8.10 机器学习术语简介

接下来,我们将实现物品的协同过滤算法。首先,让我们了解几个术语。

基于物品的过滤的一个聪明之处是,在为当前用户提供推荐之前,可以先做完大部分计算量大的工作。如果你在机器学习和数据科学领域都是新手,你可能不知道预先要做的工作就是所谓的离线模型训练。让我们看看这些名词:

- 离线——在生产过程中,在用户使用前先离线完成某项工作,而不是在用户等待的时候完成(在线则是指执行任务时用户需要等待)。
- 模型——一个过程,可以用来预测评分(或者做其他工作,取决于所采用的机器学习算法)。可以通过获取原始数据来创建一个模型,然后在机器学习算法中运行它,这个机器学习算法聚合数据并生成一个模型。模型的创建通常是离线完成的。
- 训练——人工智能中的一个术语,可以认为机器学习是学习一项新技能。在我们的案例中,推荐系统就在进行训练(计算模型),以找到类似的物品。

图 8.10 显示了在进行物品协同过滤中,离线和在线发生的事情。

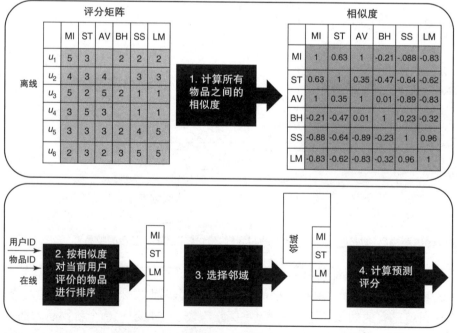

图 8.10 协同过滤管道被分为离线计算和在线计算

为了了解真实环境中的系统是如何推荐物品的，下一节将介绍在 MovieGEEKs 中的做法。如果尚未下载该站点，请从 GitHub 下载。网站的 README 页面提供了有关下载和导入数据的详细信息。

## 8.11 MovieGeeks网站上的协同过滤

我们将对推荐物品（参见图 8.11）的第二行使用协同过滤进行推荐，你可能还记得，这一行列出的物品与用户已评分或购买的物品类似。

图 8.11 MovieGEEKs 站点的首页，包含协同过滤推荐

### 8.11.1 基于物品的过滤

阅读了本章前面的内容之后，相信你对现在需要做的事情已经非常清楚了。如果还不太清楚，下面是你要完成任务的小清单，它们也显示在了图 8.10 中。

- 查找与当前用户喜欢的物品相似的物品
- 计算这些物品的预测评分
- 使用预测评分来计算推荐

> **注意** 用户和物品协同过滤之间的区别在于如何找到相似的物品。

如果要查看代码,可以查看这两个位置:

- \builder\item_similarity_calculator.py,这是离线训练的代码,里面有所有相似度的计算。
- \recs\neighborhood_based_recommender.py,这是在线计算部分的代码。

### 离线计算物品的相似度

开始进行协同过滤之前,先要构建相似度矩阵,它是一个包含所有相似度的数据库表。最好创建一个在 Django 范围之外运行的 Python 脚本来构建模型。这项工作可能需要花几个小时,但还好不是几天。

你需要创建另一个构建器,如清单 8.1 所示。总的来说,它从数据库中获取数据,计算其相似度,然后将它们保存在数据库中。

**清单 8.1 使用 Python 脚本构建和保存相似度模型**

```
import os
import pandas as pd

import database
import item_cf_builder

all_ratings = load_all_ratings()          ← 获取评分数据
ItemSimilarityMatrixBuilder.build(all_ratings)    ← 构建相似度模型并将其保存到数据库
```

从数据库中获取评分很简单,但我仍然建议你看一下源代码。如果你使用这段代码,请记住给这个查询添加时间限制,以便只获取指定时间段的数据。我在这里省略了它,但在 Git 上很容易找到(方法名为 `load_all_ratings`)。让我们看看在清单 8.2 中列出的 `build` 方法,它将训练 / 构建 / 计算 / 推断 / 酝酿模型。如前面所述,你可以在文件 /builder/item_similarity_calculator.py 中找到它。

**清单 8.2 构建相似度矩阵**

```
def build(self, ratings, save=True):
    ratings['rating'] = ratings['rating'].astype(float)
    ratings['avg'] = ratings.groupby('user_id')['rating'] \
                    .transform(lambda x: normalize(x))
```

← 确保评分为浮点类型,否则以后可能会遇到问题

← 根据用户的平均值对评分进行标准化,并将其添加到一列数据中。你可以使用 normalize 方法执行此操作

## 8.11 MovieGeeks网站上的协同过滤

```
ratings['user_id'] = ratings['user_id'].astype('category')
ratings['movie_id'] = ratings['movie_id'].astype('category')
coo = coo_matrix((ratings['avg'].astype(float),
                 (ratings['movie_id'].cat.codes.copy(),
                  ratings['user_id'].cat.codes.copy())))
overlap_matrix = coo.astype(bool).astype(int) \
    .dot(coo.transpose().astype(bool).astype(int))
cor = cosine_similarity(coo, dense_output=False)
cor = cor.multiply(cor > self.min_sim)
cor = cor.multiply(overlap_matrix > self.min_overlap)
movies = dict(enumerate(ratings['movie_id'].cat.categories))
if save:
    self.save_similarities(cor, movies)
return cor, movies

def normalize(x):
    x = x.astype(float)
    x_sum = x.sum()
    x_num = x.astype(bool).sum()
    x_mean = x_sum / x_num

    if x.std() == 0:
        return 0.0
    return (x - x_mean) / (x.max() - x.min())
```

- 将user_id和movie_id转换为category类型。为了使用稀疏矩阵,必须这样做
- 将评分转换为稀疏矩阵,称为coo_matrix[1]
- 重叠矩阵
- 计算行之间的余弦相似度
- 删除没有建立在足够多重叠评分基础上的相似度
- 移除太小的相似度
- 创建movie_id的字典以查找你要查找的物品
- 保存到数据库
- 显示先前使用的标准化方法

需要注意的一点是:[2]这段代码经过了修改和优化,因此运行速度非常快。你可以一边运行它一边看它"施展魔法";但是,即使它运行得很快,也需要一定的时间才能完成上述工作。

**移除那些没有建立在足够重叠评分基础上的相似度**

我们已经谈过两个物品之间有足够的重叠评分是多么重要。但是,在许多计算相似度的实现中,无法定义重叠元素的最小数量。

这里有一种在稀疏矩阵中运行良好的方法。先将评分矩阵元素强制转换为布尔值(大于 0 的值为 True,其余为 False),然后再将它转换为整数:1 表示 True,0

---

[1] 详情请参见链接37。
[2] 你需要时间、耐心和大量的空闲内存。当我第一次想出这段代码的一个版本时(作为一个乐观主义者,我以为它就是最终版本),其实离完成还需要两天。这个版本让我有时间遛狗,并在它运行完成之前吃晚餐。

表示 False。现在可以将评分矩阵与其自身的转置矩阵相乘，然后，你可以用得到的矩阵查找重叠元素。图 8.12 说明了这个过程，代码如清单 8.3 所示（摘自清单 8.2）。可以在 /builder/item_similarity_calculator.py 文件中找到此代码。

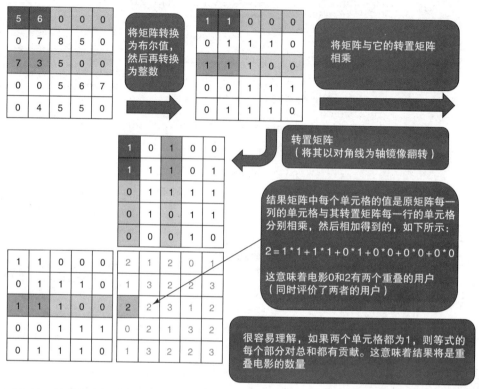

图 8.12　计算评分矩阵重叠的最快方法

**清单 8.3　计算重叠矩阵**

```
overlap_matrix = coo.astype(bool).astype(int)
.dot(coo.transpose().astype(bool).astype(int))
```

有了重叠矩阵，如果所有单元格的值大于预定义的最小重叠数，则可以选择所有单元格都为 True。例如，如果只想查看超过 2 的重叠数，则所有的 2 或更小的值将返回为 False，其余为 True。如果再次将重叠矩阵转换为整数，那么就得到一个包含 1 的矩阵来保存相似度。这可以通过编写代码来完成，如 /builder/item_similarity_calculator.py 和清单 8.4 所示。

## 8.11 MovieGeeks网站上的协同过滤

### 清单 8.4 创建阈值矩阵

```
overlap_matrix > self.min_overlap
```

该表达式返回一个新的布尔矩阵。当计算相似度时，会进行逐元素的乘法，这意味着将每个单元格乘以相同位置的单元格。将相似度矩阵与布尔重叠矩阵相乘，会使你不感兴趣的所有相似度乘以 0，这意味着它们将返回 0，而感兴趣的相似度将乘以 1，其值保持不变。清单 8.5 使用相同的技巧来删除太小的相似度值（可参见 /builder/item_similarity_calculator.py）。

### 清单 8.5 删除相似度值

```
cor = cor.multiply(cor > self.min_sim)           ← 删除太小的相似度
cor = cor.multiply(overlap_matrix > self.min_overlap)  ← 移除没有建立在足够重叠评分基础上的相似度
```

### 在线预测

要使用前面所示的方法构建的模型，你需要一个预测算法，如图 8.13 所示。请注意，你只需要访问两次数据库：一次获得用户的评分，一次获得相似度。实际上，一种简单的优化方法就是在提取之前，先将数据加入数据库，这样你就可以轻松地获得相似度以及用户的评分。

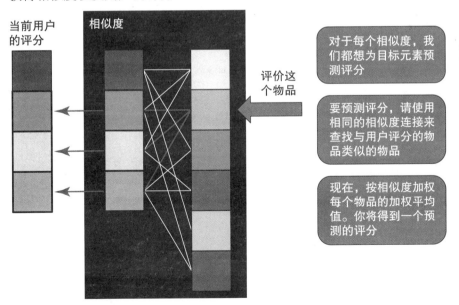

图 8.13　要预测评分，请使用相关物品与用户评分物品之间的相似度。将每个相似度乘以用户的评分，再加起来，然后除以相似度的总和。这样就得到了加权平均值

如果相似度脚本已完成离线计算,则应该查看推荐系统的在线部分,参见清单 8.6。

**清单 8.6　用户访问页面时的代码**

```python
def recommend_items_by_ratings(self, user_id, active_user_items, num=6):
    movie_ids = {movie['movie_id']: movie['rating']
                 for movie in active_user_items}
    user_mean = Decimal(sum(movie_ids.values())) / Decimal(len(movie_ids))
    candidate_items = Similarity.objects.filter(Q(source__in=movie_ids.keys())
                                  &~Q(target__in=movie_ids.keys()))
    candidate_items = candidate_items.order_by('-similarity')[:20]
    recs = dict()
    for candidate in candidate_items:
        target = candidate.target
        pre = 0
        sim_sum = 0
        rated_items = [i for i in candidate_items
                       if i.target == target][:self.neighborhood_size]
        if len(rated_items) > 1:
            for sim_item in rated_items:
                r = Decimal(movie_ids[sim_item.source]) - user_mean
                pre += sim_item.similarity * r
                sim_sum += sim_item.similarity
            if sim_sum > 0:
                recs[target] = {'prediction': user_mean + pre / sim_sum,
                                'sim_items': [r.source for r in rated_items]}
    sorted_items = sorted(recs.items(), key=lambda
                          item: -float(item[1]['prediction']))[:num]
    return sorted_items
```

注释说明:
- 创建movie_id和评分的字典
- 计算平均值
- 查找与当前用户所评分物品类似的所有物品
- 遍历类似的物品
- 将列表长度限制为20,这样可以在速度和质量之间找到良好平衡
- 添加相似度
- 将标准化评分乘以物品的相似度
- 从物品评分中减去用户平均值
- 如果不止一个评分物品,那么是最好的;否则,预测评分将与某一个物品相同
- 从目标物品开始,查看存在的所有相似物品。你会得到当前用户评分的物品列表
- 根据预测值对所有物品进行排序。在这里可以考虑搞一点新花样,并在代码中添加其他注意事项
- 将预测评分与评分物品一起附加到结果末尾
- 确保和不为零(从而导致除数为零,这会引发异常)

现在你应该可以看到另一个推荐列表。如何?这些推荐看起来还不错吗?你

能在图 8.11 中看到它们吗？以你的角色 Helle 打开网站，查看分析页面（http://127.0.0.1:8000/analytics/user/400004/）。你会看到这些推荐有些意思（如图 8.11 所示）。[1]

## 8.12　关联规则推荐和协同推荐之间有什么区别

让我们最后看一下这些推荐，比较使用关联规则计算的推荐和使用协同过滤的推荐之间的异同。关联规则给出的结果看起来更符合 Helle 的喜好。但请记住，你正在查看两个不同的数据集：关联规则基于购买者的角色，这些购买行为由第 3 章中提到的脚本自动生成。而协同过滤基于下载的数据集中的评分。在实际的系统中，这两个数据集其实是相同的。

关联规则不是协同过滤，因为它基于单个购物车中的内容，而不是用户在一段时期购买的物品来计算推荐。协同过滤关注的是用户在一段时间内购买或评价的物品。

## 8.13　用于协同过滤的工具

仅仅实现算法不足以计算出好的推荐，通常需要对一些东西进行调整。例如，在计算相似度之前，需要调整重叠用户的数量。可以参考下面这个清单进行调整：

- 应该为当前用户使用哪些评分？
  - 只用正面的评分？
  - 只用最近的评分？
  - 如何标准化评分？
- 创建相似度时
  - 为了计算相似度，需要多少用户对两部电影进行评分？
  - 如果相似度为正值，是否应该限定只能将其加入相似度列表中？
- 在创建邻域时
  - 应该使用哪种方法来选择邻域？
  - 邻域应该有多大（选择阈值还是 $N$ 个相似度）？
- 在预测评分时
  - 应该使用分类方法还是回归方法？

---

1　要模拟用户，可添加一个名为 user_id 的查询字符串参数。如果要查看 Helle 的页面（其 user_id 为 400004），你需要以下 URL：localhost:8000/?user_id=400004。

- 应该使用加权平均值吗?
■ 返回推荐时,应该返回所有结果还是仅返回预测评分高的推荐(即预测值高于阈值)。

在这个列表里还可以加入更多限制条件,其中每一条都将缩小计算中的一些物品数量。以需要的重叠用户数为例,图 8.14 显示了重叠如何影响你为 MovieGEEKs 站点构建的模型中的相似度数量。如果你要求最小重叠用户数,则有大约 4000 万个相似度。如果要求有两个重叠用户,则相似度减少到 500 万个,依此类推。

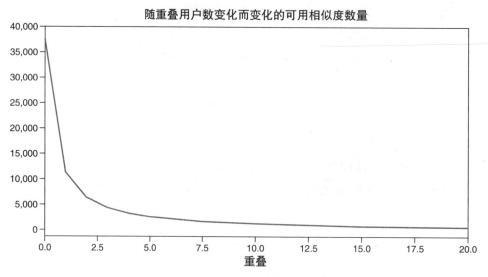

图 8.14 此图展示了对重叠用户数的要求提高时,相似度的变化曲线

图 8.15 将电影按照它们收到的评分数进行了划分。大约有 11 000 部电影仅有一人评过分。要计算两部电影之间的相似度,需要有两个以上的用户同时对这两部电影进行评分,这意味着你不能使用这 11 000 部电影的评分计算相似度。

从图 8.15 中可以看到,大约有 4000 部电影被两位用户评价过。如果你设置了至少两个重叠评分的限制,那么图 8.15 中重叠评分数为 1 的那些电影就都可以剔除了。换句话说,假设你要求每部电影至少有两个评分,那么可以看到大约 12 600 部电影被排除在外,而你只有 25 000 部电影可供选择。

提示 保存在数据库中的相似度数量取决于许多因素,因此很难具体说明应该设置哪些限制条件。我的建议是首先尝试不限制,看看是否有效,然后逐步增加限制条件,这样就可以得到一个合适的中间值。

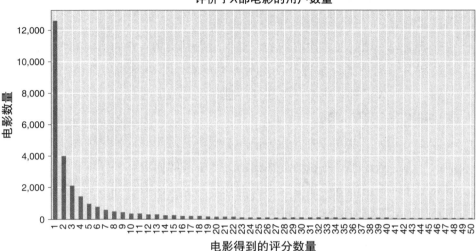

图 8.15　这张图说明了 MovieGEEKs 网站中的电影分别获得了多少个评分

通常，一部电影获得的用户评分越多，这部电影就越受欢迎，因此重叠用户越多，纳入推荐候选列表中的热门大众电影就越多，具有独特风格的电影越少。候选名单中的电影越少，推荐的质量会越高。通读整章，甚至整本书，你就会知道在本节开头所列的需要决策的清单中应该选择哪些选项。

在第 9 章中，你将了解如何评估一个推荐系统。在为了如何选择正确的参数而抓狂之前，请阅读第 9 章，记住读过的内容，然后回过头来看本章开头给出的清单。在 Badrul Sarwar 等人的 "Item-based Collaborative Filtering Recommendation Algorithms" 论文中可以看到一个很好的参考资料。[1] 接下来，我们总结一下邻域协同过滤算法的优缺点。

## 8.14　协同过滤的优缺点

即使协同过滤听起来很神奇，它也有你需要考虑的问题和缺点。

- **稀疏性**——这是最大的问题之一。大多数数据集都不够稠密，除了推荐最受欢迎的物品，系统无法给出个性化的推荐。由于大多数用户只会给少数一些物品打分，而网店通常会有数千种不同的商品，因此很难找到邻域。

---

[1] 更多信息请参见链接38。

- 灰羊用户——回想一下第 6 章，灰羊用户的存在，使我们无法找到有关联的用户或物品。
- 评分数量——如前面多次提到的，要为用户提供高质量的协同推荐，需要先收集到某个用户的许多评分，然后才能可靠地提出推荐。这就产生了一个问题，因为大多数系统不可能在开始推荐之前就能收集 20 个或更多个评分，这也被称为冷启动问题。
- 相似度——协同过滤与内容无关，并不试图将推荐纳入特定主题。它遵循用户的行为趋势，而这些趋势往往指向更受欢迎的内容。另一种说法是，因为协同过滤基于相似度，最受欢迎的物品将与更多内容有许多共同之处，这使得热门物品更频繁地出现在推荐中。

协同过滤与内容无关，这也是一个很大的优点。你无须花费精力为物品添加元数据或收集有关用户的知识，只需了解评分和物品之间的交互即可。在下一章中，你将了解如何评估推荐系统。

## 小结

- 邻域过滤管道可以使用基于用户的过滤，查看相似用户；也可以使用基于物品的过滤，查看相似物品。
- 如果物品多于用户，则使用基于用户的过滤；否则，使用基于物品的过滤。
- 利用相似度矩阵可以快速查找相似的物品。
- 相似度表使系统能够使用聚类、Top $N$ 或阈值方法创建邻域。
- 如果你有少量的相似用户，找到邻域后就能计算预测评分。
- Amazon 首次尝试推荐系统时使用的就是基于物品的协同过滤。

# 评估推荐系统

> 虽然 Netflix Prize 把推荐抽象为经简化的准确预测评分问题,但是预测评分只是在设计有效的行业推荐系统时必须考虑的因素之一,还需要考虑多样性、上下文、依据、新鲜度和新奇性等因素(因子)。
>
> —Xavier Amatriain 等[1]

学完本章后,你将获得以下方面的经验:

- 评估推荐算法的有效性。
- 将数据集拆分为训练数据和测试数据。
- 通过构建离线实验来评估推荐系统。
- 大致了解在线测试。

你为什么要实现推荐系统?想得到什么?想赚更多钱?希望网站有更多的访客?还是想尝试新技术?不论你的答案是什么,可能都无法通过它们直接知道你是否在进步。[2] 经常会听到说某些算法比当前的前沿算法更好或者有一些改进,但你不知道它们改进了什么以及是如何改进的。

---

1  详情请参见Xavier Amatriain等人的文章 "Past, Present, and Future of Recommender Systems: An Industry Perspective" (Recsys,2016)。

2  *Start with Why: How Great Leaders Inspire Everyone to Take Action* (Portfolio; Reprint edition, 2011) 一书由Simon Sinek所著,但是内容与推荐系统完全无关,但它是一本有趣的书,讲述了应如何理解你的企业存在的意义。

本章内容和评估推荐系统相关,更确切地说,讲的是如何尝试评估推荐系统。推荐系统研究人员普遍认为,如果不用真实的系统来做测试,几乎不可能对推荐系统或算法进行评估。不过,重要的是要知道你的推荐系统是否在朝着正确的方向发展。

## 9.1 推荐系统的评估周期

在本章中,你将了解如何使用现有数据对系统进行充分的评估。我们还将讨论如何测试一个真实的网站。虽然可以通过模拟访客和访问请求来生成数据进行测试,但用这种方式来评估推荐系统是没有意义的。

图 9.1 画出了一个推荐系统的评估周期,我们将在后续章节中进一步研究每个步骤。某些任务通常与推荐系统的评估无关,但如果你想开发和维护推荐系统,它们很重要。

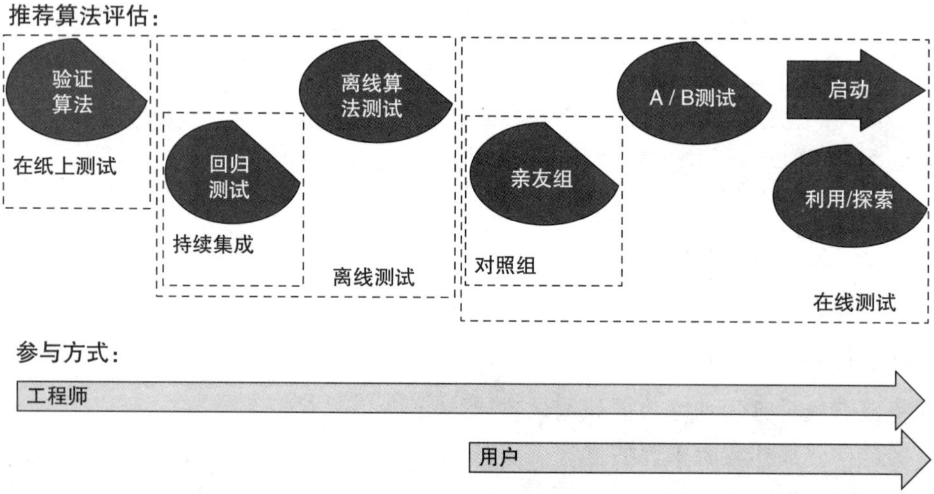

**图 9.1 推荐系统的评估周期以及参与该过程的人员**

有一件事经常被遗忘,即所有数据应用程序都是真实运行着的(不是人工智能意义上的),需要维护和监控。性能是程序使用数据后所产生的结果,会不断变化。如果数据发生变化,系统的行为就会发生变化,其性能和预测能力就可能发生变化或降级。

在深入了解细节之前,让我们完成图 9.1 中所示的任务。我建议你先从最简单的算法开始,然后根据需要增加复杂度。选择算法后,第一步就是要验证算法。

取一个包含 5 个用户和 10 件物品的小数据集,看看这个算法是否合理。用这个数据集尝试一下，如果能满足要求，就开始实现算法。以这样一种方式持续运行回归测试是比较好的做法，即使数据被更新，也不会影响系统的性能。当算法编码完成并（连续地）测试功能时，就可以使用数据集进行离线算法评估了。如果离线评估成功，就可以将算法的结果应用到真实的用户上了。

通常，我们会从一个对照组开始，很多人把这个组也称为亲友组。在这个阶段，你必须对老板有所交代（他没有读过这本书，也不了解推荐系统，但他是个专家，知道他收到的推荐有问题，因为在他看来它们并不完美）。亲友组只能帮你这么多，而为了确保推荐系统一切正常，你可以先将此系统开放给部分用户使用——让一小部分人验证它是否有效，以及是否能提高你所追求的关键绩效指标（KPI）。如果成功，则可以为所有用户启用该算法。

许多人可能到这里就结束评估了，但是有一个越来越受到关注的趋势是 exploit/explore，这意味着你可以让系统根据用户对输出的反应来决定使用哪种算法。我们将在本章后面简要介绍。说到这里，我们有很多事情要谈。在开始讨论如何评估推荐系统之前，让我们再谈谈为什么需要这么做。

## 9.2 为什么评估很重要

你的推荐系统是否能正常运行？费尽九牛二虎之力使推荐系统能运行之后，你当然不希望它无效。通常，测试推荐系统是为了找到它起作用的证据。你肯定也不希望找到的证据表明推荐系统可能并未给用户带来满意的推荐，或者它给一半以上的用户推荐的都是他们不想要的东西。如果能先于用户发现这些问题，那就太好了。

通常，系统会过度适应利益相关者的喜好。比如，老板打来电话说："我女儿不喜欢你的系统提出的推荐，解决这个问题，不然你就不用干了。"而且，他在周五下午才这么说，而此时你已经制订了自己的周末计划。也许我说得有点夸张，但你确实需要了解用户，因为不同的人想要不同的推荐。

考虑到这一点，清楚地了解你所问的问题就很重要了。我们再来谈谈 Netflix。其目标之一是留住用户，但这个结果只能每月测量一次。Netflix 推断（可能是通过查看数据得出的结论）用户留存率与用户浏览量的多少有关。但是一个用户浏览了很多内容也可能是因为别的原因，这样的行为不一定会持续很长时间。也许是因为女朋友离开了他，而他正好比较闲，因此这也许完全是另一回事。但更重要的是，用户留存率可能不是立即可测量的，可测量的那些东西可能无法唯一地解释你想要了解的内容。

因为我们只关注真实的推荐系统,所以对评估哪个推荐系统能基于MovieTweetings数据给出最佳结果感兴趣。[1] 为了评估具有代表性的事件(在MovieGEEKs上,这件事就是一个人收到了推荐),我们需要深入了解数据统计。我不会在本书中教授数据统计的知识,但会概述在测试推荐系统时应该考虑的统计概念。首先,将我们的问题定义为一个假设。

### 假设

假设描述的是测试的目标。对我们而言,这个目标可能是"推荐系统 $B$ 产生的推荐比推荐系统 $A$ 产生的推荐更频繁地被单击"。单击事件也称为点击率(CTR)。

这个假设是否足够清晰,可以进行测试吗?如果你给邮递员看这样一个假设,他会和你理解得一样吗?

## 9.3 如何解释用户行为

图9.2显示了网站访客的四种情况。

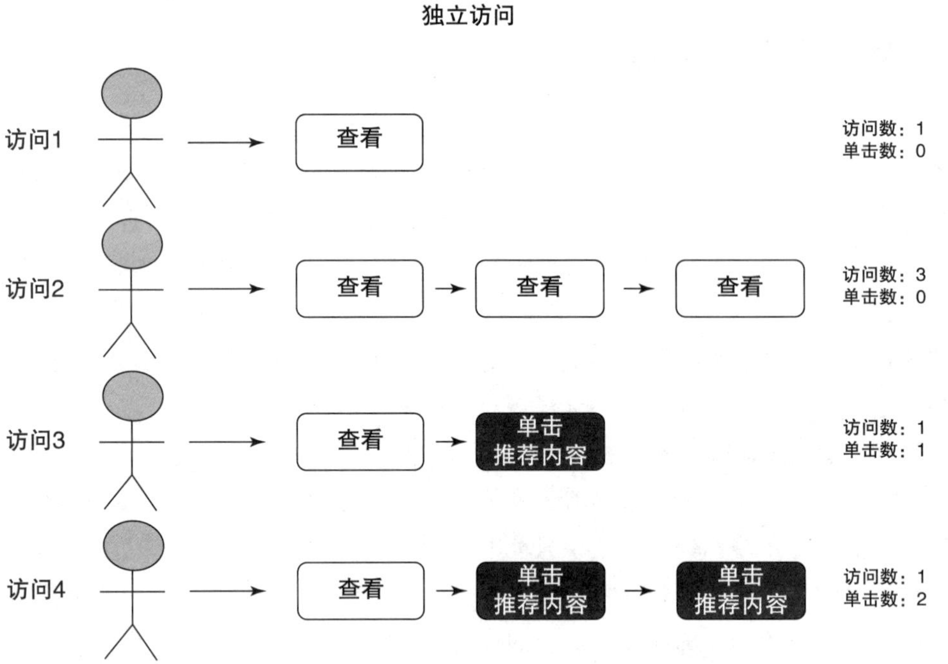

图9.2 不同场景下的用户行为。访问3是理想的,因为用户查看并单击了推荐内容

---

[1] 更多信息请参阅链接39。

- 访问 1 很简单，系统显示了着陆页，然后什么也没发生。你是否应该假设访问者看到过系统的推荐？
- 访问 2 显示用户查看了多个页面，这里你必须认为系统显示了推荐，但访问者没有表现出任何兴趣，因为他们单击的是别的东西。
- 访问 3 是理想的，访问者看了并单击了推荐的物品。
- 访问 4 有点问题，你怎么评价这次访问？是算作一次还是两次单击？用户在推荐内容上单击一次或多次，或许意味着推荐算法是成功的。但同样，这取决于你所在的领域。

## 9.4 测量什么

推荐系统有两类目标：

- 让用户满意，也希望赚钱。
- 尽可能多地赚钱。但是，只有用户满意，你才有钱赚，所以只需要做到用户基本满意，你可以赚到钱即可。

作为一名工程师，你需要让老板开心，而如果用户开心（意味着会消费），老板也会开心。用户的目标几乎是一样的：他们想要快乐，如果感到快乐就会花钱，而你老板的目标是让用户尽可能多地消费，二者是有区别的。

让我们暂时不去想赚钱的事情，想想那些快乐的用户。怎样才能使用户满意呢？答案因人而异，不同的领域也不一样，但我在网购时会因为以下几点感到开心：

1. 该网站了解我的喜好。我不喜欢收到明显不合自己口味的推荐。
2. 该网站为我提供了各种各样的推荐。我希望收到的推荐就像大自然一样丰富多彩。
3. 该网站让我感到惊喜。我希望网站能推荐一些我从来没想过要买，但是看过推荐后想试一试的东西。

作为网站或内容维护者，你还需要加一条：

4. 该网站涵盖了目录中的所有内容。

下面我们来逐一讨论这几点的细节。

### 9.4.1 了解我的喜好，尽量减少预测错误

衡量一个推荐系统有多了解我的喜好，要看它是否可以预测我有多喜欢我见过

并且评过分的物品，这可以通过测量推荐系统的预测接近正确评分的概率来实现。

另一种方法是利用决策支持指标来判断，这些指标将推荐系统的预测评分按照用户的反应分成若干组，对于同一组内的分值，用户的反应是相同的。比如，分值范围为 1~10 分，如果系统预测某部电影的评分高于 7 分，那么我可能有兴趣观看。如果低于 7 分但高于 3 分，假如我的妻子想看这部电影，那么我也不会拒绝。如果评分再低，我会坚定地说："不看！"如果推荐系统预测的评分所处的区间与我给该物品的评分的区间吻合，那么它可能没问题。如果预测评分落在不同的区间（组），那么这个推荐就是在浪费我的时间而且让我错过了好的内容。如果这种情况经常发生，最终，我会对这个推荐系统失去信心。

### 9.4.2 多样性

我们来快速浏览一下《圣经》,《马太福音》中有这句话：

> 凡有的，还要加给他，叫他有余。凡没有的，连他所有的，也要夺去。
>
> ——马太福音 25：29，詹姆斯国王版

你可能会问这和推荐系统有什么关系。这一句圣经经文是马太效应的出处。更通俗的解释是"富人越来越富，穷人越来越穷"。如果把受欢迎的物品视为富人，把不受欢迎的物品视为穷人，那么目录中会有一些物品因为受欢迎而经常被推荐。

经常推荐受欢迎的物品是一件好事，但是它们可能会出现在非常多的推荐中，从而变得更受欢迎，而其他潜在的好物品没有机会出现在推荐中，因为它们还不受欢迎。流行物品总是受到青睐，就是在创造我们所说的过滤气泡[1]。这可能是一件好事，因为你总会收到关于你所爱之物的推荐。但另一方面，你永远也不会知道，是否有什么不太一样东西你可能喜欢它更甚于那些流行物品，而你还未尝试过。

除了过滤问题之外，还有一个事实，那就是推荐系统的初衷是帮助用户浏览更大的目录，比在网店单个页面上的更大。如果推荐系统仅推荐热门物品，则该优点将丢失（当然，还有很多优点，但是这个优点很重要）。

然而，很难衡量推荐系统是否成功地实现了多样性，而且推荐系统变得个

---

[1] 更多信息请参见链接40。

性化时,也很难提供多样性的推荐。研究人员试图通过计算所有推荐物品组合的平均差异来衡量多样性。参阅 Keith Bradley 和 Barry Smyth 合著的"Improving Recommendation Diversity",可了解更多相关信息,你可以在链接41所指向的网页上找到这篇文章。

## 9.4.3 覆盖率

由多样性很容易引入覆盖率(coverage)的概念,因为多样性越好,覆盖率就越高。实现推荐系统的主要原因之一是使用户能够浏览全部的目录,这就是所谓的内容覆盖率。覆盖率既可以指确保算法将推荐目录中的所有内容,也可以指算法是否能够向所有注册用户推荐某些内容,后者也被称为用户覆盖率。

一个比较粗暴的计算用户覆盖率的方法是遍历所有用户,调用推荐算法,然后看看它是否返回内容,代码如清单 9.1 所示。可以在脚本 /evaluator/coverage.py 中查看此方法。

**清单 9.1 计算覆盖率**

```
def calculate_coverage(self):
    for user in self.all_users:          # 遍历所有用户
        user_id = str(user['user_id'])
        recset =
         self.recommender.recommend_items(user_id)   # 获取为用户提供的推荐
        if recset:                        # 检查推荐系统是否返回了推荐
            self.users_with_recs.append(user)   # 将用户添加到收到推荐的用户列表中
            for rec in recset:            # 显示每个推荐物品
                self.items_in_rec[rec[0]] += 1   # 添加到推荐中的物品
    no_movies = Movie.objects.all().count()
    no_movies_in_rec = len(self.items_in_rec.items())
    no_users = self.all_users.count()
    no_users_in_rec = len(self.users_with_recs)
    user_coverage = float(no_users_in_rec/ no_users)    # 计算用户覆盖率
    movie_coverage = float(no_movies_in_rec/ no_movies) # 计算物品覆盖率
    return user_coverage, movie_coverage
```

此方法解决了内容和用户的覆盖率计算。用户覆盖率的定义如下:

$$\text{coverage}_{\text{user}} = \frac{\sum_{u \in U} P_u}{|U|}$$

其中:

$$P_u = \begin{cases} 1 & \text{如果 } |\text{recset}| > 0 \\ 0 & \text{其他} \end{cases}$$

$|U|$ = 所有用户的数量

$|\text{recset}|$ = 推荐系统返回给用户$u$的推荐结果的数量

使用此方法执行的结果,还可以计算目录覆盖率,其定义如下:

$$\text{coverage}_{\text{catalogue}} = \frac{|\text{推荐结果中的所有物品}|}{|I|}$$

其中,$|I|$为目录中的物品数目。

要计算目录覆盖率,你还需要知道目录中的物品总数。使用清单9.1中所示的 `calculate_coverage` 方法,可以计算出第8章中实现的物品协同过滤方法的覆盖率为13%。也就是说,在MovieGEEKs数据集的26 380部电影中,只有3473部电影成为被推荐的影片。[1]

在运行这段代码时,我还收集了被推荐的电影的数据。图9.3所示的柱状图显示了在为所有用户生成的所有推荐中,有多少部电影只被推荐过一次。最受欢迎的电影是位于长尾(与我们前面讨论的长尾问题相比,这有点违反直觉)的那些影片。有些电影出现在超过100个推荐集中,但在这张图表中这部分数据被截断了。

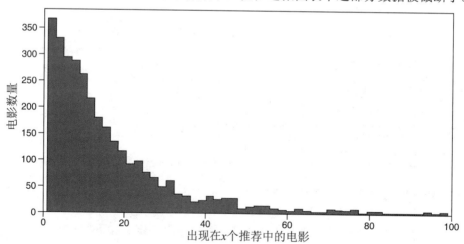

图9.3 显示多少部电影出现了 $x$ 次。只有一个推荐中有超过350部电影。与直觉相反,最受欢迎的电影是位于长尾部位的电影

---

[1] 这取决于你用什么参数来训练它。

请注意，26 380 部电影中有 3473 部可作为推荐影片并不多。也许添加基于内容的推荐是一个好主意，我们将在下一章中讨论。清单 9.1 中所示的覆盖率代码可以用清单 9.2 所示的这一行代码来运行。

清单 9.2　运行协同过滤算法的覆盖率

```
>python -m evaluator.coverage -cf
```

如果运行 --help 命令（如下面的清单 9.3 所示），将看到一个选项，可用于评估后面介绍的所有算法的覆盖率。

清单 9.3　运行协同过滤算法的 help 命令

```
Evaluate coverage of the recommender algorithms.

optional arguments:
  -h, --help  show this help message and exit
  -fwls       run evaluation on fwls rec
  -funk       run evaluation on funk rec
  -cf         run evaluation on cf rec
  -cb         run evaluation on cb rec
  -ltr        run evaluation on rank rec
```

但是请等到训练好模型后再计算其他算法的覆盖率；否则，将花费很长时间。

## 9.4.4　惊喜度

你希望在推荐中发现一些你喜欢但之前却不知道自己会喜欢的东西。给用户带来惊喜，这样他们的网站访问体验就不会千篇一律。然而，是否有惊喜是主观的，很难计算，所以我想让你记住它很重要，并要确保你没有太多地限制推荐系统返回的结果。限制越多意味着推荐结果给用户带来惊喜的可能性越小。你可以在文章"Beyond Accuracy:Evaluating Recommender Systems by Coverage and Serendipity"[1]中阅读关于如何度量惊喜度的知识。

现在，对于应该度量和评估什么，你已经了解了几个概念，距离做一次评估或者说是做推荐系统更近了一步。但首先，作为一名前软件开发人员，我还有几件事需要一吐为快。

---

1 更多信息请参阅链接42。

## 9.5 在实现推荐之前

灯燃烧的时长取决于你倒进去多少油,因此这里有几个步骤要考虑:

- 验证算法
- 验证数据
- 做回归测试

让我们更详细地看一下这些步骤。

### 9.5.1 验证算法

这件事听起来很蠢,但是你会惊讶地发现,总是有人读到一篇听起来很酷的技术文章,就会花好几个月的时间去实现其中的算法,直到有人提出该算法中存在非常明显的问题。意识到这个算法不能处理现有数据或产生需要的输出时,已经太晚了。别这样折磨自己,先写一个简单的场景,在这个场景中通过一个使用了你的算法的小例子严格地验证算法。仔细考虑你可以提供哪些数据作为输入,并确保与利益相关方就其想要的输出内容达成一致。

下面这个简单的场景还可以用来验证系统是否正在运行。例如,本章所讲的算法需要几个小时才能在完整的数据集上运行完,如果你打算用这个数据集来调试算法,永远也做不完。比如,你改了一个地方,并启动编译,然后你开始做自己的事情,等算法运行结束,你可能已经不记得之前做过什么了。要是运气差一点的话,你下一步要做的修改很可能就是把之前改过的地方再改回来。省省力气,就按照图9.4所示的步骤来做吧。

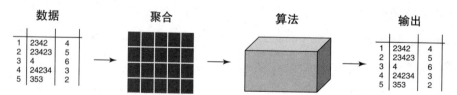

图 9.4 手动执行算法以测试你是否有数据以及算法是否产生了正确的输出

**数据**

测试你需要的数据是否可获得或可以生成。数据是否需要保存到足够长的时间才能使用? 如果保存了所有用户的评分和行为,那就太棒了,但如果系统删除了一天中的所有数据，则可能会出现问题。

你还应该看看数据的多样性。在你所拥有的用户数据中，它们是来自用户与全部目录的交互还是来自用户与部分目录的交互？你还需要做点特别的事情才能让那些未被用户接触过的物品进入推荐列表。

#### 架构与聚合

只有数据是不够的，你能检索这些数据吗？如果能，你可以进行你想要的聚合吗？在 SQL 数据库中，很容易对表进行连接操作（join），但在 MongoDB 等数据库中可能不是这样。显而易见，在使用数据之前要考虑到这一点。

#### 算法

这个算法有多复杂？它容易实现吗？它所需要的数学计算是否难以实现或者需要耗费很高计算机性能？如果使用小数据集创建一个小示例，有没有可能在 Jupyter Notebook 上编写一个简单的程序来表明该算法是可以实现的？如果这些问题都得到解决，就可以开始实现你的算法了。

### 9.5.2 回归测试

作为一名软件工程师，你应该了解回归测试，这意味着你应该有一个测试集，该测试集可以每晚运行，或者至少在有人对代码库进行更改时运行。通常人们认为这些算法太复杂，无法运行自动测试。如果你遇到持这种观点的家伙，一定要狠狠地驳斥他，特别是那些声称业务无法支撑自动测试的人。

以协同过滤算法为例，它被构建为一个包含几个步骤的管道。如果你一个个地去看，就可以进行拆分测试。例如，如果相似度方法对简单向量的响应是正确的，那就很容易对它进行测试。如果使用相同的向量调用这个相似度方法，应该返回 1，而对于正交的两个向量应该返回 -1 或 0，这取决于你所使用的相似度函数。

查看我在项目的测试文件夹中所做的测试。[1] 其中的一个相似度函数测试如清单 9.4 所示。同样地，你可以在 /item_similarity_calculator_test.py 脚本中查看代码。

**清单 9.4　相似度函数测试**

```
def test_simple_similarity(self):
    builder = ItemSimilarityMatrixBuilder(0)
```

---

[1] 更多信息请参见链接43。

```
no_items = len(set(self.ratings['movie_id']))
cor = builder.build(ratings=self.ratings, save=False)
self.assertIsNotNone(cor) self.assertEqual(cor.shape[0], no_items,
    "Expected correlations matrix to have a row for each item")
self.assertEqual(cor.shape[1], no_items,
    "Expected correlations matrix to have a column for each item")
self.assertEqual(cor[WONDER_WOMAN][AVENGERS], - 1,
    "Expected Wolverine and Star Wars to have similarity 0.5")
self.assertEqual(cor[AVENGERS][AVENGERS], 1,
    "Expected items to be similar to themselves similarity 1")
```

我创建了一个小数据集来做测试,可以运行小规模测试来验证协同过滤管道的每个步骤是否都在正常工作。有了这些,我们就可以看看离线评估了,它通常是机器学习和推荐算法评估首先要讨论的话题。

## 9.6 评估的类型

有几种方法可以测试推荐算法。但并不是所有的测试方法都能准确地告诉你,如果把你的算法加到网站中其表现会如何。残酷的现实是,只有一种方法可以让你得到真正的结果,那就是把算法加到网站中。但在你这样做之前,可以通过其他的评估来过渡一下。

我们假设你已经有包含评分的数据集。要做真实的评估,你需要一个完整的真实数据集,包含所有用户和内容信息。然而,如果你有这样的数据集,你可能就不需要推荐系统了,因为用户已经确切地知道他对所有物品的感受。如果没有这个数据集,则需要假设数据中出现的"用户-物品"组合是真实的,并且代表所有用户。

可以在三种场景中进行测试:离线实验、对照用户实验和在线实验。推荐系统的研究人员说离线实验不起作用,对照用户实验和在线实验太昂贵,你要明白没有完美的方案。Sean McNee 和 GroupLens[1] 的研究人员指出,专注于提高推荐系统的准确性是错误的,甚至是有害的。每种实验(离线、对照用户和在线)都有各自的目的,按需选择即可。

---

[1] 可参阅Sean M. McNee等人的"Accurate Is Not Always Good: How Accuracy Metrics Have Hurt Recommender Systems"文章,具体可参见链接44。

## 9.7 离线评估

离线评估的理念是使用你认为真实的数据，然后将数据分成两部分，其中一部分提交给推荐系统用于训练算法模型，另一部分用来验证推荐系统对那些隐藏在数据集中的物品预测评分，这些评分与实际评分接近，或者所产生的推荐中包含分数很高的物品，如图 9.5 所示。用户消费了他们评价过的物品，即使他们不喜欢，但是这些物品仍然是有价值的。

图 9.5　离线评估在测试推荐系统算法之前将数据分成训练集和测试集

这并不是一个评估推荐系统的好方法，但是到目前为止很难找到更好的方法——除非你是 Netflix，并且你可以对所有新功能进行实时的 A/B 测试（我们稍后会讨论）。离线评估仍然是衡量推荐系统有效性的一种方法。更麻烦的是，一个推荐系统即便通过离线评估，也仍然可能在生产环境中惨败。

尽管有各种影响因素，但还是要对我们在第 8 章所讲的推荐系统做离线评估。在下一章中，我们将讨论如何评估你所看到的算法。如果想研究推荐系统，那么你最好清楚地知道如何实现、测试和说明一个新算法或现有算法的精髓。建议你看一下 Michael Ekstrand 等人关于推荐系统研究生态的文章。[1]

### 9.7.1 当算法不产生任何推荐时该怎么办

你经常会遇到这样的情况，推荐系统没有给出任何推荐，或者推荐的选项很少。在评估推荐系统时，这可能是一个问题，所以你经常使用一个简单的算法来填补空白项，比如最流行的物品、物品的平均评分，或者用户评分的平均值。稍微复杂一点的解决方案是基线推荐系统，我们将在第 11 章中进行介绍。在上一节我推荐的文章中也简要讨论了这个方案。

---

[1] 可参阅 Michael Ekstrand 等人的 "Rethinking the Recommender Research Ecosystem: Reproducibility, Openness, and LensKit" 文章，具体可参见链接45。

## 9.8 离线实验

离线实验是指使用你拥有的数据，测量算法的优劣。在离线实验中，你只有有限的选择来找出你想知道的东西。这是因为，你拥有的数据很可能是基于用户的行为的，而这些行为的产生要么是没有推荐系统的干预，要么是有推荐系统的干预，但是你希望证明这个推荐系统不如你想要测试的好。你只能测试你的数据是否和用来收集数据的那个一样好（或一样坏）。

我们都知道，推荐系统的一大好处就是为用户提供他们想要使用的新物品选项。但是，如果你只有新奇但评分不高的物品的数据，那么如何测试它呢？你需要用户对整个目录中的物品提供反馈，才能了解什么是好的推荐。就目前而言，因为在这些算法上线之前，没有任何其他方法对其进行测试，所以必须做离线实验。

测试算法的一种方法是看能否让推荐系统预测用户的评分。作为替代方案，你可以隐藏一部分高评分项，然后看推荐系统推荐了多少这些评分被隐藏的物品。那么如何衡量什么算法是好的呢？

### 测量误差指标

推荐算法的优劣可以使用推荐算法预测的评分和历史数据集中的评分之间的差异来度量。$error$（误差）就是用户的评分 $r$ 和推荐系统的预测评分 $p$ 之差：$error = r - p$。

在第 7 章中，我们研究了平均绝对误差（MAE）、均方误差（MSE）和均方根误差（RMSE）。MAE 取每个差值的绝对值，然后求它们的平均值。取绝对值的原因是，如果推荐系统某次预测的评分低，而下一次预测的评分高，这两个值就会相互抵消；但是如果加上绝对值符号，那么得到的都是正数，这样就可以测量两者之间的差距了。

所有这些误差指标的共同之处在于，它们把所有的误差都加起来了（有的取了平方根，有的没有）。如果用户有很多评分，那么推荐系统就更容易预测评分，而如果用户只有几个评分，则很难预测。RMSE 对大误差项施加较大的惩罚项，因为一个大误差比几个小误差更重要。然而，如果你使用 MAE，大的误差或异常值不会导致最终计算出的 MAE 太大。如果对你而言，不让用户收到不合适的推荐是一件非常重要的事情，那么你应该使用 RMSE。但是如果你意识到不可能让所有的用户都满意，那么使用 MAE 就足够了。

图 9.6 展示了两个用户。用户 1 添加了 4 个评分，假设系统很了解他，那么系统可以很准确地预测他的评分。用户 2 只添加了 1 个评分，所以系统不太了解他。

## 9.8 离线实验

如果对所有预测误差取平均值，你会得到（1 + 1 + 1 + 1 + 3）/ 5 = 1.4，而如果按用户对误差计算平均值（(1 + 1 + 1 + 1) / 4 + 3/1) /2，可得到平均误差为 2，这说明前者总的用户体验更好。

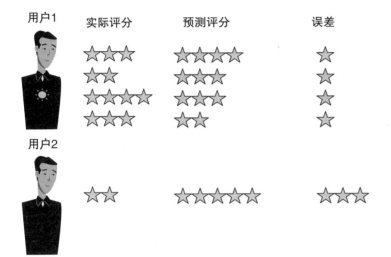

图 9.6 用户在评估中应具有相同的权重。这里显示了两个用户的评分。用户 1 添加了 4 个评分，而用户 2 只添加了 1 个。如果对所有评分取平均值，那么用户 2 的糟糕体验将被用户 1 给出的高分所掩盖

与此相反，如果从物品的维度去看，流行的物品将更容易预测评分。如果有很多长尾物品，更应该思考一下你到底要优化什么。你可以从测试集中删除那些流行物品，或者将数据（如果有足够的数据）分成一组流行物品、一组长尾物品分别进行评估。

如果你计算出所有评分误差的平均值，那么这个值基本上是由系统更了解的用户决定的，而那些评分数较少的用户不会对这个值产生太大影响。可以对每个用户计算评分误差，取它们的平均值来解决这个问题。这样一来，每个用户的贡献都是平等的，评估结果也不会对有更多评分的用户有利。但如果你想验证所有测试数据的预测误差，那么应该对所有用户进行平均：

$$\text{MAE} = \frac{1}{|\text{RECSET}|} \sum_{r \in \text{RECSET}} |r - p|$$

其中，RECSET 是为所有用户推荐的所有物品的集合。

如上所述，对用户而言，推荐系统是否能将预测评分精确到小数点之后，可能

不是太重要（这又不是一个竞赛项目）。也许他们希望推荐系统只列出他们喜欢的东西，而把他们不喜欢的东西去掉。也许你不关心推荐系统是否擅长预测用户评价低的东西。[1]（顺便说一句，大多数人不知道如何描述他们喜欢与不喜欢的东西，所以让推荐系统做这件事是一个有点复杂的要求。）

使用以上度量标准时还有另一个问题（即使我们只看好的推荐），即所有的评分都被认为是同等重要的。如果你从排名前 $n$ 的推荐而不是评分预测的角度来看这个问题，你会对获取排名前 $n$ 的好推荐更感兴趣，不会太在意后面会发生什么。让我们看几个与排名感知（rank-aware）相关的指标。

### 衡量决策支持指标

决策支持就是获取每个元素并询问系统是对还是错。如果我们考察一个推荐系统，查看每个被推荐的物品，并将其与用户的实际消费进行比较，可以得到四种结果：推荐过，购买了；推荐过，未购买；未推荐，购买了；未推荐，未购买。如果推荐系统推荐了该物品，我们称这种情况为阳性，如果用户确实购买了该物品，我们就说系统的推荐做出了正确的决策。如果物品被推荐，我们称这种情况为阳性（Positive，反之为阴性，Negative），如果推荐系统的推荐和用户的购买行为一致，我们就称之为真（True，反之为假，False），所以会得到以下结果。

- 真阳性（*TP*）：物品被推荐，且用户购买了它。
- 假阳性（*FP*）：物品被推荐，但用户没有购买。
- 假阴性（*FN*）：推荐系统未在推荐中包含该物品，而用户购买了它。
- 真阴性（*TN*）：物品没被推荐，用户也没有购买。

这些情况经常被描绘成一个表格，如图 9.7 所示。

---

[1] 要解释这一点，你可以说，如果预测评分也低于用户的平均评分，那么用户给出的评分低于平均分的物品的误差就很小。

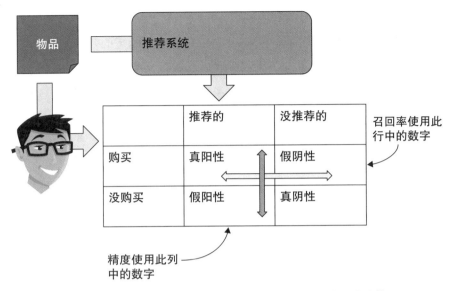

图 9.7 如何计算精度和召回率。比较用户是否购买了推荐系统推荐的物品

按照这个表格划分测试结果后,我们可以定义两个不同的指标:

- 精度——在推荐的物品中,用户最终购买了的物品所占的比例:

$$精度 = \frac{真阳性}{真阳性 + 假阳性}$$

- 召回率——在用户购买的物品中,系统推荐的物品所占的比例:

$$召回率 = \frac{真阳性}{真阳性 + 假阴性}$$

通常,推荐系统应该至少给用户一个选择,让他们决定接下来要买什么或看什么。在 Top $N$ 推荐中总是至少有一个相关的对象,这很重要。因此,优化精度通常被认为更重要,而用户是否获得所有可能的相关物品(召回率)则不太受重视。

如何将决策支持转化为一个可以用于评估所有推荐的度量标准呢?决策支持来自对信息的过滤,最初用于计算搜索结果的质量。一个搜索结果可能很长,所以在推荐系统的世界里,一般只衡量最前面的 $k$ 个元素。

### $k$ 点精度

最前面的 $k$ 个元素是通过计算它们中的相关物品数量来度量的。相关性可能是一个硬性标准,假设用户给某个物品评分超过四星,那么该物品就是相关的,或者从用户评分的平均值来看超过一星才算是相关。如果你说的是隐性评分，那么也可以是购买的物品或其他完全不同的东西。但必须是根据相关性确定的。

推荐结果中前 $k$ 个物品的精度被称为 $k$ 点精度，它的定义如下：

$$P@k(u) = \frac{\#\{\text{前}k\text{项的相关内容}\}}{k}$$

如果想使用精度，可以对所有用户的精度计算平均值，方法是将所有精度相加，然后除以用户数量。假设你做的是 Top10 推荐，你会希望相关的物品都被列在推荐结果中，而且最重要的是，它们排在最靠前的位置。因此，越来越多的公司使用排名指标来评估它们的推荐系统。接下来介绍的第一个排名指标就是用 $k$ 点精度来计算的平均精度均值。

### 衡量排名指标

推荐结果中的第一项总是最重要的，然后第二项是第二重要的，以此类推。在评估时,也应该考虑到这一点。在接下来的几节中,我们来看看与此相关的排名指标。

### 平均精度均值（MAP）

使用平均精度（AP），可以通过计算从 1 到 $m$ 的 $k$ 点精度来衡量推荐结果中的排序质量，其中 $m$ 是推荐的物品的数量（通常表示为 $k$）。再进一步，对第一个元素取平均精度，然后对前两个元素取平均精度，直到前 $m$ 个，如图 9.8 和以下公式所示：

$$AP(u) = \frac{\sum_{k=1}^{m} p@k(u)}{m}$$

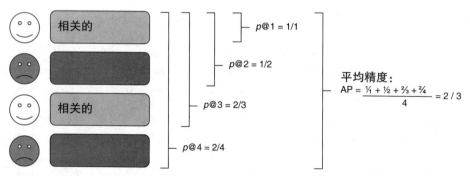

图 9.8 对所有 $k$ 点精度计算平均值，其值即为 AP，$k$ 的取值为从 1 到推荐的物品数

AP 适用于评估单个推荐结果，所以如果你想用它来评估一个推荐系统，可以

取所有推荐结果的平均精度的平均值（也叫作平均精度均值，MAP）：

$$\text{MAP} = \frac{\sum_{u \in U} \text{AP}(u)}{|U|}$$

**折损累计增益**

折损累计增益（DCG）很难定义，但它很容易理解。其大意是找到每一个相关的物品，然后将它们放入一个列表，列表中靠下的物品将会受到"惩罚性"处理。这很像我们之前看到的 MAP。但是 MAP 只考虑了相关性，而 DCG 可以考虑结果中相关物品的位置关系。

要计算 DCG，需要给每个物品的相关性评分。在推荐系统的场景中，这个分数可以是物品的预测评分或利润。这里，相关性也表示为增益，你也可以称之为折损累计相关性。这个相关性的折损取决于物品在推荐结果列表中所处的位置：将这些相关性得分相加得到 DCG。

$$\text{DCG} = \sum_{i=1}^{k} \frac{2^{\text{rel}[i]} - 1}{\log_2([i] + 2)}$$

DCG 有一个更严格的"大哥"，叫作归一化折损累计增益（NDCG）。

**归一化折损累计增益**

DCG 有一个问题，在评估时，根据不同的推荐结果计算出来的 DCG 很难进行横向比较。为了解决这个问题，我们可以使用"大哥"NDCG，其定义为 DCG 与最优排序的 IDCG 之比。如果推荐结果中物品的排序是最优的，NDCG 会是 1：

$$\text{NDCG} = \frac{\text{DCG}}{\text{IDCG}}$$

NDCG 经常在 kaggle.com 的竞赛中使用。[1] 如果你对这些指标在 Python 或其他语言中的实现感兴趣，请访问链接 47 所指向的网页。

## 9.8.1 准备实验数据

有了不同的离线评估方法，你还要查看实验所需的数据。下面我们将深入探讨有关数据以及如何划分数据的乏味细节。

---

1 更多信息请参阅链接46。

首先，弄清楚你有什么数据，以及它们是否可以阐明你实际想要评估的东西。可能你拥有的数据太少、用户太多，而你对它们了解得也很少，或者你的数据太多，以至于快要被淹没了。这是很常见的问题，这山望着那山高，不管你处于上述哪一种情况，都会觉得另一种处境似乎更轻松一些。

### 处理新用户

比如，推荐系统的挑战之一（关于这个挑战，本书中已经讲了很多）就是，需要数据来实现个性化推荐。如果你有很多评分数很少的用户，而期望推荐系统向用户推荐一些他们根本不了解但是很有意义的东西，对推荐系统就有些苛求了。通常，只需在数据中进行少量交互就可以过滤掉这些用户。另一个问题是，如果数据太多该怎么办？对于这种情况，你可能需要尝试抽样。

### 抽样

抽样是提取数据的子集，这些子集与整个数据集有相同的分布，包括社区和异常值分布。要实现这种抽样可能很难。最简单的抽样是随机选择物品作为子集。

更被接受的抽样方法是**分层抽样**。如果你的数据集中有 10% 的男性和 90% 的女性，那么分层抽样可以确保你的样本包含相同的性别分布。

### 为评估寻找合适的用户

对于这个实验，你应该删除所有评分数较少的用户。在第 7 章中我们了解到，只有当超过 20 个物品重叠时，相似度才算数。考虑到这一点，需要删除评分数不足 20 个的用户。在第 7 章中我们还看到，20 是一个很大的数字。如果你查看图 9.9，可以看到如果限制至少有 20 个评分，符合推荐条件的用户将少于 10 000 人。

就像所有的事情一样，这个阈值设置为多少，取决于你和领域的规则。该算法不适用于只有一个评分的用户。只有一个评分的用户也不会对协同过滤算法有任何帮助，因为协同过滤算法是根据用户的评分处理标的物品的。但删除所有评分少于 20 个的用户，似乎对做电商的人来说也是一种误导，例如，你所设计的推荐系统是为一些有类似购买习惯的顾客做推荐的，比如书店。

在大多数网店里，需要经过很长时间，才能等到用户对物品的评分数满 20 个。我对此进行过几次测试，将这个最小值设置得尽可能小，以确定对推荐结果的影响。但是无论你打算怎么做，都需要拆分数据。

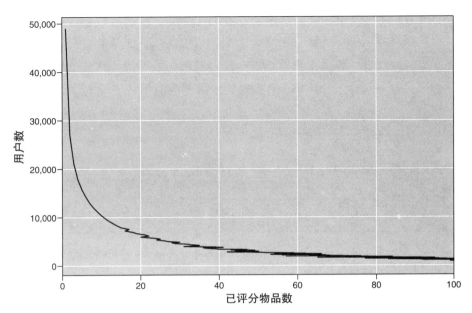

图 9.9 显示了指定一个用户在被纳入数据集之前应该拥有的最少评分数，数据集中的用户数随最少评分数的变化而变化

## 将数据拆分为测试集、训练集和验证集

在做实验时，需要为推荐系统提供数据进行训练和计算预测，还需要提供数据来测试预测是否有效。为了处理这个问题，必须拆分数据，你需要三个数据集：测试、训练和验证。

测试集用于计算算法在预测和生成评分方面的表现。如果你不断修正推荐系统，使其在测试集中运行得很好，最终得到的推荐系统会很准确地预测测试集中的内容，但对于测试集之外的数据，其预测效果可能不会很好。

测试集应该只被使用一次，这时你就已经完成系统优化了，在剩下的工作中要使用训练集。进一步分割训练集，这样你就有了一个训练集（用来创建模型）和一个验证/开发集（用来优化推荐系统的参数）。简而言之，整个过程就是先把数据集分割成一个测试集和一个训练集，然后优化推荐系统的参数（比如，应该返回的推荐数量，应该保存的最小相似度等），再将训练集分成两组，分别用于训练和开发/验证。

应该一次只优化一个参数，或者尝试使用网格搜索，甚至随机搜索，碰碰运气。[1]

---

1 从理论上讲，网格搜索和随机搜索应该返回相同的结果。但是网格搜索是穷举的，而随机搜索不是，因此随机搜索更快。

得到优化后的模型,即可使用测试集计算评估指标。

下面,我们假设测试集已经被分出来了。要使用前面花了那么多篇幅介绍的度量指标,还需要做两件事,或者更精确地说,你需要两个数据集(其实是三个,但是我们假设你已经有测试集)。你可以把历史数据集分成两部分来作为训练集和验证集,如图 9.10 所示。

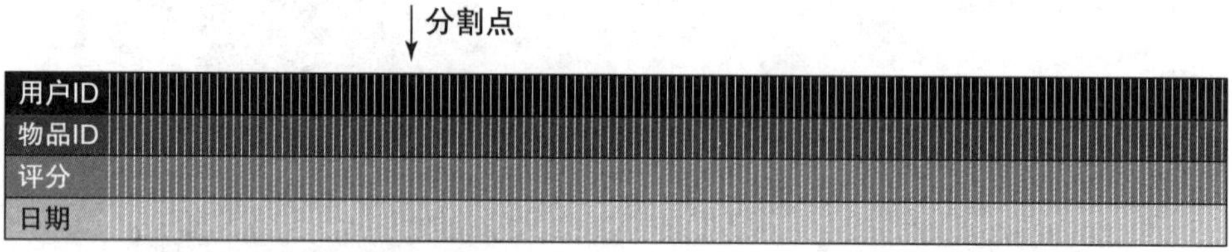

图 9.10 历史数据包含一个长的元组列表,每个元组描述一个用户对一个物品的评分。数据的分割方式对评估的进行有很大影响

你用一部分数据来教推荐系统学习算法,用另一部分数据评估它学到了什么。在将数据集分成两部分之前,先想一下你要做什么,因为这将影响对数据切片和切块的方式。

假设你有一个小的数据集。我从 MovieGEEKs 网站的评分表中截取出了表 9.1。

表 9.1:MovieGEEKs 数据集的小样本

| 用户 ID | 影片 ID | 评分 |
| --- | --- | --- |
| 1 | 0068646 | 10.00 |
| 1 | 0113277 | 10.00 |
| 2 | 0816711 | 8.00 |
| 2 | 0422720 | 8.00 |
| 2 | 0454876 | 8.00 |
| 2 | 0790636 | 7.00 |
| 3 | 1300854 | 7.00 |
| 3 | 2170439 | 7.00 |
| 3 | 2203939 | 6.00 |
| 4 | 1300854 | 7.00 |

我们将使用这些数据来展示不同的拆分技术。

### 随机拆分

在处理预测机器学习算法时,通常会选择 $p\%$ 的数据用于训练,然后使用其余的数据测试训练后的算法,有很多库能替你做这些事（Scikit-Learn 就是其中一个）。[1] 在推荐系统中,你会遇到这样的问题：随机地拆分评分数据集,这意味着要用那些需要推荐系统预测后才会添加的评分来训练推荐系统。

**注意** 推荐系统通常不区分现在的评分和一年前的评分,但评分的时间可能会影响推荐系统预测评分的能力。

将数据按照 80% ~ 20% 的比例拆分是个不错主意,但这并不是一条规则。有充足的数据来训练算法是很重要的,但是如果没有合适的数据来验证结果,数据的多寡也就无所谓了。我们随机选择两条数据,并用两个可能不太合适的例子来把它们取出来。假设我们的随机选择有点"懒惰",直接从表 9.1 的顶部取两条数据,如表 9.2 所示。

表9.2 倒霉的随机选择,验证集中只有用户 1 的评分

| 用户 ID | 影片 ID | 评分 |
| --- | --- | --- |
| 1 | 0068646 | 10.00 |
| 1 | 0113277 | 10.00 |

结果是,推荐系统对用户 1 一无所知,因此无法推荐任何内容。如果取出表 9.3 所示的下面这两行,情况也是如此。

表9.3 另一个倒霉的随机选择,如果这样拆分的话,ID 为 1300854 的电影就仅存在于验证集中,但不存在于训练集中

| 用户 ID | 影片 ID | 评分 |
| --- | --- | --- |
| 3 | 1300854 | 7.00 |
| 4 | 1300854 | 7.00 |

现在推荐系统找不到 ID 为 1300854 的电影和其他电影的任何相似之处。然而,取出某个值的所有评分是完全可以做到的。

### 按时间拆分

从评估推荐系统的角度来看,基于时间分割数据更有意义,也就是说,在某一时间点之前的所有数据都被用来训练算法。只是因为没有时间戳,所以无法使用这些数据进行训练,因此你不得不跳过这个选择（或者更新数据模型,MovieTweetings 数据集是包含时间戳的）。

---

[1] 更多信息请参阅链接48。

如果将图 9.11 所示的评分放在时间轴上,而不是像表 9.1 那样列出来,那么你将获得数据在某个时间点的快照。你甚至可以用一个滑动的时间尺来测试推荐系统,并查看推荐系统在任一时间点的工作情况。

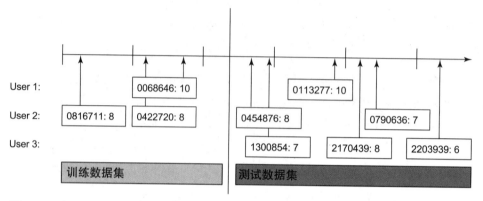

图 9.11　按时间拆分数据,创建数据的定时快照

像图 9.11 这样拆分数据是有代价的,有一些用户将仅出现在测试集中,而推荐系统不知道如何处理这种情况。有些人会说,这是一个很好的机会,可以看看推荐系统是如何为冷启动用户提供推荐的,但是对于评估一个算法来说,这样做似乎不合适。如果你测试的是一个用于处理冷启动用户的混合系统,那么这样做完全没有问题。或者,你可以在测试数据集中将那些没有出现在训练集中的用户清理出去。此方法的一个极端情况是,你需要遍历所有评分,并且仅使用时间戳早于当前评分的评分进行预测。

### 按用户拆分

我们来看最后一种拆分方法,它没有将用户划分为测试集和训练集,而是将每个用户的评分分为一个训练集和一个测试集。所有评分中前 $n$ 个用作训练集,剩下的用作测试集,如表 9.4 所示。

表 9.4　按用户拆分数据

|   | 用户 1 | 用户 2 | 用户 3 | 用户 4 |
|---|---|---|---|---|
| 1 | 0068646 | 0422720 | 1300854 | 1300854 |
| 2 | 0113277 | 0454876 | 2170439 |  |
| 3 |  | 0790636 | 2203939 |  |
| 4 |  | 0816711 |  |  |

在表 9.4 中,每个用户的前两个评分被划分为训练集。用户 1 和用户 4 在测试集中没有任何评分,但是所有用户都在训练集中,并且在测试集中不会出现以前从

未见过的用户。

这样拆分数据的要求更高，因为你需要对每个用户的评分进行排序。如果数据有时间戳，你可以像清单 9.5 所示的这样做。清单 9.5 展示了如何获取用户的前两个评分。

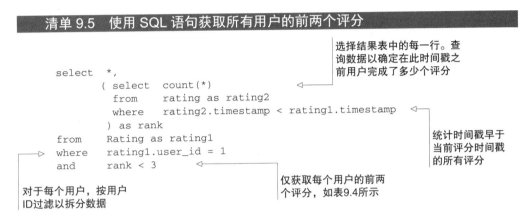

清单 9.5　使用 SQL 语句获取所有用户的前两个评分

如果数据集中有很多个评分，这个过程会比较耗时，所以最好按编号保存评分。像这样划分数据的方式被称为 *given n* 协议，它经常在研究论文中使用。有些人认为这是从所有用户那里收集评分的最佳方法，应该使用它。

### 交叉验证

无论如何拆分数据，都存在这样的风险：你所做的数据拆分会使某个算法的表现更好（对该算法更有利）。为了避免这种情况的发生，应尝试不同的训练数据样本，找出每个算法评估指标的平均值和方差，用以了解一个算法如何优于另一个算法。图 9.12 显示了如何拆分数据。

图 9.12　进行 *k*-折交叉验证时，将数据拆分成多个数据块

*k*-折交叉验证的工作原理是将数据分成 *k* 个组，然后使用 *k*-1 个组来训练算法，

最后一组用于测试算法。在整个数据集上迭代，每一次使用不同的组用作测试集，做 $k$ 次评估，然后计算评估指标的平均值。

但前面的问题仍然存在：如何拆分数据？把评分分成 $k$ 个不同的组吗？但接下来你会遇到同样的问题：有的用户可能只出现在一个数据集中。

改成这样，获取所有的用户 ID，并将它们分为 $k$ 个不同的组。那么，你面临的问题就变成：用户只在一个组中出现。要解决这个问题，可以对测试用户的评分进行拆分，例如，取其中 10 个放入训练组，其余的用于测试。我们来看看能不能实现。

## 9.9 在MovieGEEKs中实现这个实验

与往常一样，我们来看 MovieGEEKs 网站上的一个实现（推荐你在 GitHub 上下载代码，然后在本地运行）。我们要使用的数据集叫作 MovieTweetings，也可以在 GitHub 上找到，[1] 如果你正在下载网站，可以运行一个脚本来获取所需的所有数据。有关如何运行 MovieGEEKs 站点的说明，请参阅 README 文件。

### 9.9.1 待办任务清单

该实现使用 $k$- 折交叉验证，其中 $k = 6$。将测试集用户的前 10 个评分用于训练算法。本章描述了一个评估运行器框架，并展示了如何评估第 8 章的算法，对于所有算法，我们在本书的剩余部分将使用相同的评估框架进行处理，使用 MAP 进行评估。图 9.12 显示了我们将要依次完成的事项：

- 清洗数据
- 将用户拆分为 $k$ 个组
- 对这 5 组数据分别进行如下操作：
  - 拆分数据
  - 训练推荐系统
  - 使用测试集评估推荐系统
- 聚合结果

图 9.13 对每个步骤进行了说明。这个过程的代码可以在 GitHub 上的 \evaluator 文件夹中找到，文件名为 evaluation_runner.py。[2]

---

1 更多信息请参阅链接49。

2 有关 split_users 方法的更多信息，请参阅链接50。

## 9.9 在MovieGEEKs中实现这个实验

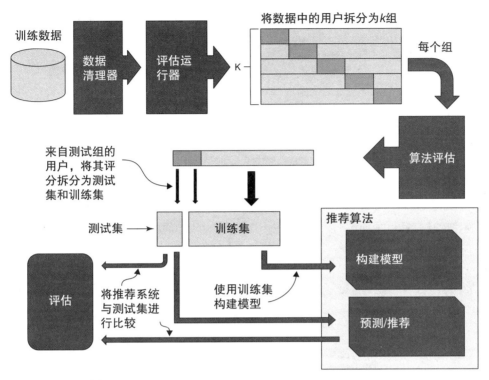

图 9.13 评估流程

### 数据清洗

大多数数据集在评估之前都需要进行一些整理工作。这可能是作弊，但为了你自己好，最好清理一遍数据。大数据集需要很长时间来测试，在我们的例子中，那些只给少数几个物品评过分的用户，他们对推荐系统没有太大帮助，其推荐一些合理的东西的概率很低。在代码中，我选择清洗数据，如清单9.6所示。你可以在 /evaluator/evaluator.py 中查看此脚本。

清单 9.6 清洗数据

```
def clean_data(self, ratings, min_ratings=5):
    user_count = ratings[['user_id', 'movie_id']]
    user_count = user_count.groupby('user_id').count()
    user_count = user_count.reset_index()
```

统计要削减的物品数，这些物品的评分数应小于用户应给的最少评分数

使用groupby，需要重置索引，按名称进行检索

# 第 9 章 评估推荐系统

```
        user_ids = user_count[user_count['movie_id'] > min_ratings]['user_id']
        ratings = ratings[ratings['user_id'].isin(user_ids)]    ◁── 进一步过滤评分，使
        return ratings                                              这些评分都来自上一
                                                                    步中筛选后的用户
过滤用户ID列表，删除电影评
分数少于min_ratings的用户
```

既然有了干净的数据，可以继续下一步操作了。

### 拆分用户

将用户拆分为 *k* 折（分组）并不难，因此我们在这里不会详细介绍。清单 9.7 显示了如何使用 Scikit-learn 工具拆分用户。可以在 /evaluator/evaluation_runner.py 中找到这段代码。[1]

**清单 9.7　使用 Scikit-Learn 工具将用户拆分为 *k* 个组**

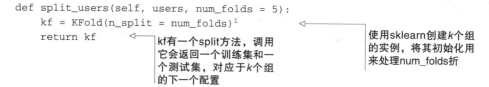

```
def split_users(self, users, num_folds = 5):
    kf = KFold(n_split = num_folds)
    return kf
```
kf有一个split方法，调用它会返回一个训练集和一个测试集，对应于*k*个组的下一个配置

使用sklearn创建*k*个组的实例，将其初始化用来处理num_folds折

要想充分利用这个拆分程序，可以把它放到一个 for 循环（如清单 9.8 所示）中，该循环运行图 9.11 所示的步骤，调用这段拆分器的代码 *n* 次。同样，可以在 /evaluator/evaluation_runner.py 脚本中看到清单 9.8 所示的代码。

**清单 9.8　运行评估**

```
def calculate_using_ratings(self, all_ratings,
                            min_number_of_ratings=5,
                            min_rank=5):
    ratings = self.clean_data(all_ratings, min_number_of_ratings)
    users = ratings.user_id.unique()
    kf = self.split_users()
```

---

1　有关sklearn的更多信息请参阅链接51。

## 9.9　在MovieGEEKs中实现这个实验

```
validation_no = 0
paks, raks, maes = Decimal(0.0), Decimal(0.0), Decimal(0.0)

for train, test in kf.split(users):
    validation_no += 1
    test_data, train_data = self.split_data(min_rank,
                                            ratings,
                                            users[test],
                                            users[train])

    if self.builder:
        self.builder.build(train_data)

    pak, rak = PrecisionAtK(self.K,
                            self.recommender).calculate(train_data,
                                                        test_data)
    paks += pak
    raks += rak
    maes += MeanAverageError(self.recommender).calculate(train_data,
                                                         test_data)
    results = {'pak': paks / self.folds,
               'rak': raks / self.folds,
               'mae': maes / self.folds}
return results
```

- kf.split提供了user_id，但仍然需要拆分测试用户的数据
- builder是推荐算法训练器类的一个实例。调用build意味着它为推荐准备训练数据。在邻域算法中，它建立了相似度矩阵
- 对用邻域推荐系统给出的Top 5推荐计算k点精度
- 计算平均误差

在研究 $k$ 点精度和平均误差之前，我们先来看一种拆分数据的方法。

### 拆分数据

如上一节所述，我们有 $k$ 个组，其中 $k-1$ 个组的所有评分都直接被放入训练集，最后一个组被分出来，因此所有评分低于 min_rank 的物品都在测试集中，其余物品都在训练集中，如清单 9.9 所示。可以在脚本 evaluator/evaluation_runner.py 中查看相关代码。

**清单 9.9　将数据拆分为训练数据和测试数据**

- 创建一个数据帧，其中包含k–1个组中的train_users的所有评分
- 创建一个数据帧，其中test_users的所有评分都来自最后一个组

```
def split_data(self, min_rank, ratings, test_users, train_users):
    train = ratings[ratings['user_id'].isin(train_users)]
    test_temp = ratings[ratings['user_id'].isin(test_users)]
```

```
test_temp['rank'] = test_temp.groupby('user_id')['rating_timestamp'] \
                    .rank(ascending=False)
test = test_temp[test_temp['rank'] > min_rank]
additional_training_data = test_temp[test_temp['rank'] >= min_rank]
train = train.append(additional_training_data)
return test, train
```

- 删除评分高于 min_rank 的所有物品
- 返回两个数据帧
- 从评分高于或等于最低评分的测试用户中获取所有物品……
- 将它们添加到训练数据中
- 按时间戳为每个用户对内容项进行排序，因此排名为1的物品是最新的，依此类推

## 9.10 评估测试集

做完这些事情后，我担心的一个可悲事实是，你不可能用第 8 章中实现的算法去赢得 Netflix Prize。Netflix 在兑现 100 万美元后也是这么说的，他们说这不是一个很好的评估推荐系统的方法。

另一个残酷的事实是，有许多参数可以调整，以使算法看起来更好（或更糟）。例如，你可以限制测试中的用户。你可以看到 10 或 100 的精度。但请放心，在第一次对推荐系统进行评估时，得到的精度都低得令人不安（我第一次的精度是 0.063）。

听起来我有点像个失败者，是的，我当时很失望。但你要找的是一个基准。如果精度几乎为零，推荐系统无法预测测试集中用户的任何一部电影，这很糟糕。如果得到的精度接近 1，这意味着你的测试集中的所有用户收到的推荐中包含用户评分高的物品。

但在放弃之前，考虑一下你单击推荐并最终购买它所包含的物品的频率。比如，有一个电影网站，就像 MovieGEEKs 一样，你经常会去寻找一些特别的东西，你认为你多久会单击某个推荐中的东西，并购买它，然后评分。这就是你要处理的问题。如果你创建一个推荐系统，可以让用户在收到 50 次推荐后单击 1 次推荐内容，那么这将是一个不错的开始。

### 9.10.1 从基线预测器开始

在评估新推荐系统之前，应该从评估一个简单的推荐系统开始。例如，总是推荐最受欢迎的物品的人气推荐系统，看看指标是多少，然后你就有基准可以进行比

## 9.10 评估测试集

较了。清单 9.10 显示了这部分代码，也可以在 /recs/popularity_recommender 中查看此脚本。

**清单 9.10  人气推荐系统的推荐方法**

```
class PopularityBasedRecs(base_recommender):
    def predict_score(self, user_id, item_id):
        avg_rating = Rating.objects.filter(~Q(user_id=user_id) &
        Q(movie_id=item_id)).values('movie_id').aggregate(Avg('rating'))
        return avg_rating['rating__avg']

    def recommend_items(self, user_id, num=6):
        pop_items = Rating.objects.filter(~Q(user_id=user_id))
                        .values('movie_id')
                        .annotate(Count('user_id'), Avg('rating'))
        sorted_items = sorted(pop_items, key=lambda item:
                        -float(item['user_id__count']))[:num]
        return sorted_items
```

使用 predict_score 方法找到特定物品的所有评分，并对其取平均值

根据评分的用户数返回排序后的列表

Top N 推荐系统返回被评为最高分的物品

清单 9.10 中的两个方法，predict_score 和 recommend_items 都排除了当前用户的所有数据，因此这两个方法给出的推荐可能略有不同，这取决于是谁在查看。但剩下的部分就很简单了。predict_score 方法计算物品的平均值，recommend_items 方法获取评分最高的物品。你还可以根据最高的平均评分推荐物品。

要评估这个推荐算法，请运行清单 9.11 所示的脚本。如果你是用之前讨论的 MAP 来评估的，那么用 $k = 2$ 来测试这个人气推荐系统，从 2 开始直到 20。结果如图 9.14 所示（图 9.15 是相同的图，但它所示的是第 8 章中的邻域协同过滤算法）。第一次评估（人气推荐系统）是通过执行清单 9.11 中的脚本完成的。

**清单 9.11  评估图 9.14 所示的人气推荐系统**

```
>python -m evaluator.evaluation_runner -pop
```

图 9.15 是利用清单 9.12 所示的代码生成的数据绘制完成的。

**清单 9.12  评估图 9.15 所示的人气推荐系统**

```
>python -m evaluator.evaluation_runner -cf
```

很容易看出，你应该选择这个模型而不是那个人气推荐系统的模型，因为它的

MAP 要高得多。问题是，要获得这种精度，要求用户必须至少给 20 个物品评过分。

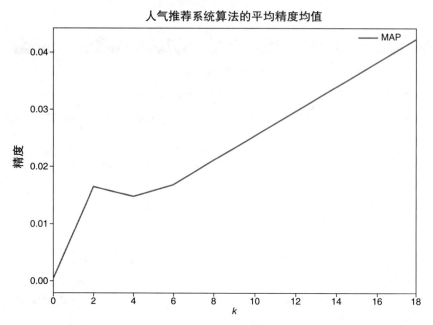

图 9.14　流行度推荐系统的 MAP。在 Top 2 处出现一个有趣的拐点，Top 4 的推荐精度有轻微下降

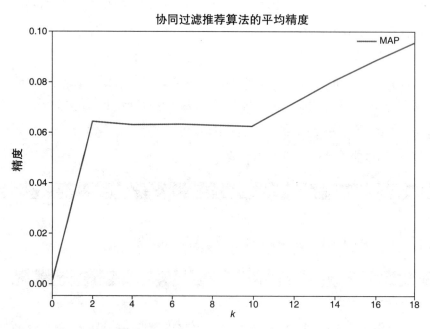

图 9.15　第 8 章中的邻域模型的 MAP

## 9.10 评估测试集

即使邻域模型不适合向所有用户推荐东西，也仍然值得在人气推荐系统中实现和使用，因为它具有更高的精度。这可能是一个简单的开始，因为你可以实现一个混合推荐系统，从邻域模型返回结果，当用户的评分过低时，可以通过人气推荐系统的结果来增加一些趣味。

### 9.10.2 找到正确的参数

接下来，你应该删除测试集，然后将目光转移到训练集。如果想优化模型的参数，可以把训练集进一步分割为更小的数据集。第 8 章中实现的模型具有清单 9.13 所示的参数，可以在脚本文件 /evaluator/evaluation_runner.py 中查看。

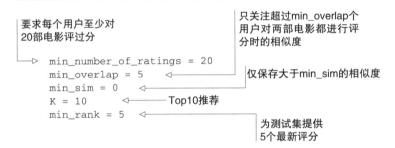

清单 9.13 拆分训练集

要求每个用户至少对 20 部电影评过分
只关注超过 min_overlap 个用户对两部电影都进行评分时的相似度

```
min_number_of_ratings = 20
min_overlap = 5
min_sim = 0
K = 10
min_rank = 5
```

仅保存大于 min_sim 的相似度
Top10 推荐
为测试集提供 5 个最新评分

现在你希望设置这些参数，以便它们返回最佳的评估结果。先选择一个参数，然后在一个范围区间运行评估器。例如，参数 min_number_of_ratings 表示用户至少应该有多少个评分，其数据才能被纳入评估。现在写一个简单的 for 循环，如清单 9.14 所示。可以在文件 /evaluator/evaluation_runner.py 中看到此代码段。

清单 9.14 最少评分个数：evaluator/evaluation_runner.py

创建模型训练类的实例。本例中是物品相似度矩阵——builder
在一个取值区间中运行，以找出 min_overlap

```
builder = ItemSimilarityMatrixBuilder(min_overlap, min_sim=min_sim)

for min_overlap in np.arange(0, 15, 1):
    recommender = NeighborhoodBasedRecs()
    er = EvaluationRunner(0,
                          builder,
                          recommender,
                          K)
    result = er.calculate(min_number_of_ratings,
                          min_rank,
                          number_test_users=-1)
```

创建推荐系统的实例
创建评估运行程序的实例
运行评估计算器

```
user_coverage, movie_coverage =
RecommenderCoverage(recommender).calculate_coverage()    ◁—— 计算覆盖率
```

运行完以上代码后，相信你会得到一个最优的数值。然后你可以继续设置下一个参数，最终遍历所有的参数。如果你想做得更彻底一些，可以按照不同的顺序运行几次代码。这些是测试每个参数的手动步骤。别忘了，必须修改这段代码，这样它才能在你所训练的参数上迭代。

这是一个离线实验。我希望你现在不仅了解了如何使用它们，而且了解了在使用时可能出现的错误。测试当然是个好办法，这样你才能知道算法是否需要改进，但是要记住，你所评估的参数是正确的。

## 9.11 在线评估

一旦确信你的推荐算法在尽你所知的范围内运行良好，就是时候部署系统并用真实的用户测试它了，你可以分阶段地做。

首先，我推荐做对照实验。如果反馈良好，再使用随机用户对系统进行测试，即所谓的 bucket test，或者更时尚的叫法：A/B 测试。但是，什么是对照实验呢？

### 9.11.1 对照实验

可以通过邀请用户在对照环境中执行测试来设置对照实验。你可以邀请用户执行一系列操作；例如，在 MovieGEEKs 的例子中，目标是让用户录入他们的偏好（对多部电影评分）以及评价系统提供的推荐是否准确。向用户显示两种不同类型的推荐，然后看用户更满意哪一类推荐。

对照实验的好处在于可以观察用户的行为。你可以询问用户的想法。缺点是，用户在对照环境中的行为可能与他们处于放松状态时不同。设计一个能从中获取有用信息的实验可能也很费时并且很难。

**亲友组**

还有一种做法是，先让一小群人访问系统，在实验中这些人通常被称为亲友组，你相信他们会试用这个系统并提供诚实的反馈。这个方法会让每个人都成为推荐系统专家，他们会告诉你如何以及为什么你需要更新推荐系统……在这种时候，记住低头倾听他们的反馈。因为即使他们不理解你在测试的新的超复杂算法，他们仍然代表终端用户。

### 9.11.2 A/B 测试

许多因素都会影响应用程序的运行方式。你的网站访客转化率增加可能有很多原因，可能因为你在目录中添加了新内容，或者圣诞节即将到来，人们疯狂购物，或者是其他完全不同的原因。我想说的是，有许多不同的因素影响着电子商务的状态，其中包括许多我们无法控制的因素。了解这一点很重要，因为你可能会启动一个新的推荐系统，或者对现有系统进行更改，当发生意外情况时，可能看起来是推荐系统的错误。很难检验推荐系统是否给网站带来了积极的影响。为了解决这个问题，可以使用 A/B 测试来检验对网站的改动是否有效。

通过 A/B 测试，你可以测试一个新的推荐算法，方法是将一小部分流量重定向到新的推荐系统，并让用户（在不知情的情况下）指出哪个更好。事实上，对用户来说一切如常。他们不会知道自己参与了实验。重点就在这里。

A/B 测试如何工作？假设你完成了一个新的算法实现，离线评估看起来也还不错，现在可以进入下一阶段——实现 A/B 测试了。测试将会显示当前推荐系统和新推荐系统之间是否存在显著差异。实际上，它的工作原理是将一小部分流量转移到新特性上，如图 9.16 所示。

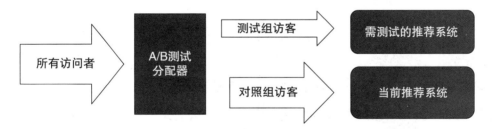

图 9.16 在 A/B 测试中，访客被分成两组：测试组和对照组。前者能看到新特性，后者看到的则是与之前一样的网站

比如，测试两个不同的邻域大小设置，或者测试一个推荐系统的性能是否优于另一个，这都是 A/B 测试的具体应用。记录测试组（以及对照组）中所有访客行为可以帮助你决定是否应将所有流量引向新算法。

使用 A/B 测试时要考虑的一个风险是，如果你的新功能不好用，用户可能会流失，因为网站的使用体验下降了。但为了把事情做得更好，总是需要付出一点代价的。

相反，如果不测试就将新特性上线，最终可能会遇到更多的麻烦。像 Netflix 这样拥有数百万用户的公司，在所有特性上线之前都会进行 A/B 测试。[1]

希望你深入研究 A/B 测试，因为它将成为未来数据驱动应用程序的功能开发的基础。A/B 测试是一种好方法，并且你需要这样做，另一个需要考虑的问题是，从长远来看，测试结果的特性可能并不好用。因此，继续运行测试是一个好主意，有一种持续测试的方法是 exploit/explore，我们将在下一节介绍。

## 9.12 利用exploit/explore持续测试

A/B 测试的目的是决定是否部署新功能。而如果你说"我有两种算法在运行，我觉得有时其中一种更好，而有时另一种更好"，让计算机想办法确定应该使用哪种算法要容易得多。这正是 exploit/explore 理念背后的含义：你可以利用已掌握的情况，然后选择一个较好的方案，或者探索系统不太了解的另一个功能。

你可以将它视为连续的 A/B 测试。另一种理解是：你有一长排"武装的土匪"（也称为老虎机），如图 9.17 所示。作为一个经验丰富的赌徒，你知道机器 1 和机器 2 经常会吐出一些钱，但钱数可能不会像你不太了解的其他机器吐出的那么多。那么，你是应该为了保险起见，把钱投进机器 1 或 2，还是应该大胆尝试那些你不太了解的机器呢？

图 9.17　exploit/explore 通常被解释为赌徒选择哪一台老虎机投注的问题

这个问题与推荐系统类似，推荐系统知道推荐流行的物品通常不会错，但是展示一些新物品，可能效果更好。exploit/explore 不仅适用于选择算法，也适用于挑选物品。关于这方面的更多内容，我推荐你阅读 Deepak K. Agarwal 等人编著的

---

[1] 可在链接52所指向的网页中阅读有关Netflix的A/B测试的更多信息。

*Statistical Methods in Recommender Systems*（剑桥大学出版社，2016 年）一书。

雅虎也在使用 exploit/explore！在新闻中引入新的内容，这样它就不会受冷落（没人看）。但首先要在用户中进行测试，让系统了解用户对新内容的看法。

### 9.12.1 反馈循环

协同过滤使用用户行为来创建推荐，当你将系统上线时，应该了解一下推荐系统对用户行为做了什么。这是因为，如果推荐系统起作用，可能会影响 9.4.2 节中讨论的多样性。在 2016 年神经信息处理系统会议（Conference on Neural Information Processing Systems，NIPS）上 Ayan Sinha 等人发表了一篇有趣的论文，展示了如何利用反馈循环来衡量这种多样性。[1]

记住，反馈循环是一个好方法，因为它可以保证用户能通过其他方式为你的测试提供数据。在图 9.18 中，这个循环表示如果用户只购买推荐中所列的东西，将会发生什么。这是 Netflix 必须考虑的事情，因为所有东西都是平台推荐的，可能会造成信息茧房问题。[2] 然而你需要以某种方式在这个循环中引入新物品。

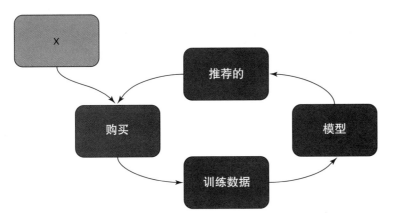

图 9.18　推荐系统的反馈循环

在图 9.18 中，X 可以是一次搜索、一些手动添加的内容，甚至是随机添加到种子中的物品（如上一节所述）。记住，如果你希望推荐具有多样性，那么也要让用

---

[1] 详情请参见 Ayan Sinha 等人撰写的"Deconvolving Feedback Loops in Recommender Systems"文章，具体可参见链接 53 所指向的网页。

[2] 请查看链接 54 所指向的网页上的幻灯片。

户多样化。

评估推荐系统很难，需要做许多选择。你可以选择衡量预测能力或排序能力，或者以多种方式将评估数据分成两组：随机拆分、按时间拆分或按用户拆分。我们用几乎一整本书的篇幅来讨论如何实现推荐系统，现在却发现很难评估它们是否有用，这是否令人惊讶？你应该记住的是，很难对推荐系统做一次评估就评判其好坏。更重要的是做一次评估，然后把评估结果作为下一次评估的基础。

## 小结

- 在实现推荐系统之前，你应该考虑先测试算法。
- 使用回归测试，可防止代码在不知情的情况下引入错误。
- 惊喜度是指用户在你的推荐中发现他们喜欢但从不知道自己会喜欢的东西，这个指标很难衡量，但很重要。
- 有各种指标可用于计算推荐系统是否优秀，或者与基线进行比较是否优秀。
- 如果你想微调推荐系统，那么需要考虑做 A/B 测试（在测试时将访客分成两组）。A/B 测试也可以用来测试哪些参数更有用；例如，协同过滤中的邻域大小或矩阵分解中的潜在因素（因子）数量。
- 如果你希望在系统上线后继续优化系统，那么 exploit/explore 方法非常重要。
- 关注反馈循环。

# 基于内容的过滤

本章介绍的知识与内容和用户的喜好相关:

- 你将了解基于内容的过滤。
- 你将学习如何构建用户配置文件和内容配置文件。
- 你将学习使用"词频 - 逆向文档频率"(term frequency - inverse document frequency,TF-IDF)和"隐含狄利克雷分配"(latent Dirichlet allocation,LDA)从描述中提取信息来创建内容配置文件。
- 你将使用 MovieGEEKs 网站中的电影描述实现基于内容的过滤。

在前几章中,你已经看到,只关注用户和内容之间的交互(例如,购物车分析或协同过滤)来创建推荐是可行的。虽然这些工作可以很好地进行,但是你对内容的了解又如何呢?一部电影可以包含流派、演员和导演这些特征,在其他网站上,这些特征可以是衣服的尺寸和颜色,或者汽车发动机的尺寸。如果一个推荐系统不考虑这些因素,能被称为是好的系统吗?

答案是"是的"!正如你在前几章中所看到的,但是你仍然会觉得你正在错过一些东西或者丢失某些信息。我会尽力弥补这一点,本章涵盖了内容和用户喜好的介绍。

在本章结束时,你会清楚地了解如何构建基于内容的推荐系统,因为我们将构建一个这样的推荐系统。我们将研究特征选择以及如何处理用于内容过滤的文本。我们还将研究两种不同的算法,它们的名字是"词频-逆向文档频率"(TF-IDF)和"隐含狄利克雷分配"(LDA)。听起来很令人兴奋,不是吗?我们先从一个例子开始。

## 10.1 举例说明

在平常的日子里,关于电影的对话可能是这样的:

我:我刚看了《机械姬》(*Ex Machina*)(好吧,还没看过,但我很期待)。

虚构的感兴趣的人:真的,好看吗?

我:是的,其中有一些非常有趣的东西(想象我看过它)。

虚构的感兴趣的人:好吧,你喜欢机器人。

我:嗯,是的(感觉我不应该说是)。

虚构的感兴趣的人:那你一定喜欢《终结者》(*Terminator*)。

我:是的(松了一口气)。

这里发生了什么?虚构的感兴趣的人想到了包含《机械姬》(*Ex Machina*)的类别,发现了"疯狂的机器人"这个类别,然后在脑海中搜索了这个流派的电影(叫流派有些不合适,我们称之为类别),最后找到了《终结者》(*Terminator*)。在本章中,我们会实现一个做同样事情的推荐系统。

你可以使用基于内容的过滤来创建类似的物品推荐,有时也称之为"更喜欢这个(More Like This)"推荐系统(参见图 10.1),或者提供基于喜好的个人推荐。

虚构的感兴趣的人从来没有对电影的好坏发表过任何意见,只是使用了正在讨论的内容的元数据,并据此推荐了一部电影。要将其画出来的话,它看起来可能类似图 10.2。

这看着似乎很清晰了(至少对虚构的感兴趣的人和我而言),但是如果必须将它实现到一个推荐系统中,你会如何让它做同样的事情呢?在图 10.2 中,我们选取了一部电影(《机械姬》),并据此找到了一个推荐。要做到这一点,我们需要寻找一种方法来查找访客认为相似的内容,这可能有点难,因为人类是个奇怪的"机器"。但是,让我们尝试一下。

## 10.1 举例说明

图 10.1　Netflix 的"更喜欢这个"推荐

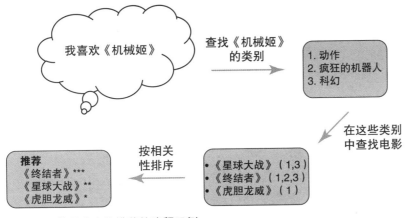

图 10.2　基于内容的推荐的流程示例

当我们研究使用 TF-IDF 算法查找重要单词的方法时，首先需要讨论一下内容过滤是什么。要使用该技巧和其他技巧来提取特征，需要构建一个相似文档的模型。在本章中，你还有一段很长的路要走，所以看看我是否可以提供开始的方向，这样你就能知道自己要去哪里。首先，我们将概述基于内容的过滤是什么；然后，将介绍几种描述内容的方法。

互联网上经常使用的一个元素是标签。标签来自社交网络或 Web 2.0（即使它已经存在了一段时间）。使用标签，可让你的网站的用户为你的内容添加关键字。在IMDB网站（互联网电影数据库）上可以看到一个这方面的例子，如图10.3所示。描述内容的另一种方式是使用文本描述，这是我们要讨论的下一个主题。

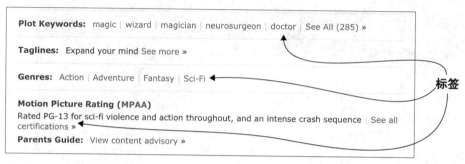

图10.3　IMDB网站的截图，显示的是标签

让计算机理解纯文本内容是很困难的。让计算机阅读文本本身就是一项完整的研究，遗憾的是，它不适合在本书中进行详细阐述。这个领域被称为自然语言处理（NLP），这是一个近年来研究非常火热的话题。如果你有兴趣，可以从 *Natural Language Processing in Action*[1] 这本书开始学习。如果你要推荐文本内容，比如文章或书籍，那么研究NLP是一个好主意。如果你推荐的内容只有简短的描述，我就不知道这是否值得了。NLP可以表示很多东西，实际上，本章中的大多数内容也被认为是NLP。

因为我们试图让计算机提取关键字，而不是阅读文本，所以我们将研究如何提取那些重要的单词，同时删除那些产生噪声的单词。可以通过多种方式消除噪声，我会介绍几种方法。然后我们将使用TF-IDF方法计算出最重要的单词。

你可以使用你找到的重要单词创建一个类别列表（也称为*主题*），通过使用LDA算法捕获描述中的类似趋势。[2] "隐含"（Latent）指的是已发现的主题与你所知道的任何类别都无法比较，"狄利克雷"（Dirichlet）指的是使用这些主题描述文档的方式，而"分配"（allocation）意味着将单词分配到主题中。这并不是完全正确的，但是如果没有太多的统计数据，这是一个很好的记忆方法。当你对这些方法有了更好的理解之后，我们来看看它们是如何在MovieGEEKs应用程序中实现的。现在来看基于内容的过滤。

---

1　详情请参见Hobson Lane和Hannes Hapke编著的*Natural Language Processing in Action* (Manning, 2018)一书。
2　有关LDA algorith的更多信息，请参见链接55。

## 10.2 什么是基于内容的过滤

基于内容的过滤似乎比协同过滤更复杂，因为它是从内容中提取知识。我们将尝试提取每个内容物品的精确定义，并将每个物品表示为数值列表。这样描述听起来很容易，但这确是一个挑战。图 10.4 显示了如何训练基于内容的推荐系统（离线）的简单版本，图 10.5 显示了当用户到达你的站点（在线）时如何使用它。

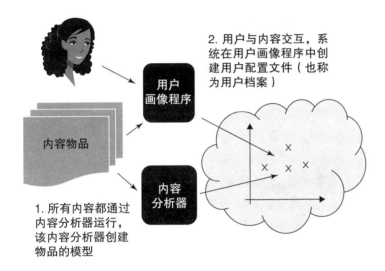

图 10.4 离线训练基于内容的推荐系统

综上所述，你需要做的事情如下。

1. 内容分析器——基于内容创建一个模型。在某种程度上，模型会为每个物品创建一个配置文件。模型的训练就是在这里完成的。
2. 用户画像程序——创建用户配置文件。有时，用户配置文件是用户使用的物品的简单列表。
3. 物品检索器——通过将用户配置文件与物品配置文件进行比较来检索找到相关物品，如图 10.5 所示。如果用户配置文件是物品列表，则会遍历此列表，并为用户清单中的每个物品找到相似物品。

有几种方法可以实现这些步骤，本章将介绍它们的工作原理。让我们依次看看这三点。

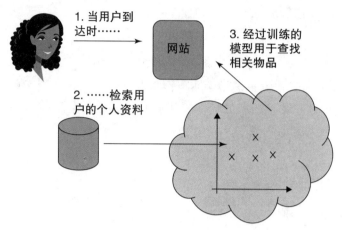

图 10.5　物品检索器在线返回基于内容的过滤推荐

## 10.3　内容分析器

内容分析器是一个"可怜的家伙",它给出了关于内容的描述性数据,并负责将数据映射到机器可以使用的某个东西上,比如矢量图。要实现内容分析器,我们需要聊聊内容:它是什么以及你如何理解它?我们还需要讨论特征提取,也就是提取你认为很重要的并且对你的算法起作用的东西。

### 10.3.1　从物品配置文件提取特征

关于数据的数据被称为*元数据*。在这里我们将关于电影的数据称为元数据。有关电影的元数据是你可以在 IMDB 页面上找到的所有内容,例如、类别、主演艺术家和制作年份等。它也可能是类似于拍摄的类型或电影中演员所穿的服装风格,或是其他领域中如汽车上的油漆色调或约会网站上男性的雀斑数量。我喜欢将元数据大致分为两种类型:

- 事实
- 标签

这不是常用的划分方式,但它有益于你去思考。因为事实是一些无可争议的事情,比如,制作年份或者电影中的主演,你也可以将它们用作输入。标签对人们来说意味着不同的东西,在添加之前应该认真考虑。

## 10.3 内容分析器

在社交网络中，人们更容易在内容中添加描述性标签。标签可以简单到"振奋人心"，也可以像"打破第四堵墙"那样更为主观。[1] 我不知道这意味着什么，但是描述《死侍》的 10 个人说的都是有关联的，而且显然它适用于不同类型、不同年代的电影。[2]

观众给电影贴标签面临的另一个挑战是，人们有不同的表达方式。一个简单的例子是人们如何谈论詹姆斯·邦德的电影，我可能会说这是一部"邦德电影"，并以此作为标签。但是查看一下数据，你可以看到有几种不同的方式来描述这些文件，主要使用的是"007"。为了让你的系统理解人们实际上是在谈论同一部电影，有必要对标签进行精简，尽可能地用同一个词来描述同一件事。可以的话，你还希望对那些让人们产生不同理解的标签进行拆分。

**注意** 事实和标签没有明确的划分，所以请记住，事实是人们经常达成共识的东西，而标签可能更主观一些。从这个角度来看，你也许应该将种类放在标签类别中，但这也是一个有争议的问题。

对于尝试使用基于内容的推荐系统的开发人员来说，最大的障碍之一是他们无法获得有关这些物品的数据。你有什么选择？你可以尝试自己构建它，也可以雇人浏览内容并对其进行标记。但要注意，这可能会产生奇怪的推荐。整个公司都是靠给内容贴标签为生的，你能猜到是哪个公司吗？让我们看一个示例，在这个示例中，你可以了解标签和事实之间的区别。

### 标签 vs 事实

《蝙蝠侠大战超人：正义的黎明》（BvS）是一部有趣的电影，来自 IMDB 网站的电影截图如图 10.6 所示。看一下这部电影的描述，可以看到电影的类型是动作和冒险（还有科幻，但我不这么认为），这部电影在 2016 年首映。关于这部电影还有更多的话题，例如，可以说本·阿弗莱克扮演蝙蝠侠，还可以说这是一部时间很长的电影。

---

1 在链接56所示的网站上可查找标记为"打破第四堵墙"的最受欢迎的电影。

2 更多信息请参见链接57。

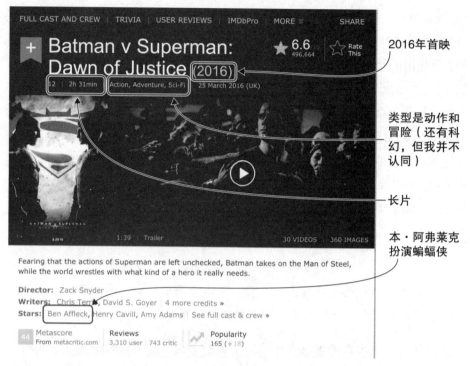

图 10.6　IMDB 网站上对《蝙蝠侠大战超人》的介绍

为了表示这些电影标签，你可以制作一张简单的矢量图，如表 10.1 所示。这不是一张矢量图，而是一个表格，可把它看作一个键值列表。表 10.1 中列出了两种类型的值：

- 二元值——如主演是否为本·阿弗莱克和种类是否为动作片。
- 数量值——如爆炸次数（如果电影中的爆炸次数可以被视为一个值得拥有的特征）和制作年份。

表 10.1　《蝙蝠侠大战超人》中的物品配置文件

| | 首映年份 | 本·阿弗莱克主演 | 动作片 | 冒险片 | 喜剧片 | 爆炸 | 长电影 | 讲述狗 | 超级英雄 |
|---|---|---|---|---|---|---|---|---|---|
| BvS | 2016 | 1 | 1 | 1 | 0 | 5 | 1 | 0 | 1 |

除了《蝙蝠侠大战超人》的一些特征，这张表（矢量图）没有为其他特征留出

太多空间，但是你想用相同的矢量图表示许多不同的电影。喜剧类型应该包括在内、由流行艺术家主演的电影也应该在那里，也许还应该有一个特征，表明他们吸烟的、看雨的频率，或者故事中是否有任何鱼受伤。最后，你将拥有一个包含不同特征和电影的列表。关于做基于内容的推荐系统的一个有趣的部分是弄清楚什么是重要的，什么是不重要的。

现在，如果用户购买或喜欢由本·阿弗莱克主演的《蝙蝠侠大战超人》和其他电影，你可以推断用户喜欢本·阿弗莱克。然后，凭借这些知识，你就可以搜索其他电影的矢量图列表。在列表中，本·阿弗莱克主演这一项的值为1，然后给用户推荐这些电影。用户也可能是因为其他原因喜欢这些电影的，在这种情况下，这不是一个很好的方向。另一个原因可能是特定的用户喜欢特定类型的电影，这种类型的电影与通常类型的电影毫不相关，因此通常不用于对电影进行分类。而隐藏的（或者我们应该称之为潜在的）类型正是我们在介绍LDA时要寻找的东西。

## 10.3.2 数量较少的分类数据

之前我们讨论过演员，但是我们还可以更广泛地讨论电影的特征，并且说每个值得提及的在内容制作中的人都可以成为特征。在创建搜索时，虽然文档中只出现一次的单词可以被保存，但是在讨论推荐时需要进行精简。

例如，有一个演员只出演了一部电影，如果有人喜欢这部电影，这很好，但是这对找到类似的电影没有帮助，因为在其他地方是找不到这个演员的。你不能使用一个只被提到过一次的演员去找类似的电影。在这种情况下，最好把该演员排除在外。

## 10.3.3 将年份转换为可比较的特征

大多数演员在一部电影中只扮演一个角色，所以表示"主演"的特征不是0就是1。除非我们谈论的是艾迪·墨菲，他通常在电影中扮演所有角色。但是如果艾迪·墨菲扮演了五个角色而不是一个，你会生成更多的"主演"类别吗？如果你喜欢其中一个艾迪·墨菲，那么我猜你也喜欢另一个艾迪·墨菲（扮演不同角色的）。

有些特征你希望保留为有序数（具有顺序的，第一、第二等），所以很明显，一个特征的位置或顺序比另一个特征靠前或靠后，等等。生产年份就是一个很好的例子。如果一个用户喜欢1980年的内容，那么1981年的电影可能比2000年的更接近他的喜好，所以生产年份是你想要保持有序的。

在添加有序数特征时，还需要考虑这个特征有多重要。如果你把一个有序的特征，比如生产年份，放到一个所有数据都在 0 到 1 之间的系统中，2000 是一个很高的数字，即使它被认为代表一年。要对数据进行标准化或缩放，使其介于 0 和 1 之间，或接近于 0 和 1。

比较影片的一种方法是将它们绘制为图，如图 10.7 所示。很容易看出，即使哈里森·福特没有出演《哈利·波特》，《夺宝奇兵》（1981 年）和《哈利·波特》（2001 年）相隔 22 年拍摄，它们在图 10.7 的上图中看起来仍然很相似，而在图 10.7 的下图中，制作年份已经被标准化。[1] 你甚至可以把 1894 年（数据库中最古老的电影的制作年份）从所有的制作年份中减去，或者从最早的制作年份中减去，这样差别会更大。所有数据的值都在 0 和 1 之间，很容易看出它们是不同的。

让我们继续。除了标签和事实之外，你还可以使用描述作为算法的输入。

## 10.4　从描述中提取元数据

在基于内容的过滤的范围内，新闻消息很有趣，因为它们通常只在短时间内有意义，这意味着它们很难使用协同过滤进行推荐。但你可能还是想推荐它们。

除了使用流行度，还可以分析其内容。一种方法是查看文章中有哪些单词、每个单词出现的次数以及单词在数据库中的所有新闻中出现的频率。这可以使用 TF-IDF 来完成，很快你就会看到如何操作。文章是文本，所以内容是在描述中的，而电影是由某个人写的描述。

### 10.4.1　准备描述

要获得对内容的良好描述并不容易，因为描述的质量有所不同。例如，给电影加标签的工作比给书籍或电视节目加的标签要多，让电脑阅读和理解文本仍然是一个挑战，至少在读标签这方面是这样的。

在尝试从描述中提取信息之前，你需要删除可能会让机器混淆的内容。在接下来的内容中，我们将详细介绍这一点。你开始把文章拆开放进袋子里。

---

[1] 用最高年份做为除数，每个年份都除以这个数值：2001 => 1，1981 => 1981/2001 = 0.99。

## 10.4 从描述中提取元数据

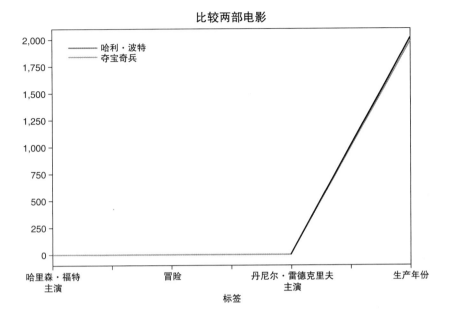

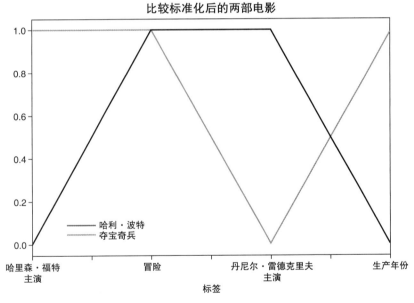

图 10.7 说明了数据需要标准化的原因。在上图中，生产年份不是标准化的，线条代表的数据之间的差异不明显。在下图中，生产年份除以最大年份，可以明显看到这两部电影是不同时间拍摄的

### 词袋（BoW）模型和分词

要使用这些描述，你首先需要制作一个词袋（BoW，bog-of-word）模型，这意

味着你要将描述分成一组单词：

"The man likes big ice cream" ->[ "The", "man", "likes", "big", "ice", "creams" ]

请注意，使用词袋时，你已经失去了一些信息，因为"ice"和"cream"相邻的时候表示一种意思，在分开的时候表示不同的意思。这种表达方式对于使用相同词语的任何排列都是一样的，比如"the big ice man likes creams"，即使它表达的是不同的意思，但会产生同样的词袋。

某些单词不会给词袋增添任何有用的内容，这些单词被称为停用词，接下来我们将了解如何删除这些文本。

### 删除停用词

一段内容描述中充满了各种填充词，如果将文档拆解为一组单词，则会失去"the"或"a"等单词的价值。因为单词"a"本身不提供任何描述性信息，所以最好删除该单词和该类型的单词。在模型中不需要的单词是停用词。

下一步是从词袋中移除停用词。奇怪的是，停用词不是单词"stop"的同义词，而是你在分析中要跳过的词。停用词列表取决于你的语言和领域。在这里我们使用的语言支持英语，也支持许多其他语言（如丹麦语）。在终端窗口中执行清单 10.1 所示的命令将会下载安装包并进行安装。

**清单 10.1 安装 stop-words 包**

```
>Pip3 install stop-words
```

安装之后，可以通过导入 `get_stop_words` 来获取停用词，如清单 10.2 所示。

**清单 10.2 导入 stop-words 包**

```
from stop_words import get_stop_words
```

这提供了一系列包含在模型中但你可能不感兴趣的单词。调用 `get_stop_words('en')` 将得到清单 10.3 显示的单词列表。

**清单 10.3 英文停用词**

```
['a', 'about', 'above', 'after', 'again', 'against', 'all', 'am', 'an',
 'and', 'any', 'are', "aren't", 'as', 'at', 'be', 'because', 'been',
 'before', 'being', 'below', 'between', 'both', 'but', 'by', "can't",
 'cannot', 'could', "couldn't", 'did', "didn't", 'do', 'does', "doesn't",
```

```
'doing', "don't", 'down', 'during', 'each', 'few', 'for', 'from',
'further', 'had', "hadn't", 'has', "hasn't", 'have', "haven't",
'having', 'he', "he'd", "he'll", "he's", 'her', 'here', "here's",
'hers', 'herself', 'him', 'himself', 'his', 'how', "how's", 'i', "i'd",
"i'll", "i'm", "i've", 'if', 'in', 'into', 'is', "isn't", 'it', "it's",
'its', 'itself', "let's", 'me', 'more', 'most', "mustn't", 'my',
'myself', 'no', 'nor', 'not', 'of', 'off', 'on', 'once', 'only', 'or',
'other', 'ought', 'our', 'ours', 'ourselves', 'out', 'over', 'own',
'same', "shan't", 'she', "she'd", "she'll", "she's", 'should',
"shouldn't", 'so', 'some', 'such', 'than', 'that', "that's", 'the',
'their', 'theirs', 'them', 'themselves', 'then', 'there', "there's",
'these', 'they', "they'd", "they'll", "they're", "they've", 'this',
'those', 'through', 'to', 'too', 'under', 'until', 'up', 'very', 'was',
"wasn't", 'we', "we'd", "we'll", "we're", "we've", 'were', "weren't",
'what', "what's", 'when', "when's", 'where', "where's", 'which',
'while', 'who', "who's", 'whom', 'why', "why's", 'with', "won't",
'would', "wouldn't", 'you', "you'd", "you'll", "you're", "you've",
'your', 'yours', 'yourself', 'yourselves']
```

你可能想添加更多的单词,不过用这个列表作为一个开始已经很不错了。在使用词袋模型之前,你需要仔细检查描述中的每个词,并检查它是否是停用词,如果不是,则保留它;否则,请删除它。你可能还想把贬义词从你的模型中去掉。

### 去掉高频与低频单词

同样需要注意的是出现在所有文档中的单词,以及在每个文档中只出现几次或一次的单词。高频词产生背景噪声,低频词在不增加内容的情况下增加了模型的复杂度。也可以将出现频率较低的单词删除,但如果删除太多,就会有模型在文本中找不到细微差别的风险。可以通过在不同的数据集中进行微调得到相应的正确数量值。

### 词干提取和词形还原

像 run 和 running 这样的单词在词袋模型中被认为是不同的单词,而这可能不是你想要的,有很多方法可"规范化"这个词。最好的方法是使用词形还原工具,它会找到单词的词根。

run 和 running 的词根是 run。然而,诸如 run、runner 和 running 这样的单词很容易处理,因为词根是所有单词的开头。如果只是这样的话,那么可以使用词干提取器而不是词形还原工具。

词干提取器会切掉词尾以获取词根,这通常是一个启发式过程,大多数情况下结果都是正确的,而词形还原工具则将词汇还原为一般形式。[1] 它们的有效性取决于你所使用的文本类型。在某些情况下,词干提取很有用,因为当你拆解某些词时,它们的意思会保持不变。人们普遍认为词干提取的好处多于坏处,但我不鼓励在短文档中这样做,因为提取词干后会删除某些信息。最好的办法是尝试一下,看看词干提取器或词形还原工具是否能帮你提取出有用的信息。

在继续下面的介绍之前,你要知道你在哪里,你要去哪里。现在应该清楚什么是内容过滤,以及如何进行特征提取了。我们将讨论从描述中提取特征的两种方法中的第一种,并创建一些可以由计算机进行比较的方法。首先,我们看一下 TF-IDF,然后看一下 LDA。这只是可以在文本中进行的许多不同类型的特征提取方法中的两种。

## 10.5 使用TF-IDF查找重要单词

当查看文档进行信息过滤或搜索时,你通常希望查看文档中包含哪些单词或短语。但是,除了停用词外,文档中还有很多过度使用的词,它们没有向文本添加任何描述性的内容。

假设把本书切成小块,可能会有无数篇文章中包含"推荐系统"这个词,所以即使它是一个非常重要的词,在文档中区分它也没有任何帮助。如果你有一个讲述关于计算机的伟大之处的文集,可能其中只有一篇关于"推荐系统"的文章,那么"推荐系统"这个词将被作为这篇文章的定义,如果出现了很多次,那就更应该如此。这被称为词频(方程式中的 tf),定义它的简单方法如下:

$$tf(单词,文档) = 这个单词在文档中出现的次数$$

但更常见的是使用下面这个公式:

$$tf(单词,文档) = 1 + \log(单词的频率)$$

一个单词在一个文档中出现的次数越多,它就越重要(假设你删除了所有停用词)。但是,如前面提到的,前提是这个词只出现在少数文档中。为此,可以使用逆向文档频率(方程式中的 idf),即所有文档的数量除以包含该单词的文档的数量。合起来就是 `tf-idf`,定义如下:

---

[1] 详情请参见Cristopher Manning等人撰写的"Introduction to Information Retrieval"文章,具体参见链接58指向的网页。

## 10.5 使用TF-IDF查找重要单词

$$\text{tf-idf}(单词, 文档) = \text{tf}(单词, 文档) * \text{idf}(单词, 文档)$$

看下面的单词（假设每行文本都是一个文档）：

- The superhero Deadpool has accelerated healing powers.
- The superhero Batman takes on the superhero Superman.
- The LEGO superhero Batman takes the stage.
- The LEGO superheroes adventures.
- The LEGO Hulk.

如果要确定"superheroe"的重要性，可以使用表 10.2 中的计算。

表 10.2 显示了单词 superhero 的 tf-idf。没有使用词干分析，所以文档 4 中的 superheroes 不起作用

|   |   | TF superhero | IDF superhero | tf × idf |
|---|---|---|---|---|
| 1 | The superhero Deadpool has accelerated healing powers. | 1 | 5 / 3 | 1.66 |
| 2 | The superhero Batman takes on the superhero Superman. | 2 | 5 / 3 | 3.33 |
| 3 | The LEGO superhero Batman takes the stage. | 1 | 5 / 3 | 1.66 |
| 4 | The LEGO superheroes adventures. | 0 | 5 / 3 | 0 |
| 5 | The LEGO Hulk. | 0 | 5 / 3 | 0 |

如果你想找一部关于超级英雄的电影，可以展示文件 2，它的 TF-IDF（superhero）等于 3.33，然后是另外两个非零值的文件。试着自己计算一下 tf-idf（Hulk）。[1]

你一定会问，我在学习关于内容特征的内容，为什么讲解的这些内容都是关于单词的？好吧，当你通过 TF-IDF 方法可以返回数值特别高的单词时，可以将它们添加到特征列表中。如果表 10.2 中的句子是对电影的实际描述，你可以将单词"superhero"添加到具有 TF-IDF 值的特征列表中。

这些公式很简单。不过，有一个修正。通常使用以下计算 IDF 的公式：

$$\text{idf}(单词) = \log \frac{文档总数}{包含该单词的文档数目}$$

**注意** 由于 1~10 之间的数字彼此很接近，因此该方程使最终的数字更加稳定。

TF-IDF 曾经是一个"国王"，但在 LDA 模型被发明之后，它就"失宠"了。现

---

[1] Hulk 这个词的 TF-IDF 为 5。

在很多人的第一选择是使用 LDA 模型或类似的主题模型。然而，在你认为我占用了你的时间讲了一些你可能不会用到的东西之前，还值得一提的是，你可以用 TF-IDF 清除 LDA 的输入。TF-IDF 是一种经典的方法，已被广泛应用，但新的算法也得到了广泛的应用，特别是 Okapi BM25 算法。[1]

## 10.6 使用LDA进行主题建模

如果你是机器学习的专业人士，可能听说过神奇的 LDA 模型（参见图 10.8），它可以解决所有关于文本的问题。好吧，word2vec 也很受欢迎，LDA 是比较受欢迎的模型其中之一。[2] 正如 word2vec 和 LDA 经常被描述的那样，听起来它们甚至能给你进行足部按摩，还能帮你擦窗户！word2vec 是 Hobson Lane 等人编著的 *Natural Language Processing in Action*（Manning，2018）一书第 6 章的重点。

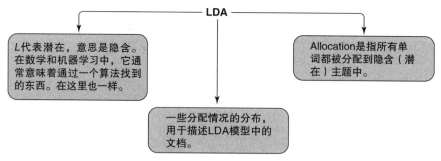

图 10.8 LDA 模型（隐含狄利克雷分配的简称）

如果你不熟悉这一点，那就削尖你的铅笔，集中精神，因为它有点复杂。幸运的是，LDA 很容易使用，因为有许多库可以让代码在短时间内启动并运行。很快，你就会遇到麻烦，因为即使它给了你一个"足部按摩"，也不会以一种简单易懂的语言做出响应。

让我们看一下 LDA 的工作原理，然后再回到它生产出来的东西上。一个 LDA 就是一个生成模型（generative model），让我们用一个例子来解释它到底是什么。

### 生成模型示例

这个傻瓜式的例子也许可以让生成模型变得更清晰。你有三个袋子，每个袋子

---

[1] 更多信息请参见链接59。

[2] 注意，LDA和word2vec模型通常用于不同的事情。

## 10.6 使用LDA进行主题建模

中有一种颜色的形状：一个袋子中有红色的形状，一个袋子中有蓝色的形状，一个袋子中有绿色的形状。如果形成如图 10.9 所示的一行形状，则需要从红色袋子（三角形）中拿三次，从蓝色袋子（正方形）中拿两次，最后从绿色袋子（圆形）中拿五次。

图 10.9　生成模型示例中的形状

另一种表示生成图 10.9 所示形状的行的方法是，你必须在 30% 的时间内从红色袋子中拿出形状，在 20% 的时间内从蓝色袋子中拿出形状，在 50% 的时间内从绿色袋子中拿出形状。或者可以说，图 10.9 中的形状行由以下方程构成：

$$x = 0.3 \times red + 0.2 \times blue + 0.5 \times green$$

如果这是生成文档的方法，你还可以创建如图 10.10 所示的文档。

图 10.10　第二行，可以使用此方法生成：$x = 0.3 \times red + 0.2 \times blue + 0.5 \times green$

现在看一下图 10.11 所示的另一行。

图 10.11　第三行，可以使用此方法生成：$x = 0.2 \times red + 0.3 \times blue + 0.5 \times green$

第一行和第三行之间的唯一区别是一个红色的三角形被一个蓝色的正方形替换了。如果想象这些形状都是描述的一部分，那么你可以编写一个公式使文档更易于比较。记住这个袋子的心理图像，它可以用来生成成行的形状。

如果我们把这些物品称为主题，而不是袋子，那会怎样呢：形状是单词，行是描述。例如，除了颜色，主题可以是超级英雄、计算机科学和食物。在超级英雄的主题下，可以是"蜘蛛侠""飞行""强壮""超级英雄"等词，如下所示：

- 超级英雄——蜘蛛侠、飞行、强壮、超级英雄
- 计算机科学——计算机、笔记本电脑、CPU
- 食物——吃的、早餐、叉子

如果你有如下描述：

z = 蜘蛛侠带着笔记本电脑回家用叉子吃早餐。

并且想从你的三个主题中得到这些，你可以从超级英雄的主题中画出蜘蛛侠和飞行，从计算机科学的主题中画出笔记本电脑，从食物的主题中画出吃的、早餐和叉子。这可以概括为以下生成公式：

$$z = 0.2 \times 超级英雄 + 0.1 \times 计算机科学 + 0.3 \times 食物$$

很简单，不是吗？然而，它确实变得更加复杂，因为一个主题中的每个单词都有一个概率，说明一个单词有多重要。我们暂时记住这一点，先跳过这个，讲一下如何创建这些主题。

图 10.12 给出了一个更接近 MovieGEEKs 网站的例子。它展示了如何分发与电影类型相关的主题。

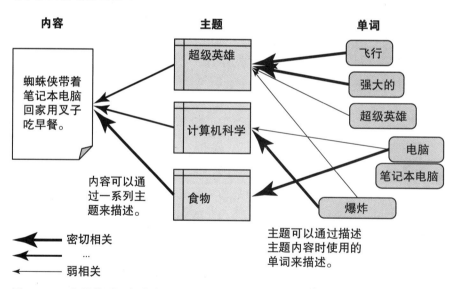

图 10.12　主题模型。每个主题都由单词列表及其各自被抽取的概率定义。可以通过选择主题来描述文档，使用公式表示应该从每个主题中抽取时间百分比

我整理出了图 10.12 所示的主题，但在通常情况下，主题模型的整体思想是，你希望计算机从存储描述内容的数据库中整理出主题。

### 生成主题

如何生成主题？图 10.13 显示了一种方法，LDA 算法的输入包含多个文档和数

## 10.6 使用LDA进行主题建模

字 $K$，$K$ 是算法应该创建的主题数目，用来生成主题列表。该算法的输出是一个包含 $K$ 个主题的列表和矢量图列表（每个文档对应一张矢量图），对于每个文档对应的矢量图，包含每个主题在文档中出现的概率。可以通过几种不同的方式生成主题，这只是其中的一种。在下一节中，我们将介绍如何使用 Gibbs 采样将单词、主题和文档连接起来。

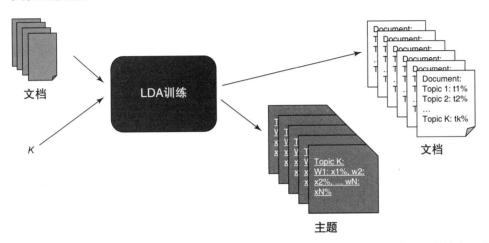

图 10.13 运行 LDA 算法时生成主题的模型，该算法包含来自文档列表和变量 $K$ 的输入，表示要创建的算法的主题数。现在可以使用生成的主题列表来描述输入文档

### Gibbs 采样

再来看一下图 10.13，让我们详细说明其中有哪些数据结构：有 $K$（这是 LDA 模型应该包含的主题数量），每个文档基本上都被认为是词袋（这意味着你还不清楚它的整体结构，而且不了解每个单词之间的关联关系）。现在的目标是将单词与主题连接起来，然后将主题与文档连接起来。让我们从主题和单词开始，如图 10.14 所示。

如果你有一个包含 $K$ 个主题的列表和文档中出现的所有单词，那么很难想象你能提出一个解决方案。但是由于相同主题的相关单词经常出现在相同的文档中，这样你就能明白我们应该从哪里开始入手了。如果你知道一个单词已经存在于一个主题中了，那么就可以获得与之有关联的另一个单词是否存在的信息。这就是 Gibbs 采样的优势所在。[1]

---

1 详情请参见 Philip Resnik 和 Eric Hardisty 撰写的"Gibbs Sampling for the Uninitiated"文章。

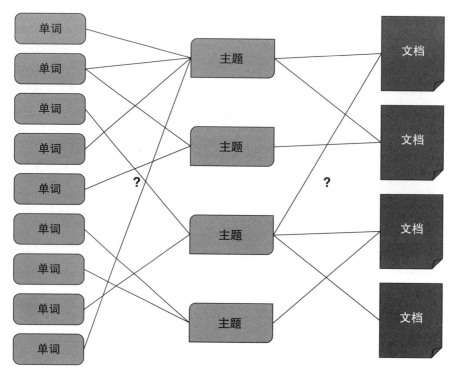

图 10.14 将单词和文档与主题相关联

Gibbs 采样首先随机地将主题添加到文档中、将单词添加到主题中。想象一下图 10.14 中随机设置的连线。Gibbs 采样器遍历每个文档和单词，在给出每个文档中所有剩余单词的概率后，它将会调整该单词的概率。这遵循了主题包含相似词语的前提。Gibbs 采样算法通过对每个单词及其分布进行拟合，慢慢地接近一个神奇而又富有意义的单词和主题的分布。

我不知道你是否需要了解上页脚注中提到的 Resnik 和 Hardisty 文章中的一些信息，但我相信你需要知道如何训练模型并使用 Gibbs 采样来训练 LDA 模型。猜猜接下来会发生什么。

### LDA 模型

Gibbs 采样生成 $K$ 个主题，类似于清单 10.4 所示。每个主题打印有 10（$K$）个最可能出现的单词。如果在这个样本中出现奇怪的词，比如 "*18genre*"，这是我试图在描述中加入的类型。我没有使用 "*action*" 和 "*drama*" 这样的名字，而是添加了数字，以确保它们不会与描述中的单词混淆。这可能会改变列表中抽样的几个单

## 10.6 使用LDA进行主题建模

词的重要性，(0…) 是第一个主题，(1…) 是第二个主题，依此类推。

**清单 10.4　Gibbs 采样创建的主题分布**

```
[(0,
  '0.037*18genre + 0.022*love + 0.021*s + 0.012*young +
  0.012*man + 0.011*story + 0.009*woman + 0.008*father +
  0.008*35genre + 0.007*10749genre'),
 (1,
  '0.010*vs + 0.010*even + 0.009*nothing + 0.008*based +
  0.007*boyfriend + 0.005*s + 0.005*music + 0.005*rise +
  0.004*writer + 0.004*hero'),
 (2,
  '0.012*one + 0.011*s + 0.011*gets + 0.011*three + 0.009*like +
  0.008*99genre + 0.008*years + 0.007*car + 0.006*different +
  0.006*marriage'),
 (3,
  '0.013*s + 0.010*28genre + 0.009*house + 0.009*two +
  0.009*878genre + 0.008*years + 0.008*daughter + 0.007*year +
  0.007*world + 0.007*old'),
 (4,
  '0.024*35genre + 0.015*girl + 0.011*10749genre + 0.010*year +
  0.009*old + 0.009*go + 0.009*falls + 0.008*s + 0.008*get + 0.008*four'),
 (5,
  '0.025*53genre + 0.016*80genre + 0.015*27genre + 0.013*28genre +
  0.011*18genre + 0.008*police + 0.008*s + 0.007*goes + 0.007*couple +
  0.007*discovers'),
 (6,
  '0.016*t + 0.016*s + 0.011*school + 0.010*friends + 0.010*new +
  0.009*boy + 0.008*first + 0.007*will + 0.007*35genre + 0.007*show'),
 (7,
  '0.013*99genre + 0.008*s + 0.008*fall + 0.007*movie + 0.007*documentary +
     0.007*power + 0.005*18genre + 0.005*wants + 0.005*will + 0.005*move'),
 (8,
  '0.046*film + 0.011*friend + 0.010*past + 0.009*18genre + 0.009*directed +
     0.007*upcoming + 0.007*produced + 0.006*ways + 0.006*festival +
     0.006*turned'),
 (9,
  '0.016*s + 0.014*will + 0.013*one + 0.010*10402genre + 0.009*life +
     0.009*journey + 0.008*game + 0.007*work + 0.007*time + 0.006*world')]
```

每个主题都包含在所有输入文档中找到的所有单词，但是很多单词的概率很小（接近于零），因此它们可有可无。概率是主题列表中每个单词前面显示的数字。如果你尝试从这些主题生成文档，将会使用到更小概率的单词。如果你有一个仅从主题 0 生成的文档，则每次单词 "love" 出现的概率为 2.2%，如清单 10.5 所示。

### 清单 10.5　在主题 0 中单词 "love" 的概率

```
[(0,
 '0.037*18genre + 0.022*love + 0.021*s + 0.012*young + 0.012*man +
 0.011*story + 0.009*woman + 0.008*father + 0.008*35genre +
 0.007*10749genre'),
```

例如，可以通过从主题 2、3 和 9 中提取单词来生成另一个文档。该文档可以在 LDA 模型中表示，如清单 10.6 所示。

### 清单 10.6　文档的主题分发

```
[(2, 0.02075648883076852),
 (3, 0.1812829334788339),
 (9, 0.785459769978312O2)]
```

此清单显示，从主题 2 生成单词的时间占 2.1%，而从主题 3 生成单词的时间占 18.1%，从主题 9 生成单词的时间占 78.5%。

你现在至少在理论上知道 LDA 模型是如何工作的了。制作 LDA 模型的大部分工作是如何处理输入的文本。理解 LDA 模型很困难，你需要盯着输出一段时间，也许更长一段时间，然后在取得一些进展之前多思考一下，因为主题可能代表了从输入中很难理解的东西。

### 维基百科语料库

我们只讨论了在 LDA 中添加描述和文档，但是它们是什么类型的文档呢？前面的例子和我们将要讨论的 MovieGEEKs 中的实现方案使用的是相同的文档，你将计算它们之间的相似度。但是，最好使用一个数据集来描述（或者至少需要提供出来）几个你想要找到的主题的好例子。

例如，媒体公司 Issuu 使用 LDA 模型来推荐要阅读哪些数字内容。它使用维基百科数据集来创建模型，这使得 Issuu 和其他网站能够创建具有易于理解的主题的模型。维基百科还包含对所有内容进行分类的文档，这确保了主题模型的良好分布。

### 向文档添加特征和标记

请原谅我重复一遍：文档是作为词袋呈现的，而不是连接词，因为顺序很重要。如果要控制一个文档中包含的主题，还可以在描述中插入单词。例如，如果要包含演员或物品生产年份等信息，请将其添加到词袋。如清单 10.4 中所示的例子，其中出现了诸如 "35genre" 之类的单词。稍后会详细说明。

## 10.6.1 有什么方法可以调整 LDA

有这些魔法吗？它能用吗？在图 10.15 中，你可以很容易看出一些我们想要的东西。

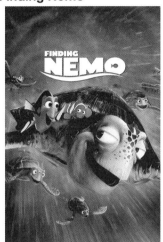

你可以讨论《科学怪狗》是不是很棒，但这是一个故事，讲述的是一些东西被带回来了。在《海底总动员》中，尼莫被带回家。在《科学怪狗》中，他复活了，把命带回来了。这是一部迪士尼电影，分级为U级，所以不算太糟。

《纯真与欲望》和《海底总动员》的差别还是比较大的，但是如果你再读一遍描述，会发现它们都是关于回家的。

找到这部电影的续集是一个好兆头，找到《古惑狗天师》和《小黄人》也是一个好兆头。

图 10.15　来自 LDA 的基于内容的推荐，需要进行一些调优。一个类似于《纯真与欲望》的迪士尼卡通片看起来并不是最好的推荐

　　模型的质量取决于文档的质量，而高质量的文档是和类型、主题等相关的示例，这也是需要模型去呈现的。例如，你在本节中使用的电影描述并不总是有用的。看看《海底总动员》的描述，并没有说它是一部卡通片，也没有说它是关于大海的。你可以将它添加为动画类型，而且只能通过手写写出更好的描述才能解决信息缺乏的问题。

　　你可以看看推荐系统对于你所熟悉的影片——比如《蜘蛛侠》这种在目录中

有许多同类影片的电影——给出的推荐是什么？如图 10.16 所示。有很多蜘蛛侠的电影，所以这些推荐可能只会吸引更多铁杆蜘蛛侠的粉丝。除了考虑输入的因素，你还应该考虑使用的主题数量。

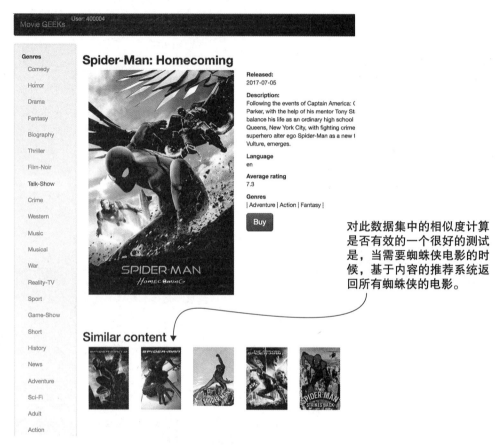

图 10.16　基于内容的推荐系统了解所有不同的蜘蛛侠电影都是相似的

### 多少个主题数量为好

有一件事可以决定 LDA 模型的成败，那就是你是否用合适数量的主题对其进行了训练。这也是使它成为一门艺术的原因之一，因为没有任何方法可以证明你得到了正确的数字。

在 MovieGEEKs 网站的分析部分，你可以看到该模型的可视化交互（http://127.0.0.1:8001/analytics/LDA），如图 10.17 所示，其中为每个主题显示了一个圆圈。将鼠标光标悬停在一个主题上，将会得到该主题中使用频率最高的单词列表。

## 10.6 使用LDA进行主题建模

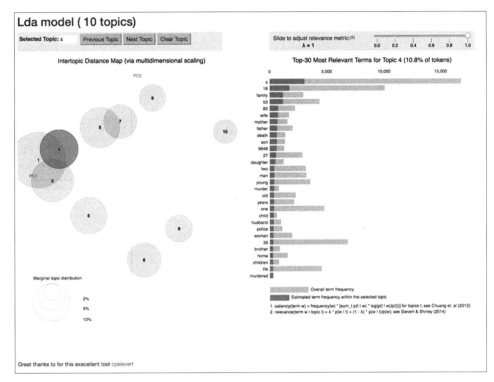

图 10.17 显示主题分布的 pyLDAvis 仪表盘

找到合适的主题数量是很重要的。如果你选择的 $K$ 值过低，那么许多文档看起来就像你仅使用动作片、喜剧片和剧情片类型描述所有电影一样。但是如果你选择了太多的主题，那么可能最终得不到类似的文档，因为你有 100 万个不同的维度（主题）。

有一种可视化模型可以帮助你更好地判断模型是否完美地分配了主题，这就是名为 pyLDAvis 的工具（参见图 10.17）。

pyLDAvis 仪表盘是使用名为 pyLDAvis[1] 的 Python 库创建的，详情可参阅 Carson Sievert 和 Kenneth E. Shirley[2] 的论文。

在决定训练 LDA 模型的恰当主题数量时，最好测试以下内容：

- 检查一个视图（如图 10.17 所示的视图），查看主题是否是分散的，而不是彼此重叠的。

---

1 可以通过链接60所指向的网页查看pyLDAvis的文档。

2 详情请参见Carson Sievert和Kenneth E. Shirley撰写的"LDAvis: A method for visualizing and interpreting topics"文章，具体可参见链接61指向的网页。

- 测试 LDA 是否产生了类似的物品。

在本章的后面，你将看到如何在 MovieGEEKs 站点中实现 LDA、检查哪些地方可以确定它是否产生了良好的推荐。我的第一次尝试得到了图 10.15 所示的推荐。

LDA 模型应该是什么样子的一个简单回答是：它应该看起来是正确的。找几部你喜欢的电影，试着调整它们，直到模型可用为止。然后让一个朋友也这么做，你看看能不能调整一下，让你们都开心。

### alpha 和 beta 参数

当你使用 LDA 时，还有两个参数可供使用。你可以更改参数 alpha 和 beta 以调整文档和主题中的单词分布。

如果你输入高 alpha 值，那么将在每个文档上分发较多主题，低 alpha 值则只分发少数几个主题。高 alpha 值的优势在于这些文档看起来较为相似；而如果你有专业化的文档，那么可以用低 alpha 值将它们分成几个主题。

对于 beta 来说也是如此：高 beta 值导致主题更相似，因为概率将分布在用于描述每个主题的更多单词上。例如，在一个概率超过 1% 的主题中，你不应该只拆分 10 个单词，而应该是 40 个，这样可以实现更大的重叠。我与之交谈的大多数人对于调整 alpha 和 beta 的默认值都比较谨慎，因为很难得到精确的数值，但是如果你有时间应对这两个参数进行深入了解。

## 10.7 查找相似内容

现在你已经有了 LDA 模型，有了另一种查找相似物品的方法。通过将两个文档投射到 LDA 模型中，就可以计算它们的相似度。因为概率分布可以被看作矢量图，所以许多人使用 Cosine 相似度（在第 7 章中讨论过的相似度函数之一）来计算。

原则上，也可以使用 LDA 模型来比较在创建模型时没有使用的文档。这是基于内容的推荐系统的一个更重要的特征，可用于解决在第 6 章中讨论的冷门物品问题。这可以用于更多的与此类似的推荐场景。

在本章的后面，我们还会讨论 MovieGEEKs 中的实现，并展示两部电影之间的相似度计算。现在，让我们看看如何在基于内容的推荐系统中进行个性化推荐。

## 10.8 如何创建用户配置文件

"如果你喜欢詹姆斯·邦德，那么你可能也喜欢……"这个很简单，不需要任何用户配置。使用 LDA 模型或之前谈到的特征矢量图，就能找到詹姆斯·邦德的电影的矢量图，然后找到具有相似矢量图的电影即可。但是，如果你要提供个性化推荐，则需要创建包含用户喜欢的所有电影的用户配置文件。让我们看看如何使用 LDA，然后再看看如何使用 TF-IDF 创建用户配置文件。

### 10.8.1 使用 LDA 创建用户配置文件

在创建个性化推荐方法时，你应该查看用户喜欢的物品的完整清单，并返回用户可能也喜欢的其他物品。在现实生活中，这样的方法并不是个性化的——用户可能并不是由所消费的物品所唯一定义的（即使大多数推荐系统可能会做出相同的响应），但它仍然比图表更加个性化。

你可以做的是遍历用户喜欢的每一件物品，并为每一件物品找到相似的物品。当你得到一个列表后，根据物品的相似度和用户对原始消费物品列表的评分对其排序。更正式地说，你可以为当前用户执行以下操作：

- 获取当前用户消费过的所有物品（CI）。
- 遍历 CI：
  - 使用 LDA 模型找到相似的对象。
  - 根据相似度和当前用户评分计算评分。
- 按评分对物品排序。
- 按相关性排序（如果你有相关的数据）。

Jobin Wilson 等人描述的另一种方法是，你可以创建用户的 LDA 矢量图，然后找到类似的物品。[1] 看看这是如何实现的将会是一件很有趣的事情，这个评估看起来不错。

### 10.8.2 使用 TF-IDF 创建用户配置文件

使用前面描述的关于标签和事实的矢量图，还有另一种创建用户配置文件的方法。

---

1 详情请参见Jobin Wilson等人撰写的"Improving Collaborative Filtering Based Recommenders Using Topic Modelling"，具体参见链接62指向的网页。

你可以聚合用户喜欢物品的矢量图，然后减去用户不喜欢的物品。看一下表 10.3 中所示的重要信息。

表 10.3　多部电影的矢量图表示

|  | 本·阿弗莱克主演 | 动作片 | 冒险片 | 喜剧片 | 爆炸[a] |
|---|---|---|---|---|---|
| *BvS* | 1 | 1 | 1 | 0 | 5 |
| *Valentine's Day* | 1 | 0 | 0 | 1 | 0 |
| *Raiders of the Lost Ark* | 0 | 1 | 1 | 1 | 2 |
| *La La Land* | 0 | 0 | 0 | 1 | 0 |

a　指影片中爆炸镜头出现的次数。

如果你有一个用户（不是在进行协同过滤，因此看一个就足够了），他为 *Raiders of the Lost Ark*（有谁不喜欢这部电影吗）评了 5 颗星，而为 *La La Land* 评了 3 颗星。你现在可以创建一个用户配置文件，将电影矢量图中的评分相乘，然后相加，如表 10.4 所示。

表 10.4　将电影矢量图中的评分相乘，再将每个元素值相加，创建用户配置文件

|  | 本·阿弗莱克主演 | 动作片 | 冒险片 | 喜剧片 | 爆炸 |
|---|---|---|---|---|---|
| *Raiders of the Lost Ark* | 0 | 5 | 5 | 5 | 10 |
| *La La Land* | 0 | 0 | 0 | 3 | 0 |
| 用户的配置文件 | 0 | 5 | 5 | 8 | 10 |

现在可以使用该矢量图为用户找到类似的内容了。你也许应该将这些值进行标准化，使它们与电影的数值范围相同，而"爆炸"的数值也许应该被淡化为一部包含或不包含"爆炸"的电影。在这种情况下，用户配置文件类似于表 10.5 所示。

表 10.5　对电影矢量图中的评分相乘，并将每个元素值相加以创建用户配置文件

|  | 本·阿弗莱克主演 | 动作片 | 冒险片 | 喜剧片 | 爆炸 |
|---|---|---|---|---|---|
| 用户的配置文件 | 0 | 5 | 5 | 8 | 5 |

这样做的一个好处是，你可以查找具有用户喜欢的所有方面的电影（当然，你要捕获正确的标签和事实），但是尽管我喜欢巧克力和千层面，也并不意味着我喜欢把它们放在一起。同样的道理也适用于你能想到的食物或电影的其他属性。你可以用这个结果来发现用户更喜欢喜剧片而不是动作片和冒险片。

在 MovieGEEKs 的分析部分，我通过遍历用户评价的电影，并对每种类型的电影进行评分汇总求和来代表用户的喜好，如清单 10.7 所示。可以在 /analytics/views.py 文件中查看源代码。

## 清单 10.7　从评分中提取喜好

```
for movie in movies:              ◁── 计算用户对每部电影的评分
    id = movie.movie_id
    rating = ratings[id]          ◁── 获得评分
    r = rating.rating
    sum_rating += r
    movie_dtos.append(MovieDto(id, movie.title, r))
    for genre in movie.genres.all():    ◁── 遍历每个电影的类型，并构建一个以类型名称为键、以评分之和为值的字典
        if genre.name in genres_ratings.keys():
            genres_ratings[genre.name] += r - user_avg
            genres_count[genre.name] += 1
max_value = max(genres_ratings.values())         ◁── 找到最大值
max_value = max(max_value, 1)                    ◁── 确保它不低于1
max_count = max(genres_count.values())           ◁── 找到最大值
max_count = max(max_count, 1)                    ◁── 确保它不低于1
genres = []
for key, value in genres_ratings.items():        ◁── 标准化值
    genres.append((key, 'rating', value/max_value))
    genres.append((key, 'count', genres_count[key]/max_count))
```

此代码用于为用户 100 创建图 10.18 所示的图表（http://localhost:8001/analytics/user/100/）。

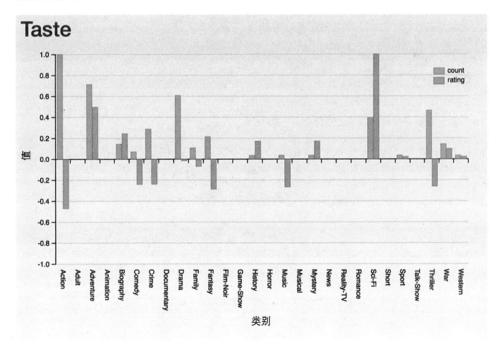

图 10.18　用户 100 的喜好图表

## 10.9　MovieGEEKs中基于内容的推荐

正如前面多次提到的，我们将讨论基于内容的 LDA 模型构建的实现和使用。首先，我们就获取数据这一点聊一下。

### 10.9.1　加载数据

你正在使用的数据集不包含对电影的描述，因此你仍然只能使用链接63所示的网站来检索数据。在本书附带的代码的根目录中，有一个名为populate_sample_of_descriptions.py 的脚本，用于检索最新电影的描述。下载的示例可以在图10.19中看到。[1]

```
- {
    poster_path: "/z09QAf8WbZncbitewNk61KYMZsh.jpg",
    adult: false,
    overview: ""Finding Dory" reunites Dory with friends Nemo and Marlin on a search
    for answers about her past. What can she remember? Who are her parents? And where
    did she learn to speak Whale?",
    release_date: "20016-06-16",
  - genre_ids: [
        16,
        10751
    ],
    id: 127380,
    original_title: "Finding Dory",
    original_language: "en",
    title: "Finding Dory",
    backdrop_path: "/iWRKYHTFlsrxQtfQqFOQyceL83P.jpg",
    popularity: 27.117383,
    vote_count: 1234,
    video: false,
    vote_average: 6.69
},
```

图 10.19　表示电影 *Finding Dory* 的 JSON 对象

清单 10.8 显示了如何检索描述信息并将其保存到数据库。之所以显示它，是因为你可能会对它进行修改，使其适合你当前的设置。可以在 /pre/moviegeek/populate_sample_of_descriptions.py 中查看此代码。

**清单 10.8　检索电影的描述信息**

```
def get_descriptions(start_date = "1990-01-01"):
    url = """https://api.***.org/3/discover/movie"""   ◁── 电影的API网址（参见
    qs =                                                    链接63）。它展示了
      """?primary_release_date.gte={}&api_key={}&page={}""" 1990年至今的电影
    api_key = get_api_key()
```

---

[1] 详情参见链接64。

```
            this_date = start_date
            last_date = ""
            MovieDescriptions.objects.all().delete()
            today_date = str(datetime.now().date())
            errorno = 0

            while today_date > last_date != this_date and errorno < 10:
                for page in tqdm(range(1, NUMBER_OF_PAGES)):
                    formated_url = url + qs.format(start_date, api_key, page)
                    r = requests.get(formated_url)
                    r_json = r.json()
                    if 'results' in r_json:
                        for film in r_json['results']:
                            id = film['id']
                            md = MovieDescriptions.objects.get_or_create(movie_id=id)[0]

                            md.imdb_id = get_imdb_id(id)
                            if md.imdb_id is not None:
                                md.title = film['title']
                                md.description = film['overview']
                                md.genres = film['genre_ids']
                                last_date = film['release_date']

                                md.save()
                    elif 'errors' in r_json:
                        print(r_json['errors'])
                            errorno += 1
                        break

                    time.sleep(1)
```

注释:
- 如果不是今天并且错误少于10个则继续
- 运行1000页（API允许的最大值）
- 浏览页面中的所有电影
- 将其保存到数据库
- 如果发生错误，错误计数器将此加上去，并跳出for循环

电影的API请求包含的发行日期必须大于或等于1970年。要检索这些电影的描述，请运行清单10.9。

### 清单10.9 下载电影描述

```
$ python populate_sample_of_descriptions.py.
```

这段代码会下载可以用于主题模型的描述。运行它可能会有问题，因为描述是从链接63所示的网站上收集的，并且可能会限制你可以发出多少请求。我在代码中添加了 time.sleep(1)，每次请求间隔1秒。这可能还不够，所以如果你不断收到对方服务器的异常响应，请回到 populate_sample_of_descriptions.py 文件中，并输入一个更大的数字。

### 10.9.2 训练模型

我们将使用名为 Gensim 的库，其中包含 LDA 模型的实现。还有其他模型，但

这是最受欢迎的模型之一，到目前为止它给我的体验一直很好。

可以通过运行清单 10.10 中的命令来安装 Gensim。这是 MovieGEEKs 网站常规要求的一部分，所以如果你安装了它，后面就好办了（除此之外，还要运行 pip3 install -r requirements.txt）。[1]

清单 10.10　下载 Gensim 包

```
$ pip3 install gensim.
```

使用 Gensim 库创建 LDA 模型并不难。正如我们已经讨论过的，你需要加载和清理文档。如清单 10.11 所示，它的代码可在 /Builder/Ldabuilder.py 文件中查看。

清单 10.11　构建 LDA 模型

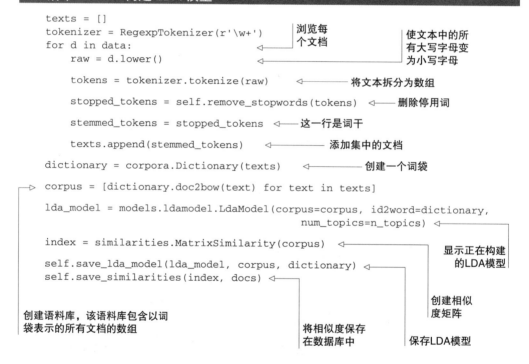

### 10.9.3　创建物品配置文件

物品的配置文件是使用模型创建的，并使用我们已经讨论过的 LDA 矢量图进

---

[1] 有关安装 Gensim 的更多信息，请参见链接65所示的网页。

行表示。在我们之前看到的构建器中，我选择更进一步，直接创建相似度矩阵，因为进行推荐是查找相关物品的问题。这并不总是可行的，因为可能会有比我们在这里使用的更多的物品。

观察相似度矩阵中的相似度的大小是一个好主意，如果所有值都接近于零，那么使用更多的通用数据来连接更多的物品可能是可行的。要创建模型并启用 MovieGEEKs 网站来生成基于内容的推荐，请运行清单 10.12 显示的 LdaBuild.py 文件。

**清单 10.12  运行 LDA 模型构建**

```
$ python -m builder.lda_model_calculator
```

### 10.9.4  创建用户配置文件

重复一下我的观点：可以通过多种方式创建用户配置文件。最简单的一个，你将在清单 10.13 中看到，是用户喜欢的物品列表。对于每个物品，你都将找到类似的物品。可以在你熟悉的脚本 /recs/content_based_recommender.py 中找到此段代码。

**清单 10.13  运行时，对用户的推荐**

```
def recommend_items(self,
                   user_id,
                   num=6):

    movie_ids = Rating.objects.filter(user_id=user_id)
                       .order_by('-rating')
                       .values_list('movie_id', flat=True)[:100]

    return self.recommend_items_from_items(movie_ids, num)

def recommend_items_by_ratings(self,
                               user_id,
                               active_user_items,
                               num=6):
    content_sims = dict()
    movie_ids = {movie['movie_id']: movie['rating'] \
                 for movie in active_user_items}
    user_mean = sum(movie_ids.values()) / len(movie_ids)
    sims = LdaSimilarity.objects.filter(Q(source__in=movie_ids.keys())
                                    & ~Q(target__in=movie_ids.keys())
                                    & Q(similarity__gt=self.min_sim))
```

使用用户的所有评分，至少是前100个最高的评分

使用此方法可以更轻松地进行测试，因为它会接收到用户获得的评分列表

调用 recommend_items_by_ratings

提取所有被评分影片的ID

计算用户的平均值

你只想遍历相似度的目标，所以获取它们

```
                   ┌─ 通过相似度数值对相似度进行排序，获得最佳候选         ┌─ 找出具有该目
                   │  者。要采用的数量是你应该调整的，在性能和时间         │  标的所有相似
                   │  上平衡考虑                                        │  度
                   │
                   └─► sims = sims.order_by('-similarity')[:self.max_candidates]
                       recs = dict()
                       targets = set(s.target for s in sims)
                       for target in targets:        ◄─── 通过这些目标运行

                           pre = 0                                        ┌─ 查找用户评过分
                           sim_sum = 0                                    │  的与当前目标类
                                                                          │  似的所有物品
                           rated_items = [i for i in sims if i.target == target]
    ┌─ 从评分中扣         if len(rated_items) > 0:
    │  除用户均值             for sim_item in rated_items:    ┌─ 如果找到了已评分的
    │                                                         │  物品，直接处理
    │              └──► r = Decimal(movie_ids[sim_item.source] - user_mean)
    │  将相似度与    ┌──► pre += sim_item.similarity * r                    ┌─ 将相似度
    │  评分相乘     │     sim_sum += sim_item.similarity                    │  添加到总
    │              │                                          ◄────────── │  和中
    │                  if sim_sum > 0:   ◄── 看看是否有相似之处……
                           recs[target] = \
                               { 'prediction': Decimal(user_mean) + pre/sim_sum,
                                 'sim_items': [r.source for r in rated_items]} ◄─┐
                                                                                 │
                       return sorted(recs.items(),                                │
                   ┌──►     key=lambda item: -float(item[1]['prediction']))[:num]
                   │                                          ┌─ ……如果是这样，请将
                   │  返回按预测排序的                          │  它们添加为推荐
                      推荐结果列表
```

如果你想获取 user_id= 400003 的推荐，可以使用 API 调用 http://127.0.0.1:8000/rec/cb/user/400003/，在这里会调用 recommend_items 方法。结果将如清单 10.14 所示。

**清单 10.14  调用为 cb 用户推荐的结果**

```
{
user_id: "400003", data:[
[""1049413",{
  prediction: "10.0000",
  sim_items:[ "2709768"]}
], ["4160704",{
  prediction: "6.8300", sim_items:
  ["1878870" ]}
],
["1178665",{
prediction: "6.8300",
sim_items: ["1878870"]}
], ...
```

这些预测只是基于一部电影的评分完成的。你可以决定以这种方式对预测进行

评估是否有价值，但它至少是一个可以提供一份清单的排序方案，且清单里面的物品和用户评分较高的物品更加相似。

### 10.9.5 展示推荐

基于内容的推荐显示在特定电影的详细信息页面上，我们在图 10.15 中看过一个例子。

对于首页上的个性化推荐，遍历所有用户的物品并根据其 LDA 矢量图计算相似度，然后在将它们返回给用户之前对它们进行排序。可以在图 10.20 中看到一个例子。

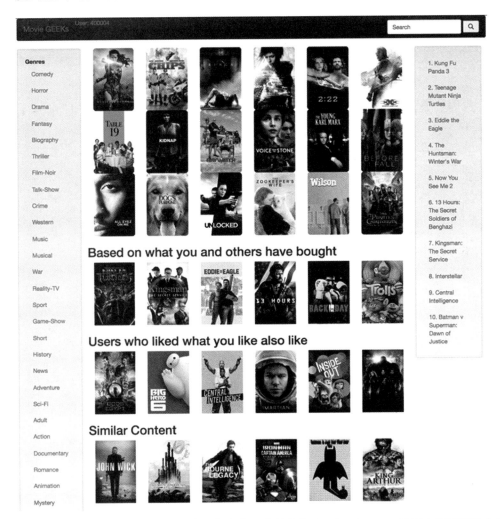

图 10.20　可以在 MovieGEEKs 应用程序首页中的名为 Similar Content 的行中看到基于个性化内容的推荐

## 10.10 评估基于内容的推荐系统

在继续之前，让我们回顾一下第 9 章，思考如何评估这个推荐系统。在第 9 章中，我们讨论了对数据进行交叉验证，但这对内容数据不起作用。要评估此推荐系统，你可以使用与评估 MAP 相同的代码。

你需要编写一个推荐方法，该方法需要一个评分列表，这样你可以使用用户评分的训练部分来调用它。你已经有了这个推荐方法，如清单 10.14 所示。接下来要考虑的是如何分割每个用户的数据。同样，你可以这样做，确保始终存在一定数量的训练数据或始终具有一定数量的测试评分。或者它可能是一个具体的点，你可以通过执行清单 10.15 中的代码来执行评估。

**清单 10.15　执行评估**

```
> python -m evaluator.evaluation_runner -cb
```

此代码创建一个 CSV 文件，其中包含用于显示评估的数据。图 10.21 显示了 MAP 的样子。

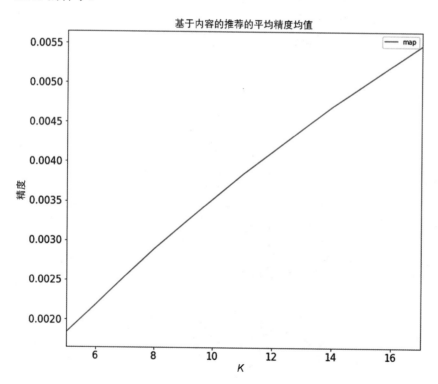

图 10.21　基于内容的推荐系统的评估。使用这些方法并不能使基于内容的推荐获得良好的效果

基于内容的推荐系统的核心工作是查找类似内容。评估结果取决于你的领域和用户是否为同一个、用户是否在同一类型的内容中，或者取决于用户是多么爱冒险。

测试此类推荐系统的另一种方法是查看推荐物品与输入内容的差异程度。好处是所有用户都对同一个物品进行了评价，并且有一个类似的物品将获得评分。之前的测试是使用高于 0.1（至少）的相似度完成的，推荐系统为 96% 的用户提供了推荐，这个比例比协同过滤算法要高。

## 10.11 基于内容过滤的优缺点

在构建基于内容的过滤算法时，需要考虑以下事项。

- 优点：
  - 很容易添加新物品。创建了物品特征矢量图，就可以开始了。
  - 无须复杂的步骤。因为可以根据内容描述找到相似度，所以你可以从第一次访问或评分开始推荐。
  - 基于内容的推荐系统并不关心现在流行什么内容，一部没人看过的电影被推荐的可能性和所有人都看过的电影一样高。
- 缺点：
  - 将喜好与重要性相提并论。如果你喜欢哈里森·福特的科幻电影，系统也会给你推荐哈里森·福特的非科幻电影。
  - 不会有意外收获。
  - 对内容的理解有限，可能很难包含所有标记内容对用户有利的方面的特性，这意味着系统很容易误解用户喜欢的内容。

《雷神》就是一个例子。可能是用户喜欢莎士比亚学派的所有作品，但通常不喜欢动作片，可系统解释说用户喜欢《雷神》是因为它是动作片。或者就像约瑟夫·康斯坦在他的"Introduction to Recommender Systems"文章中说的，如果我喜欢动作片中的桑德拉·布洛克和喜剧片中的梅格·瑞恩，但同时我讨厌动作片中的梅格·瑞恩和喜剧片中的桑德拉·布洛克，那么我就不可能把它们用特征矢量图表示出来。[1]

---

[1] Introduction to Recommender Systems: Non-Personalized and Content-Based 是约瑟夫·康斯坦教授在明尼苏达大学教授的一门课程，详情请参见链接66所指向的网站。

也就是说，你应该把特征结合成"桑德拉·布洛克主演的动作片"和"桑德拉·布洛克主演的喜剧片"等。

你做得很好！再做个总结，然后你就可以完成本章的学习了。

## 小结

- TF-IDF 很容易，除了是记住这个首字母缩写的意思是：term frequency-inverse document frequency，还要记住可以使用它来查找文档中的重要单词。
- 在将描述和文本提供给算法之前，最好删除不需要的单词并使用算法进行优化。这可以通过删除停用词、流行词，进行词干提取并且使用 TF-IDF 来删除不重要的词来完成。
- 主题模型可创建用于描述文档的主题。
- 隐含狄利克雷分配（LDA）可创建主题模型。
- 评估基于内容的推荐系统可以通过将每个用户的评分划分为训练数据和测试数据来完成（正如你在第 9 章中学到的）。然后对每个用户运行算法并计算推荐，看它是否产生了测试集中的内容。
- 基于内容的推荐系统很好，因为它们不需要关于用户的大量信息。
- 基于内容的推荐系统会找到类似的物品，这可能并不总是最令人惊讶和有趣的推荐。

# 用矩阵分解法寻找隐藏特征

矩阵是由数字组成的,本章将介绍什么是矩阵以及如何创建一个矩阵:

- 你将了解降维推荐算法。
- 减少相似度将帮助你在数据中找到潜在的(隐藏的)因子。
- 你将学习如何训练并使用奇异值分解(SVD)来创建推荐。
- 你将学习如何将新用户和新物品合并到 SVD 中。
- 你将看到一个被称为 Funk SVD 的矩阵分解模型,它比原来的 SVD 更灵活。

到目前为止你学到了什么?在第 8 章中,我们研究了基于邻域的协同过滤。在本章中,我们将回到协同过滤,但这次不讨论邻域,我们将探讨潜在因子。在第 10 章中已经讨论过相关内容,但当时讨论的是内容数据中的潜在因子。现在来看看与协同过滤相关的潜在因子,也就是行为数据。

我们会使用各种各样的命名,不过首先需要明确一个问题:隐藏特征和潜在因子是一回事。至少在我们谈论电影的时候是这样的。这些因子之所以被认为是潜在因子,因为它们是根据算法计算结果所定义的,而不是由人定义的。它们是显示或解释用户偏好方面的数据趋势。这些趋势或因子也是潜在的,因为即使它们在数据方面有意义,也不容易说清楚这些因子的含义和作用。我将在下面慢慢解释。

潜在因子推荐算法是一个相对比较新的发现,当 Netflix Prize 承诺向任何能将

Netflix 推荐精度提升 10% 以上的人提供 100 万美元时，这些算法获得了真正的突破。最终胜出的是集成推荐算法，它旨在混合许多不同的算法来产生最终的结果（顺便说一下，这也是第 12 章的主题）。获胜的算法过于复杂，所以从未真正投入使用。而 Simon Funk 在他的博客中提出的另一个解决方案因为与获胜算法结果相接近而变得很有名。自那以后，他的发现成为许多其他解决方案的基础。

在本章中，你将看到几个与 Netflix Prize 获胜者接近的解决方案。我们还将集中讨论一种叫作评分矩阵的东西。如果只有行为数据或者隐式评分，那么应该首先按第 4 章中描述的步骤把它转换成评分。我们在本章末尾讨论的 Funk SVD 算法可以使用行为数据而不是评分数据。[1]

在继续之前，要先做一些准备工作。我们将从大量关于 SVD 的讨论开始。它是线性代数中的一个著名方法，而且有很多工具可以帮助计算矩阵分解。我将向你展示一个带有 Scikit-learn 的工具，这是一个用于 Python 的机器学习库。

使用真正的 SVD，你可以轻松地添加新用户。然而，计算一个 SVD 的速度非常慢，而且如果你有一个巨大的数据集，那么它将非常耗时。[2] 最重要的是，算法对评分矩阵中的空单元格有严格的要求。为了解决这个问题，我们将继续讨论 Funk SVD，它也正成为最常用的 SVD。虽然添加新用户不那么容易，但这不是障碍。

寻找潜在因子是一项可以通过多种方式完成的任务。在协同过滤的范围内，我们主要利用基于评分矩阵的矩阵分解方法来寻找潜在因子。

## 11.1 有时减少数据量是好事

很多人告诉我们拥有的数据越多越好。怎么了？我们是要和他们唱反调吗？放心吧，我们不会这样。但你需要看看如何充分利用你拥有的数据。

减少维度的一个原因是从数据中提取信号。例如，图 11.1 的上图显示了噪声数据的散点图，而下图显示了实际信号——数据中的信息。简化数据有时可以更容易地理解其中隐藏的信息。

---

1 这是一个时髦的算法，但它的名字来自发起人 Simon Funk，是他推广的这种算法。
2 详情请参见 Michael Holmes 等人撰写的 "Fast SVD for Large-Scale Matrices" 文章，具体参见链接67指向的网页。

## 11.1　有时减少数据量是好事

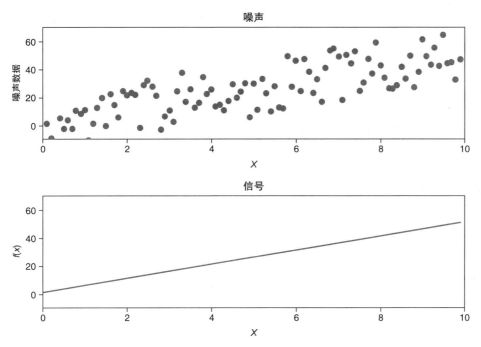

图 11.1　噪声数据的散点图（上图）和揭示数据中信息的信号（下图）

在某种意义上，我们可以从这些点中获得与图中线条所展示出来的相同的信息，只是这些点中同时还有许多噪声。同样的原理也适用于对高维数据进行降维。

把数据想象成一朵全是点的云，我们想把数据投影到一个低维空间。在降维之前彼此距离较远的点在降维之后依然距离较远，同样，降维之前相距较近的点在降维后依然距离较近。我们希望减少数据，以便只保留能提供更多信息的方向。如果算法成功了，那么指向这些方向的向量就被称为潜在因子。

为了用更贴近生活的方式来说明这一点，让我们来看一个真实的故事。想象一下，你与某个人第一次约会或被困在电梯里（这两种情况的压力水平一样高）。为了缓解部分紧张情绪，你们开始谈论电影。你可能以"你看过 $X$ 吗？"开场，或者可能是因为你参加了一个更长的会议，想谈谈对电影的喜好，然后说："我喜欢的电影类型是那种，演员穿着某个设计师设计的衣服，并略带一点点超能力的样子，最好是能让我发笑，故事发生在二十世纪七十年代。"于是另一个人说："哦，所以你喜欢詹姆斯·邦德！""是的，不过 *A Single Man*（一部 2009 年的电影，由汤姆·福特导演，他还经常设计太阳镜和其他东西）或者 *Clueless*（一部更古老的喜剧）也是这个类型的。"另一个人说："酷"，然后你们继续谈论 *Dawson's Creek*（1998 年结束的电视连续剧）是如此酷的连续剧，因为剧中的人物都穿着品味鲜明的服装。

如果你用常用的特征来写同样的故事，它会是这样的："我喜欢动作片，但也喜欢剧情片和喜剧。"另一个人会说，"是的，我喜欢电视连续剧。"这次谈话可能不会有什么结果。我们的基本思想是，通过查看用户的行为数据，可以找到一些类别或主题，这可以让你以比一部电影小得多的粒度来解释用户的喜好，而且结果比使用类型更详细。这些因子将使我们能够更精准地定位用户喜欢的电影。

说到隐藏的东西，听起来好像总有一些东西在那里，所以值得指出的是，如果你的数据是随机的或者没有任何信号，那么降维不会提供任何额外的信息。但通过从数据中提取因子，你将为用户使用更多收集到的数据。第 8 章中讨论的邻域算法在计算预测时只使用到了一小组数据，在这里你将使用更多的数据。

## 11.2　你想要解决的问题的例子

让我们回到在前面几章中提到的评分矩阵（如表 11.1 所示）。

表 11.1　评分矩阵

|  | 喜剧片 | 动作片 | 喜剧片 | 动作片 | 剧情片 | 剧情片 |
|---|---|---|---|---|---|---|
| Sara | 5 | 3 |  | 2 | 2 | 2 |
| Jesper | 4 | 3 | 4 |  | 3 | 3 |
| Therese | 5 | 2 | 5 | 2 | 1 | 1 |
| Helle | 3 | 5 | 3 |  | 1 | 1 |
| Pietro | 3 | 3 | 3 | 2 | 4 | 5 |
| Ekaterina | 2 | 3 | 2 | 3 | 5 | 5 |

同样，可通过分解评分矩阵进行降维（将在下面的内容中进行描述）。这将帮助你找到重要的因子，以便将用户和物品放在同一个空间中，并且可以通过查找相似的电影来为用户推荐感兴趣的电影。你还可以用同样的方法找到相似的用户。

使用矩阵分解方法，我仅使用两个维度就生成了图 11.2。首先，可以说垂直轴表示电影的严肃程度。《黑衣人》（*Men in Black*）和《神探飞机头》（*Ace Ventura*）不是严肃的，而《悲惨世界》（*Les Misérables*）是严肃的。

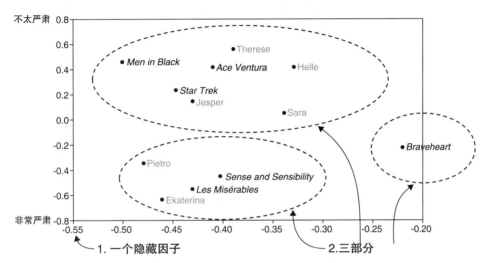

图 11.2 在降过维度的空间中绘制电影和用户。有两个维度：一个是电影的严肃性（Y 轴），而我看不出在 X 轴上放什么来解释

需要注意的是，这只是我的演示。我没有试着对数据进行适当的调整，以使其更好地进行分解，所以如果有困惑的话也是正常的。我确实尝试过对水平轴进行解释，但《神探飞机头》（*Ace Ventura*）和《理智与情感》（*Sense and Sensibility*）有着相同的横坐标，这就使得解释起来很困难。[1] 同样重要的是，要注意系统没有选择维度的数量；我这样做是为了使结果可以用图来表示。我们稍后详细介绍。

图 11.2 很直观地显示了三个部分，这似乎与评分矩阵相吻合。

1. 最上面的一部分包括 Therese、Helle 和 Jesper（它不太容易被发现，因为它在 *Star Trek* 下面）以及喜欢所有喜剧和动作片的 Sara。
2. Pietro 和 Ekaterina 不喜欢剧情片。
3. 第三部分只包含 *Braveheart*，这与其他部分有所区别。

在图 11.3 中，在评分矩阵中指出了这些部分，可以很容易地看出为什么图 ll.2 中会有这三个部分。

---

[1] 如果你有什么想法，请在图书论坛上告诉我。

|  | 喜剧片 | 动作片 | 喜剧片 | 动作片 | 剧情片 | 剧情片 |
|---|---|---|---|---|---|---|
| Sara | 5 | 3 |  | 2 | 2 | 2 |
| Jesper | 4 | 3 | 4 |  | 3 | 3 |
| Therese | 5 | 2 | 5 | 2 | 1 | 1 |
| Helle | 3 | 5 | 3 |  | 1 | 1 |
| Pietro | 3 | 3 | 3 | 2 | 4 | 5 |
| Ekaterina | 2 | 3 | 2 | 3 | 5 | 5 |

部分1　部分3　部分2

图 11.3　显示了评分矩阵中的三个部分，如图 11.2 所示

当我第一次看到图 11.2 时，让我困惑的是 Jesper 的位置与 *Star Trek* 很接近。他对这部电影的评价不是那么高，为什么会在那里呢？然而，如果看看图 11.3 中 Jesper 的评价，他给 *Men in Black* 和 *Ace Ventura* 四颗星，给 *Star Trek* 和两部剧情片三颗星。那么现在是不是觉得 Jesper 的位置似乎是合理的，因为矩阵分解试图推动物品和用户建立更接近的关系。他与 *Men in Black* 和 *Ace Ventura* 很接近，但又离另两部剧情片不远。

第 2 部分也值得一提。我认为 *Braveheart* 在降维空间中形成了自己独有的一部分，因为这是一部所有人都评分很低的电影。当然再说一次，这只是我的演示。

推荐算法的计算是通过查看这个因子空间（如图 11.2 所示的坐标系）并找到更接近用户的空间来完成的。在开始绘制因子空间和查找集群之前，要记住：你会发现许多教程和说明，它们显示了如何将向量空间中的维度解释为可以理解的内容，但它们很少起作用。使用向量空间作为一个框，询问物品之间和用户之间的相似性。这就是因子空间的好处。

即使因子空间很难解释，我依然对此感到很兴奋。太酷了！我希望这能激发你足够大的兴趣以至于你准备去学一点数学，因为你需要一些线性代数的知识。

## 11.3　谈一点线性代数

线性代数是一个很大的数学领域。它涵盖了对直线、平面和子空间的研究，它还涉及所有向量空间的共同属性。在理想情况下，矩阵分解的概念更多的是基于线性代数的，而不是你将要在这里看到的内容。

### 11.3.1　矩阵

矩阵在拉丁语中是子宫的意思。[1] 我们已经研究过向量，它代表了用户的偏好，但它们也意味着许多其他的东西。如果有如下两个向量：

$$v_1 = \begin{bmatrix} 1 \\ 1 \\ 1 \end{bmatrix} \quad \text{和} \quad v_2 = \begin{bmatrix} 0 \\ 2 \\ 1 \end{bmatrix}$$

可以把它们看作指向两个方向的两个箭头。画一个穿过它们的平面，可以说它们跨越了一个平面，如图 11.4 所示的平面。

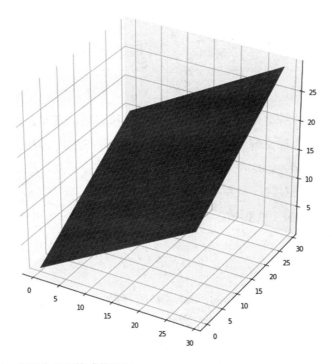

图 11.4　由两个向量构成的平面

---

[1] 你可以在维基百科的 Linear_algebra 词条下阅读更多关于线性代数的有趣的事实。

表现两个或多个向量的一种方法是使用矩阵。矩阵 $M$ 体现了前面所描述的向量：

$$M = \begin{bmatrix} 1 & 0 \\ 1 & 2 \\ 1 & 1 \end{bmatrix}$$

矩阵是一个由数字组成的矩形数组，由 $m$ 行和 $n$ 列组成。向量是只有一列的矩阵的特殊情况。

现在假设你正在为你的用户评估向量。每个内容项都有一个维度，这意味着你面对的是一个具有数千个维度的向量。在这种高维空间中，有一个称为超平面的东西，所有向量都位于这个平面上。矩阵是描述其中一个平面或超平面的一种方法。

前面所示的评分矩阵将在六维空间中跨越一种超平面，这可能难以想象或画出来。请将这些矩阵想象成这样的空间：

$$R = \begin{bmatrix} 5 & 3 & 0 & 2 & 2 & 2 \\ 4 & 3 & 4 & 0 & 3 & 3 \\ 5 & 2 & 5 & 2 & 1 & 1 \\ 3 & 5 & 3 & 0 & 1 & 1 \\ 3 & 3 & 3 & 2 & 4 & 5 \\ 2 & 3 & 2 & 3 & 5 & 5 \end{bmatrix}$$

但是，在你过于自信地将评分矩阵视为矩阵之前，应该记住，你没有足够的值放入所有单元格中，而且你不能生成一个只有部分单元格有值的矩阵。在上一个矩阵中，我用零填充了空单元格，但这不是最好的方法。稍后你将看到，在决定应该在这些空单元格中放置什么内容时，需要考虑很多问题。

在下面的内容中，我们会将矩阵相乘。如果你知道怎么做，很好；如果你不知道，下面提供了一个快速示例。

### 矩阵乘法

假设你有两个矩阵 $U$ 和 $V$，如果 $U$ 的列数与 $V$ 的行数相同，它们可以相乘。图 11.5 显示了如何通过两个矩阵相乘来创建矩阵的示例。

新矩阵的每个单元格中的值都是第一个矩阵中相应行（图 11.5 中所示的 $U$）与第二个矩阵（$V$）中相应列之间的点积。完成这个快速示例后，让我们继续进行因子分解。

## 11.3 谈一点线性代数

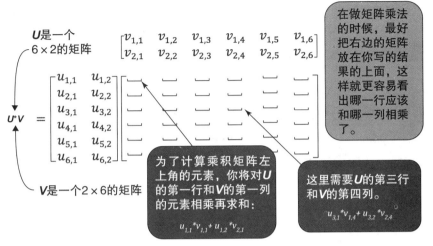

图 11.5 矩阵乘法速成教程

### 11.3.2 什么是因子分解

如前所述，我们希望分解矩阵。因子分解是将事物分解的过程。例如，可以将 100 这样的数字拆分为以下质因数：[1]

$$100 = 2 \times 2 \times 5 \times 5$$

这意味着你取一个数，然后把它写成一系列的因子。在这个例子中，你把它写成一个质数的列表。[2] 在这里，你拥有的不是一个数字，而是一个评分矩阵。在这种情况下，你能做的就是把它分解成矩阵的乘积，所以如果你有一个矩阵 **R**（**R** 代表评分矩阵），可以把它分解成以下形式：**R**=**UV**。

如果 **R** 有 $n$ 行和 $m$ 列（比如 $n$ 个用户和 $m$ 个物品），则称其为 $n \times m$ 矩阵（读作 $n$ 乘 $m$）；**U** 将会是一个 $n \times d$ 的矩阵，而 **V** 是一个 $d \times m$ 的矩阵。如果我们看一下前面所展示的矩阵，则可以得到如下公式：

$$\begin{bmatrix} 5 & 3 & 0 & 2 & 2 & 2 \\ 4 & 3 & 4 & 0 & 3 & 3 \\ 5 & 2 & 5 & 2 & 1 & 1 \\ 3 & 5 & 3 & 0 & 1 & 1 \\ 3 & 3 & 3 & 2 & 4 & 5 \\ 2 & 3 & 2 & 3 & 5 & 5 \end{bmatrix} = \begin{bmatrix} u_{1,1} & u_{1,2} \\ u_{2,1} & u_{2,2} \\ u_{3,1} & u_{3,2} \\ u_{4,1} & u_{4,2} \\ u_{5,1} & u_{5,2} \\ u_{6,1} & u_{6,2} \end{bmatrix} \begin{bmatrix} v_{1,1} & v_{1,2} & v_{1,3} & v_{1,4} & v_{1,5} & v_{1,6} \\ v_{2,1} & v_{2,2} & v_{2,3} & v_{2,4} & v_{2,5} & v_{2,6} \end{bmatrix}$$

---

1 有关详细信息，请参阅链接68。
2 有趣的是，由于算术的基本定理，质因数分解是唯一的。

# 第 11 章 用矩阵分解法寻找隐藏特征

这被称为 UV 分解。这里将 $d$ 设置为 2，但它也可以是 3、4 甚至 5（因为原始矩阵是 6×6）。其思想是将矩阵 $R$ 分解为物品和用户的隐藏特性（查看用户列和物品行）。在推荐系统领域，你可以将 $U$ 称为用户特征矩阵，将 $V$ 称为物品特征矩阵。

### 矩阵分解

要进行因子分解，需要以某种方式在 $U$ 和 $V$ 矩阵中插入值，从使 $UV$ 尽可能接近 $R$。让我们从简单的例子开始，比如，希望将单元格放入 $R$ 左上角的第二行第二列中，如图 11.6 所示。

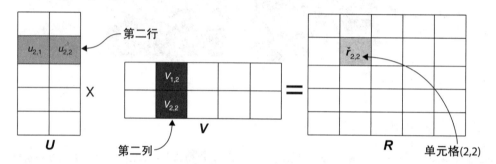

图 11.6　放入的单元格是 $U$ 中第二行与 $V$ 中第二列的元素乘积之和，这是通过将第一个集合（$U$）中相应的行与第二个集合（$V$）中相应的列进行相乘，然后对乘积进行相加得到的

如图 11.6 所示，单元格中的值是使用点积计算的。对于细心的读者来说，点积并不是第一次出现；以前看到过它，所以要重新理解它：如果你有图 11.6 中所示的行和列，那么就有两个向量（$u_{2,1}$, $u_{2,2}$）和（$v_{1,2}$, $v_{2,2}$），点积是：

$$\hat{r}_{2,2} = u_2 \times v_2 = u_{2,1}v_{1,2} + u_{2,2}v_{2,2}$$

即使是更长的向量，其工作方式也相同。对于矩阵中的每个单元格，都有一个类似的表达式，这样就有了一个长长的方程列表。做因子分解就是找到满足方程的 $V$ 和 $U$。如果你这样做了，那么就已经成功地完成了矩阵分解。在接下来的几节中，你将看到两种实现因子分解的方法：一种是 SVD 方法，这是一种广为人知的古老的数学构造方法，而另一种是 Funk SVD 方法。

## 11.4　使用SVD构造因子分解

矩阵分解最常用的是一种被称为 SVD（奇异值分解）的算法。我们希望找到推荐给用户的物品，并希望使用从评分矩阵中提取的来完成。分解的概念更为复杂，

## 11.4 使用SVD构造因子分解

因为我们希望最终得到一个公式,以能够比较容易地添加新的用户和物品。

从评分矩阵 $M$ 中,需要构建两个可以使用的矩阵:一个代表用户喜好,另一个包含物品配置文件。使用 SVD,可以构造三个矩阵:$U$、$\Sigma$ 与 $V^T$(也称作 $V^*$,不同的书中所用的符号不一样)。因为最后想得到两个矩阵,所以用 $\Sigma$ 矩阵的平方根分别与左右的矩阵相乘,然后就只有两个矩阵了。但是在做这件事之前,我们需要使用中间矩阵,它给出了应该减少多少维度的信息。图 11.7 显示了 SVD。

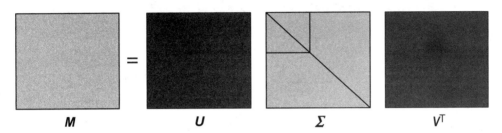

图 11.7 一个矩阵可以分解成三个矩阵

可以将这些矩阵称为:

- $M$——想要分解的矩阵;在示例中,它是一个评分矩阵。
- $U$——用户特征矩阵。
- $\Sigma$——对角矩阵。
- $V^T$——物品特征矩阵。

使用 SVD 算法时,$\Sigma$ 始终是一个对角矩阵。

### 对角矩阵

对角线矩阵意味着除了从左上角到右下角的对角线上的元素不为 0,其他元素都为 0,如下所示:

$$\begin{bmatrix} 9 & 0 & 0 \\ 0 & 5 & 0 \\ 0 & 0 & 1 \end{bmatrix}$$

### 简化矩阵

很难看出将一个矩阵拆分为三个矩阵有什么好处,尤其是创建这些矩阵还很费时间。但其思想是,对角矩阵 $\Sigma$ 包含从最大到最小排序的元素;这些元素被称为奇异值(singular values),这些值表示了该特征为数据集生成了多大的信息量。这里的特征表示用户特征矩阵 $U$ 中的一列和物品特征矩阵 $V^T$ 中的一行。现在你可以在特征中选择一个数字 $r$，并将对角线以外的其余元素设置为零。请看图 11.8，它说明了将中间框外对角线上的值设置为零时矩阵还剩下哪些元素（灰底方块）。这就与删除矩阵 $U$ 中所有最右边的列以及矩阵 $V^T$ 中所有最下面的行相同，仅保留前 $r$ 行。

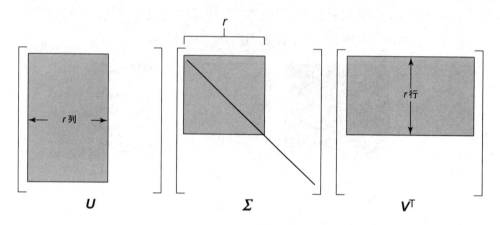

图 11.8 通过将 $\Sigma$ 中较小的值设置为零来简化 SVD 的计算

让我们来看一个例子，它用的是前面讲述的评分矩阵。你可以制作一个 Python Panda `DataFrame`[1]，如清单 11.1 所示。

**清单 11.1 创建评分矩阵**

```
import pandas as pd
import numpy as np
movies = ['mib', 'st', 'av', 'b', 'ss', 'lm']
users = ['Sara', 'Jesper', 'Therese', 'Helle', 'Pietro', 'Ekaterina']
M = pd.DataFrame([
    [5.0, 3.0, 0.0, 2.0, 2.0, 2.0],
    [4.0, 3.0, 4.0, 0.0, 3.0, 3.0],
    [5.0, 2.0, 5.0, 2.0, 1.0, 1.0],
    [3.0, 5.0, 3.0, 0.0, 1.0, 1.0],
    [3.0, 3.0, 3.0, 2.0, 4.0, 5.0],
    [2.0, 3.0, 2.0, 3.0, 5.0, 5.0]],
    columns=movies,
    index=users)
```

可以测试一下它是否能正常工作，并尝试运行以下命令：

---

[1] 如果你是 Panda 新手，我建议你阅读 Wes McKinney 所著的 *Python for Data Analysis* 一书（O'Reilly Media；2017年第2版）。

## 11.4 使用SVD构造因子分解

M['mib'][ 'sara']

它打印了 5.0，这是正确的。要进行矩阵分解，可以使用清单 11.2 所示的 NumPy 扩展库来实现。[1]

**清单 11.2　在矩阵上执行 SVD**

```
from numpy import linalg        ◁———— 导入NumPy的线性代数库
U, Sigma, Vt = linalg.svd(M)    ◁———— 计算矩阵因子分解
```

这将创建图 11.9 所示的三个矩阵（类似于图 11.6 和图 11.7 所示）。

| -0.34 | 0.05 | 0.91 | 0.11 | 0.19 | -0.00 |
|---|---|---|---|---|---|
| -0.43 | 0.16 | -0.31 | -0.12 | 0.74 | 0.35 |
| -0.39 | 0.56 | -0.19 | 0.63 | -0.32 | 0.02 |
| -0.33 | 0.42 | 0.02 | -0.76 | -0.37 | -0.05 |
| -0.48 | -0.34 | -0.18 | 0.03 | 0.10 | -0.78 |
| -0.46 | -0.61 | -0.06 | 0.02 | -0.40 | 0.51 |

**U**

| 17.27 | 0 | 0 | 0 | 0 | 0 |
|---|---|---|---|---|---|
| 0 | 5.84 | 0 | 0 | 0 | 0 |
| 0 | 0 | 3.56 | 0 | 0 | 0 |
| 0 | 0 | 0 | 3.13 | 0 | 0 |
| 0 | 0 | 0 | 0 | 1.67 | 0 |
| 0 | 0 | 0 | 0 | 0 | 0.56 |

**Σ**

| -0.50 | -0.44 | -0.41 | -0.22 | -0.40 | -0.43 |
|---|---|---|---|---|---|
| 0.46 | 0.17 | 0.42 | -0.22 | -0.49 | -0.55 |
| 0.50 | 0.22 | -0.78 | 0.26 | -0.08 | -0.13 |
| 0.34 | -0.77 | 0.17 | 0.51 | -0.02 | -0.01 |
| 0.41 | -0.36 | -0.16 | -0.76 | 0.19 | 0.25 |
| -0.01 | -0.03 | 0.01 | -0.02 | 0.75 | -0.66 |

**$V^T$**

图 11.9　NumPy 因子分解的矩阵

这有意义吗？嗯，也许吧，毕竟这不是真实结果。要得到与原版完全相同大小的三个矩阵需要做很多工作。不过让我们等一下。看中间的对角矩阵（$\Sigma$），它通常被称为权重矩阵。每个权重都表示在每个维度中包含了多少信息。第一个维度提供了非常多的信息（17.27），下一个维度提供的信息有所减少（5.84），以此类推，所以你可以减小矩阵的大小，即对矩阵降维。但是减小多少呢？

### 矩阵应该降至多少维

可以只使用两个维度，并且仍然可以生成一个如图 11.2 所示的图表。将矩阵简化为二维的另一个好处是，通过查看 Sigma 矩阵（$\Sigma$）中的权重，只使用两个特征就可以获得绝大部分信息。

对于这样一个小例子，矩阵降维并不重要。但是经验法则告诉我们，应该保留 90% 的信息。如果把所有的权重之和作为 100%，对应 100% 的信息量，那么你应该计算当保留多少个权重时，90% 的信息得以保留。让我们来计算一下图 11.9 所示的矩阵。

---
[1] 有关NumPy 的更多信息，请参阅链接69所指向的网页。

图 11.9 所示的 $\Sigma$ 矩阵中的权重（对角线元素）之和为 32.03，所以 90% 是 28.83。如果减少到 4 维，那么权重是 29.80，所以应该把矩阵降到 4 维（特征）。为了对代码中的矩阵降维，需要实现清单 11.3 所示的命令。

**清单 11.3　为矩阵降维**

```
def rank_k(k):
    U_reduced= np.mat(U[:,:k])                    ← 返回降维后的矩阵
    Vt_reduced = np.mat(Vt[:k,:])
    Sigma_reduced = Sigma_reduced = np.eye(k)*Sigma[:k]

    return U_reduced, Sigma_reduced, Vt_reduced,
U_reduced, Sigma_reduced, Vt_reduced = rank_k(4)  ← 使用rank_k返回降维矩阵
M_hat = U_reduced * Sigma_reduced * Vt_reduced    ← 计算降维矩阵M_Hat
```

M_hat 矩阵如图 11.10 所示。

|  | mib | st | av | b | ss | lm |
|---|---|---|---|---|---|---|
| Sara | 4.87 | 3.11 | 0.05 | 2.24 | 1.94 | 1.92 |
| Jesper | 3.49 | 3.46 | 4.19 | 0.95 | 2.62 | 2.82 |
| Therese | 5.22 | 1.80 | 4.92 | 1.59 | 1.10 | 1.14 |
| Helle | 3.25 | 4.77 | 2.90 | -0.47 | 1.14 | 1.13 |
| Pietro | 2.93 | 3.05 | 3.03 | 2.11 | 4.30 | 4.67 |
| Ekaterina | 2.27 | 2.77 | 1.89 | 2.50 | 4.92 | 5.35 |

图 11.10　M_hat 矩阵

你可能很想放弃使用 *U* 和 *V* 矩阵，但如果想在模型中添加新用户的话，就不要有这种想法了。如果要将新用户添加到模型中，就必须保留这两个分解矩阵。这一点我们稍后再讨论。首先，来看看如何预测评分。

### 预测评分

有了因子分解，现在就可以很容易地预测用户的评分了。只需在新的 M_Hat 矩阵中进行查找，该矩阵包含所有预测评分。要在矩阵中查找某些内容，首先要标识出相应的列（在清单 11.4 中是"av"），然后是行的索引（在清单 11.4 中是"sara"）。清单 11.4 显示了一个查询的例子（前提是用一个列名和一个索引名将 M_Hat 包装在数据帧中）。

## 11.4 使用SVD构造因子分解

**清单 11.4 预测评分**

```
M_hat_matrix = pd.DataFrame(M_hat, columns= movies,index= users ).round(2)
M_hat['av']['sara']
```

- `M_hat_matrix = pd.DataFrame(...)` ← 将M_hat矩阵包装在一个数据帧中，这样就可以像查询评分矩阵那样查询它
- `M_hat['av']['sara']` ← 查询Sara对 *Ace Ventura* 的预测评分

假设你只想保存分解矩阵。为了避免做三组乘法，可以使用 $\Sigma$ 矩阵并算出它所有元素的平方根，然后将其乘以每个矩阵。你可以将清单 11.4 所示的降维矩阵更新为清单 11.5 所展示的矩阵。

**清单 11.5 降维矩阵**

```
def rank_k2(k):
    U_reduced= np.mat(U[:,:k])
    Vt_reduced = np.mat(Vt[:k,:])
    Sigma_reduced = Sigma_reduced = np.eye(k)*Sigma[:k]
    Sigma_sqrt = np.sqrt(Sigma_reduced)
    
    return U_reduced*Sigma_sqrt, Sigma_sqrt*Vt_reduced

U_reduced, Vt_reduced = rank_k2(4)
M_hat = U_reduced * Vt_reduced
```

- 减小分解矩阵的大小
- 获取所有项的平方根
- 调用方法获取降维矩阵
- 将两者相乘，生成M_hat矩阵

现在有了这两个矩阵，就可以像清单 11.6 所演示的那样预测评分了，如图 11.11 所示。这里以 NumPy 数组的形式（不同于以前采用的数据帧）对矩阵进行索引。

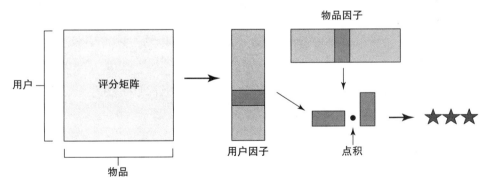

图 11.11 如何利用特征预测评分

#### 清单 11.6 计算评分

```
Jesper = 1                                      ◁—— 设置变量以使其更具可读性
AceVentura = 2
U_reduced[Jesper]*Vt_reduced[:,AceVentura]      ◁—— 计算预测评分
```

运行之前的代码，结果显示 Jesper 将 *Ace Ventura* 的评分定为 4.19，这接近于他的实际评分。当计算 Sara 对这部电影的评分时，可得到 0.048，这也接近于在算法中填充的 0。当然，也许用 0 填充所有的空白点不是一个好主意。为了能够更好地预测，我们将做一件叫作插补的事情。

### 用插补法解决评分矩阵中"零"的问题

怎么处理那些不知道的数据呢？以前看到的示例中只有一部分未知数据，但通常情况下，你将面对的是评分矩阵中只有 1% 的单元格有值的情况。对于这种情况，需要做点什么呢？有两种常见的方法来处理此问题：

- 可以计算每个物品（或用户）的平均值，并在矩阵的每一行（或每一列）中有零的地方填写这个平均值。
- 也可以对每一行数据进行标准化，使所有元素都以零为中心，这样零就成了平均值。

这两种方法都被称为插补。这个方法可以解决一部分困难，还可以用一种叫作基线预测的方法，它可以做得更好，我很快就会谈到这个方法。在清单 11.7 中，我们将用物品评分的平均值填充零值单元格。

#### 清单 11.7 标准化评分

```
r_average = M[M > 0.0].mean()              ◁—— 计算所有电影的平均值
M[M == 0] = np.NaN                         ◁—— 将所有物品设置为 0 到 NaN（不是数字）
M.fillna(r_average, inplace=True)          ◁—— 用平均值填充所有 NaN
```

如果再次运行它，会得到 Sara 对 *Ace Ventura* 的预测评分为 3.47，我认为这看起来更接近期望值，它同样也更接近于 *Ace Ventura* 的平均评分 3.4。

### 11.4.1 通过分组加入添加新用户

SVD 方法一个很酷的地方在于，可以向系统中添加新的用户和物品（尽管在进行交互之前没有任何数据）。例如，可以将我添加到因子分解中；我的评分向量将类似于表 11.2 所示。

## 11.4 使用SVD构造因子分解

表 11.2 Kim 的评分

| | 喜剧片 | 动作片 | 喜剧片 | 动作片 | 戏剧片 | 戏剧片 |
|---|---|---|---|---|---|---|
| Kim | 4 | 5 | | 3 | 3 | |

用矢量表示,这将是:

$$r_{kim} = (4.0, 5.0, 0.0, 3.0, 3.0, 0.0)$$

我们想要的是将这个评分向量投射到向量空间中。要做到这一点,可以利用前面显示的分解。添加一个新的用户意味着将一个新的行添加到评分矩阵,这反过来意味着分解后的用户矩阵也将有另一个新的行,如图 11.12 所示。

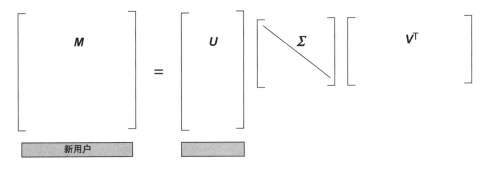

图 11.12 SVD 分组加入技术原理图

这是怎么做到的呢?很简单,运用了我们已经知道的东西。我们知道这一行的评分,还知道 $\Sigma$ 与 $V^T$。关于如何处理矩阵,有一些规则可以使用,但我在这里不讨论,因为这需要对矩阵进行长时间的讨论。[1] 你要相信我,可以使用以下公式计算新行:

$$U_{kim} = r_k V^T \Sigma^{-1}$$

---

[1] 更多详细信息,请参阅文章"Using Linear Algebra for Intelligent Information Retrieval",电子版可参阅链接70所指向的网页。

其中：

- $U_{kim}$ 是缩减空间中的用户向量，表示新用户。
- $r_k$ 是新用户的评分向量。
- $\Sigma^{-1}$ 是 $\Sigma$ 矩阵的逆矩阵。
- $V^T$ 是物品矩阵。

要在 Python 中使用它，需要实现清单 11.8 所示的代码。

清单 11.8　分组加入新用户

```
from numpy.linalg import inv

r_kim = np.array([4.0, 5.0, 0.0, 3.0, 3.0, 0.0])
u_kim = r_kim *Vt_reduced.T* inv(Sigma_reduced)
```

现在，你还可以预测用户 Kim 的评分。同样，可以使用以下公式分组加入新物品：

$$\hat{i}_{new} = r_{new\,item}^T U \Sigma^{-1}$$

其中：

- $i_{new}$ 是缩减空间中的向量，表示新物品。
- $r_{new\,item}$ 是新物品的用户评分向量。
- $\Sigma^{-1}$ 是 $\Sigma$ 矩阵的逆矩阵。
- $U$ 是用户矩阵。

如你所见，在添加物品之前，需要具有用户评分。你可能会问，如果可以添加新的用户和物品，那么为什么要重新计算所有内容。记住，简化是为了从数据中提取主题。当分组加入新用户或物品时，这些主题不会被更新；它们会与已经存在的主题进行比较。

重要的是要尽可能频繁地更新 SVD。根据新用户和新物品的数量，应该每天或每周更新一次。分组加入新用户的一个有趣之处是，如果新用户只有一个评分，那么不管它是高还是低都无所谓，[1] 推荐列表将完全相同。可利用前面显示的小矩阵来理解为什么会这样。

---

[1] 可参见 E. Frolov 等人编写的文章 "Fifty Shades of Ratings: How to Benefit from a Negative Feedback in Top-N Recommendations Tasks"。摘要见链接71所指向的网页。

## 11.4.2 如何使用 SVD 进行推荐

现在提供推荐的两种方法是计算所有预测的评分，并找出最高评分，且是用户以前没有见过的，或者迭代每个物品，在缩减的空间中查找类似的物品。第三种方法是使用新的矩阵，你必须像第 8 章中介绍的那样计算邻域协同过滤。这可能是一个好主意，因为矩阵中都有非零的条目（至少如果它是标准化的）。在这个密集的空间里，有更好的机会找到类似的物品或用户。

### SVD 的问题

我可以继续介绍 SVD 及其各种可能性，但我想使用另一种类型的降维方法，它类似于 SVD，但计算效率要高得多。到目前为止，你所看到的 SVD 有几个问题：首先，它要求对评分矩阵中未填充的单元格进行一些处理，这导致计算大矩阵的速度很慢。从积极的方面来说，当新用户到来时，有可能直接将他们吸入进来，但是需要记住，SVD 模型是静态的，所以应该尽可能地经常更新它。

此外，SVD 根本无法解释。人们希望知道为什么一些东西得到推荐，但 SVD 方法使人们很难理解为什么机器对某个物品预测了高的评分。但是在你继续研究之前，我建议你读一下 Badrul M. Sarwar 等人写的一篇文章。这篇文章来自 GroupLens 研究小组，如果你喜欢推荐系统的话应该了解一下，文章名是"Application of Dimensionality Reduction in Recommender System—A Case Study"[1]。

下一个矩阵分解算法很有意思，但和往常一样，我不会直接讨论它，让我们先来看一个叫作基线预测的东西，它可以更容易地向矩阵的空单元格中添加值。虽然基线预测可以作为推荐系统使用，但它在这里被用作一种使矩阵更好分解的方法。

## 11.4.3 基线预测

除了物品的类型和用户的喜好之外，物品和用户还有其他方面是需要被关注的。如果一部电影被认为是好电影，那么该电影的平均评分可能略高于所有电影的全球平均水平，反过来，如果一部电影被认为是不好的，其平均评分可能低于全球平均水平。如果你有这样的信息，那么可以在一个物品上添加稍高的默认评分。同时，某些用户比其他人更挑剔，或者比其他人更积极。高于或低于平均水平的物品，可

---

1 有关详细信息，请参阅链接72所指向的网页。

以说它是存在偏差的。用户也是如此，可以说用户与全球平均水平相比有一个偏差。

如果能提取出物品和用户的偏差，那么就可以为预测提供一个基线，这比以前在评分矩阵中填写空单元格时使用平均值要好得多。使用这些偏差，就可以创建基线预测。基线预测是全局平均值加上物品偏差再加上用户偏差的总和。在数学中，会用到以下公式：

$$b_{ui} = \mu + b_u + b_i$$

其中，

- $b_{ui}$ 是用户 $u$ 对物品 $i$ 的基本预测。
- $b_u$ 是用户偏差。
- $b_i$ 是物品偏差。
- $\mu$ 是所有评分的平均值。

所有这些听起来都很巧妙，但是如何计算用户和物品的偏差呢，它们都是评分的一部分啊？这个容易。每个评分都有一个等式。例如，如果 Sara 认为 *Civil War* 只能得到 5 颗星中的 3 颗，因为她认为美国队长表现不好，那么你可以得出以下等式：

$$b_{(sara,civil\ war)} = \mu + b_{sara} + b_{civil\ war} \implies 3 = 3.6 + b_{sara} + b_{civil\ war}$$

示例的全局平均值为 2.99（所有单元格的总和除以非零单元格的数目）。你能说出这些偏差的价值吗？不可能说哪一个是什么，但是如果有很多带有偏差的方程，那么可以通过把它作为一个最小二乘法问题来解决。

### 用最小二乘法求偏差

在第 7 章讨论相似度时，我们学习了最小二乘法。想法是一样的，即想找到偏差，使基线预测接近于已知的评分。如果采用与以前相同的评分，你会问应该为偏差设置哪些值，以使以下值尽可能小：

$$\min(r_{(sara,civil\ war)} - b_{(sara,civil\ war)})^2 \implies$$
$$\min(r_{(sara,civil\ war)} - \mu - b_{sara} - b_{civil\ war})^2$$

这个方程意味着你要找到使方程尽可能小或最小的 $bs$（全部样本个数）。当有很多评分（或者至少有一个以上）时，你可以找到所有评分总和的最小值。这个等式之所以是平方形式的，是因为这样可使所有的值都是正的，同时也会减少位差。

## 11.4 使用SVD构造因子分解

当有很多评分的时候,可以这样写:

$$\min_{b} \sum_{(u,i)\in K} (r_{(u,i)} - \mu - b_u - b_i)^2$$

其中,$(u,i) \in K$ 是到目前为止你所拥有的评分。

### 一个计算偏差的简单方法

找到这些偏差的一个更简单的方法是使用本节介绍的方程。首先,计算每个用户的偏差($b_u$),取用户评分与平均值之间的差值之和。除以评分,得到的结果是平均值与用户评分的平均差值:

$$b_u = \frac{1}{|I_u|} \sum_{i \in I_u} (r_{u,i} - \mu)$$

当所有用户的偏差都计算完毕后,按同样的方法计算物品偏差($b_i$):

$$b_i = \frac{1}{|U_i|} \sum_{u \in U_i} (r_{u,i} - b_u - \mu)$$

前面提到的这些基线预测方法可以用来填补评分矩阵中的空单元格,从而使SVD或大多数矩阵分解算法更好地工作。我计算了测试数据的偏差(使用清单11.9所示的Python代码),如表11.3所示。

清单11.9 计算偏差

```
global_mean = M[M>0].mean().mean()
M_minus_mean = M[M>0]-global_mean
user_bias = M_minus_mean.T.mean()
item_bias = M_minus_mean.apply(lambda r: r - user_bias).mean()
```

求全局均值,可以先求每一列的均值,然后对每一列的均值再求均值

从所有非零评分中减去全局均值

每一行的均值是用户偏差

从每一行中扣除用户偏差,然后取每一列的均值,得出物品偏差

表 11.3 用户和物品偏差

| 用户 | 用户偏差 | 物品 | 物品偏差 |
| --- | --- | --- | --- |
| Sara | -0.197222 | *Men in Black* | 0.644444 |

续表

| 用户 | 用户偏差 | 物品 | 物品偏差 |
|---|---|---|---|
| Jesper | 0.402778 | *Star Trek* | 0.144444 |
| Therese | -0.330556 | *Ace Ventura* | 0.333333 |
| Helle | -0.397222 | *Braveheart* | -0.783333 |
| Pietro | 0.336111 | *Sense and Sensibility* | -0.355556 |
| Ekaterina | 0.336111 | *Les Misérables* | -0.188889 |

从表 11.3 中可以看出，某些用户比其他用户更挑剔，而某些电影通常被认为比其他电影更好。我不确定这组用户是否能代表大众，因为我相信 *Braveheart* 是一部精彩的电影。除了用户的偏差之外，还有其他一些事情是可变的。接下来我们来看看这些事情。

### 11.4.4 时间动态

我们已经讨论过偏差是静态的情况，但是用户可以从一个快乐的评价者转变为一个脾气暴躁的人，应该调整偏差以反映出这一点。随着时间的推移也应该调整物品偏差，因为物品会进入或退出流行状态。对评分的预测也可能随时间而变化，因此可以说你的评分预测函数也是时间的函数。在这些情况下，应该将前面的公式修改为以下时间函数：

$$b_{ui}(t) = \mu + b_u(t) + b_i(t)$$

其中，

- $b_{ui}(t)$ 是 $t$ 时刻用户 $u$ 对物品 $i$ 的基本预测。
- $b_u(t)$ 是 $t$ 时刻的用户偏差。
- $b_i(t)$ 是 $t$ 时刻的物品偏差。
- $\mu$ 是所有评分的平均值。

如果你实现了所有其他的东西，并且想让推荐系统有更好的精度，以上这些都是需要考虑的。但是，是否要做这件事，也要看你的数据规模。

如果你的数据会跨越很长一段时间，并且你有许多评分，那么我认为你应该研究事物的时间因素；否则，你可以从简单的开始，然后考虑稍后升级。你可以找到很多关于如何处理这个问题的研究。一个很好的开始是阅读 Yehuda Koren 编写的

"Collaborative Filtering with Temporal Dynamics"。[1]

## 11.5 使用Funk SVD构造因子分解

SVD 方法在评分矩阵中投入了很大的权重，但评分矩阵是一个稀疏的矩阵，有评分的单元格的比例可能不到 1%，所以不应该过分依赖 SVD 方法。Simon Funk 没有使用整个矩阵，而是提出了一种只使用你需要知道的东西的方法。Funk SVD 通常也被称为正则化 *SVD*。

我们将首先从 RMSE 开始，在第 7 章中介绍过它，它提供了一个衡量我们与已知评分有多接近的指标。在工具箱里，有一个叫作梯度下降的工具，它使用 RMSE 来找到更好的解决办法（不相信我？那你最好继续读下去）。如果我们有了它，就将看到如何使用基线预测。我已经说过它是一种好于平均评分信息的预测方法。一旦了解了所有这些，就可以看看 Funk SVD 算法了。

### 11.5.1 均方根误差

当优化算法时，你的第一个方法应该使用 RMSE。让我们来了解一下这将如何让你更快乐。要解决的问题是创建两个矩阵 $U$ 和 $V$，让它们相乘时，尽可能接近原始矩阵。理想情况下，我们希望找到 $U$ 和 $V$，因此以下推导是正确的：

$$\begin{bmatrix} 5 & 3 & 0 & 2 & 2 & 2 \\ 4 & 3 & 4 & 0 & 3 & 3 \\ 5 & 2 & 5 & 2 & 1 & 1 \\ 3 & 5 & 3 & 0 & 1 & 1 \\ 3 & 3 & 3 & 2 & 4 & 5 \\ 2 & 3 & 2 & 3 & 5 & 5 \end{bmatrix} = \begin{bmatrix} u_{1,1} & u_{1,2} \\ u_{2,1} & u_{2,2} \\ u_{3,1} & u_{3,2} \\ u_{4,1} & u_{4,2} \\ u_{5,1} & u_{5,2} \\ u_{6,1} & u_{6,2} \end{bmatrix} \begin{bmatrix} v_{1,1} & v_{1,2} & v_{1,3} & v_{1,4} & v_{1,5} & v_{1,6} \\ v_{2,1} & v_{2,2} & v_{2,3} & v_{2,4} & v_{2,5} & v_{2,6} \end{bmatrix}$$

从前面的介绍可知，这可以写成一个长长的方程列表。对于其中的每一项，希望以下内容尽可能小：

$$\min_{u,v}(r_{ui} - u_u v_i)$$

因为要对所有单元格执行此操作，所以可以对这些表达式求和，这么说吧，你想要它们的最小值：

---

[1] 文章可查阅链接73所指示的网页。

$$\min_{u,v} \sum_{(u,i)\in \text{known}} (r_{ui} - u_u v_i)$$

**注意** 记住，每一行是一个用户（$u$），每一列是一个物品（$i$），矩阵中的每个单元格都由（$u,i$）定义。

用户 - 物品表示法清楚地表明了用户 $u$ 给出的所有评分；这是你已经知道的所有评分。我们的目标是找到两个矩阵的值，它将评分和用 $U$ 和 $V$ 计算的评分之间的差异最小化。最小化差异的方法是使用一种称为梯度下降的算法，我们将在下一节中介绍该算法。

要想用方程来消除大的误差带来的影响，那么可采用差异的平方值。但如果仍然希望误差出现在同一个等级上，那么最终会得到 RMSE：

$$\text{RMSE} = \sqrt{\frac{1}{|\text{known}|} \sum_{(u,i)\in \text{known}} (r_{ui} - u_u v_i)^2}$$

需要将和的每一个元素进行平方运算，当所有的元素都被求和后，除以元素个数，然后再求平方根。你可以试用一下。为了使下面的解释更为确切，我将把前面的 RMSE 写成以下函数 $f$：

$$f(u_1, \ldots, u_N, v_1, \ldots, v_M) = \sqrt{\frac{1}{|\text{known}|} \sum_{(u,i)\in \text{known}} (r_{ui} - u_u v_i)^2}$$

找到值 $u_1$，…，$u_N$ 和 $v_1$，…，$v_M$，这可使函数的结果尽可能小。因为这很难通过观察来完成，如前所述，我们将使用一种叫作梯度下降的方法。

## 11.5.2 梯度下降

为了理解梯度下降，我们先从一个普通的例子开始，然后再回到手头的问题。梯度下降是一种在图上寻找最优点的方法，其中最优是指最低点（或最高点）。假设有下面的函数 $f$，想找到 $x$ 和 $y$，它们可产生最小的可能值：

$$f(x,y) = 12x^2 - 5x + 10y^2 + 10$$

绘制的图形如图 11.13 所示。

## 11.5 使用Funk SVD构造因子分解

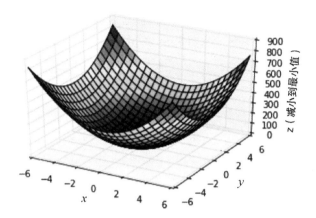

图 11.13　绘制函数 $f(x,y) = 12x^2-5x+10y^2+10$

梯度下降背后的思想是从某个地方开始（这将回到如何选择出这个地方的问题），然后看看是否有某个方向可以使函数产生较小的值。用数学语言描述是，你希望找到这样的 $x'$ 和 $y'$：

$$f(x',y') < f(x,y)$$

在图 11.13 所示的例子中，可将其理解为你站在碗的一边，然后沿着指向底部的方向移动。假设你站在一座山上，雾蒙蒙的，每个方向只能看到一米内的事物。如果想找到一个有水的地方，那么最好的选择是朝着向下的方向走，和这里介绍的原理是一样的。图 11.14 显示了如何解释这个想法。

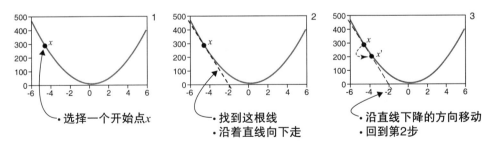

图 11.14　梯度下降算法。从某个地方开始找出向下移动的方向，朝那个方向移动一点，然后重复

在下一节中，我将把梯度下降的描述分为几个步骤。

### 如何开始

如何决定从哪一点开始？可以从任何地方开始，因为并不是所有的函数都像

图 11.14 所示的那样是碗状的。很多时候，你会看到具有多个局部最小值的函数，如图 11.15 所示。

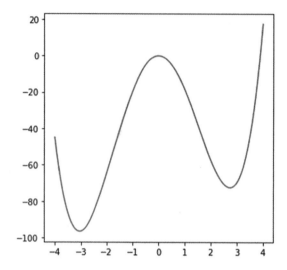

图 11.15　具有多个最小值的函数（$1.2x^4 + 0.5x^3 - 20x^2$）

最好是尝试不同的起点，看看它们是否能到达同一点。例如，如果你使用前面描述的函数和图 11.14 中所示的步骤，则选择 $x=-5$。

### 如何找到向下的线

要找到向下的线，需要对方程求导。如果你不知道如何求导，那么你就听我的，导数（这是设置 $y=0$ 后的函数）如下：

$$\frac{dy}{dx} = 24x - 5$$

如果输入你选择的起点（$x=-5$），会得到：

$$\frac{dy}{dx} = -125$$

这意味着每次向右移动 1 时，原始函数在 $x=-5$ 处以 $-125$ 的斜率向下倾斜。如果导数为负，你应该向右移动以找到产生最小结果的 $x$。

要检查这是否正确，请看图 11.14，如果将 $x=2$ 代入导数，得到 $\frac{dy}{dx} = 43$，这意味着你要向左移动。如果你正在面对一个包含多个变量的函数，如图 11.13 中所示的变量，那么对每个变量都要这样做。

## 11.5 使用Funk SVD构造因子分解

### 如何找到下一点

现在知道该走哪条路了,那该怎么走到下一点呢?下一步该怎么做呢?以这个方程为例:

$$x' = x - \alpha * \frac{dy}{dx}$$

别紧张,我加了一个希腊字母,它是字母 α。在梯度下降的世界里,它被称为*学习率*,它意味着每次你想移动到下一个点时应该迈出多大的一步。

同样,没有任何规则,除非你步子迈得太大,有可能会错过最小值。看一下图 11.14 中的步骤 3,如果你一下移动了 5,会错过底部,在曲线的两边来回移动。如果你采取的步骤太小,那可能永远不会到达最小值。如果有多个变量,则对每个变量都要执行相同的操作。

### 什么时候结束

我不能告诉你什么时候结束(这就是为什么它被称为*启发式方案*而不是*解决方案*)。但是你可以看到你的评分函数的变化会越来越小。例如,如果你执行了一个步骤,函数只得到了 0.0001 的改善,那么可能可以停止了。或者,你可以继续进行 150 次迭代(步骤),完成后,就可以结束了。

### 11.5.3 随机梯度下降

前面描述的梯度下降算法也被称为批量梯度下降,因为每次调整参数值时都会计算所有误差,工作量相当大。假设你使用的数据集包含不少于 601 263 个评分,每次使用梯度下降算法进行迭代时,都需要计算所有 601 263 次减法,如清单 11.10 所示,其使用了 Django 模型接口。

**清单 11.10 获取所有评分的数量**

```
In[1]: Rating.objects.all().count()
Out[1]: 601263
```

另一种方法,经证实同时兼顾了效率、性能以及计算结果,它就是所说的随机梯度下降,它一次看一个评分。算法如下。对于每个评分 $r(u, i)$:

- 计算 $e = r_{ui} - q_i p_u$,其中 $q_i p_u$ 是预测评分。我们很快就会更深入学习这部分知识。

- 更新 $x$ 使 $x \leftarrow x-\alpha*e$，其中 $\alpha$ 是学习率。

你可以在所有评分的一次或多次迭代之后完成！不幸的是，这是数学课。我希望你学到了一些东西，因为它将被用在下一个例子中，随机梯度下降算法将在下面的章节中使用。

如果你在读完我的书之后开始学习深度学习，[1] 那么使用梯度下降法训练深度学习网络是一个重要部分。

### 11.5.4　最后是因子分解

要是忽略那些没有值的单元格，仅计算 RMSE，只使用那些有值的单元格，会如何呢？会因此而避免稀疏矩阵以及填充空单元格的问题吗？别急，还是需要用到我们在 SVD 方法后介绍的那些知识。

我们的目标是获取你的所有评分，并创建两个矩阵，以便将物品因子矩阵的第 $i$ 行乘以用户因子矩阵的第 $u$ 列，以提供一些接近实际已知评分的内容。把它放到最小二乘问题中，你可以说你想找到矩阵 **Q** 和 **P**，它们将最小化所有已知评分的内容。可以用随机梯度下降算法来实现。

$$\min_{p,q} \sum_{(u,i) \in K} (r_{u,i} - q_i p_u)^2$$

其中

- $q_i$ 是物品因子矩阵 **Q** 中的第 $i$ 行。
- $p_u$ 是用户因子矩阵 **P** 中的第 $u$ 列。

对于每个评分，你将更新 **Q** 和 **P** 这两个矩阵，或者更确切地说，更新各自矩阵中的一行和一列。在开始之前，你需要决定要使用多少个特征。

在 Funk SVD 中，没有 Sigma 矩阵的计算能力，因此你必须使用几个不同数量的特征运行它，并查看哪一个是最好的。可以对每个特征 $f$ 使用以下算法，然后继续，直到完成。（我将解释这个算法的作用，然后向你展示如何在 Python 中实现它。）

对于评分中的每个评分 $r_{ui}$，计算

- $e_{ui} = r_{ui} - q_i p_u$

---

[1] 我现在正在使用 Nishant Shukla 编著的 *Machine Learning with TensorFlow*（Manning，2018）一书进行学习。

- $q_i \leftarrow q_i + \gamma * (e_{ui} * p_u - \lambda * q_i)$
- $p_u \leftarrow p_u + \gamma * (e_{ui} * q_i - \lambda * p_u)$

其中

- $\gamma$ 是学习率。
- $\lambda$ 被称为正则化项。

首先，该方程计算出与实际评分相比，预测评分偏离的程度（误差）。然后，使用此误差校正 **Q** 和 **P**：用误差乘以学习率（$\gamma$，其值通常为0.001）来更新 $q_i$ 和 $p_u$，并减去原向量与正则化因子以及学习率的乘积。[最后一部分是为保持向量的长度（值）很小。]

现在，当你对所有已知的评分执行一次 Funk SVD 算法后，将得到两个矩阵，它们可以用来预测评分。在执行此算法之前，最好对评分列表进行无序调整，因为评分趋势可能会将因子分解推向奇怪的方向。[1]

## 11.5.5 增加偏差

我们在前一节中讨论了偏差。即使方程已经有点复杂，那也值得加上它们。但是，同时拥有用户因子（**P** 中的一行）和偏差意味着什么呢？

我认为这可解释为用户喜欢一种特殊类型的电影，这种电影编码在用户因子中，而负（或正）的评分则被编码在偏差中。如图11.16所示，预先设定的评分现在是4件事情的总和。

如果将这些添加到公式中，则要最小化的新函数如下所示：

$$\min_{b,p,q} \sum_{(u,i) \in K} (r_{ui} - \mu - b_u - b_i - q_i p_u)^2$$

现在你的算法看起来像下面这样（这是前一个算法的扩展）。针对每个特征 $f$，继续执行直到完成：

- $e_{ui} = r_{ui} - q_i p_u$
- $b_u \leftarrow b_u + \gamma * (e_{ui} - \lambda * b_u)$
- $b_i \leftarrow b_i + \gamma * (e_{ui} - \lambda * b_i)$

---

1 这意味着对评分序列随机排列。

- $q_i \leftarrow q_i + \gamma * (e_{ui} * p_u - \lambda * q_i)$
- $p_u \leftarrow p_u + \gamma * (e_{ui} * q_i - \lambda * p_u)$

其中

- $\gamma$ 是学习率。
- $\lambda$ 被称为正则化项。

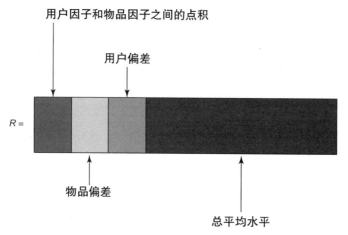

图 11.16 预测评分是这 4 个因子的组合

即使不想在这些方程上被拖太久，你也应该知道它是按照随机梯度下降法来做的，方程是通过平方差的导数得到的。

## 11.5.6 如何开始，何时结束

既然你已经掌握了所有的数学和结构方面的知识，现在是时候讨论机器学习的艺术了，因为完善的机器学习不仅仅有关数学，它还涉及理解如何初始化参数以及常数应该是什么。任何艺术的问题都因没有对与错而很难教授。虽然要获得好的参数需要一点艺术，但 Simon Funk 是个好人，他跟我们分享了他使用的值：学习率 $\gamma$ =0.001，正则化项 $\lambda$=0.02，40 个因子。这可能是使他在本章开头提到的 Netflix Prize 中获得第三名的原因。

让我们快速讨论一下如何为每个参数确定适合的值。在这里所做的和在第 9 章中看到的评估的不同之处在于，不仅在寻找更高的精度和召回率（当你完成参数的微调后，将看到这个方法），而且还专注在训练算法以理解这个领域上。这听起来

## 11.5　使用Funk SVD构造因子分解

很花哨，但我们应牢记目标，即为在线用户提供建议。

要想做到最好，创建的算法，不仅能记住训练数据中的答案、能从测试数据中预测评分，而且当计算或转而提到用户因子和物品因子的两个矩阵时，在你训练的数据和你测试的数据集上有尽可能小的误差。如第 9 章所述，可以拆分数据，以便使用训练数据来训练相关领域的算法，并让测试数据知道何时已获取了足够的信息。如果你的算法训练的数据太少，就不会得到一个理解领域的结果，而训练的数据太多，它就会在训练数据上被过度拟合。它只会记住训练数据，而不是理解领域。可以用来调整算法的参数包括：

- 初始化因子——决定梯度下降的方向。
- 学习率——每一步的移动速度。
- 正则化项——算法应该将误差调整到多少？所有表达式的正则化项应该都一样，还是应该将其分为因子和偏差？
- 迭代多少次——算法对训练数据应该有多专业化？

通过以不同的方法设置这些参数，你可以通过多种方式来解释你将对结果产生什么影响。我建议你理解每一种方法的效果。这里还包括一个网格搜索，它意味着可以尝试许多不同的值，并查看每个值是如何工作的。如果你了解了每个参数的功用，将为下一个推荐系统做好更充分的准备。

最后一句话会让你有点烦，因为你在这里使用的数据很可能不是 Netflix Prize 中使用的 Netflix 数据集。你应该尝试不同的参数，看看是否可以使数据集工作得更好。清单 11.11 显示了如何测试不同的参数，可以在 /builder/matrix_factorization_calculator.py 中查看代码。

**清单 11.11　测试要使用的因子有多少**

一次训练一个因子　　　　　　　初始化所有因子和常量　　　将数据拆分为训练数据和测试数据

```
def meta_parameter_train(self, ratings_df):
    for k in [5, 10, 15, 20, 30, 40, 50, 75, 100]:
        self.initialize_factors(ratings_df, k)
        test_data, train_data = self.split_data(10, ratings_df)
```

# 第 11 章 用矩阵分解法寻找隐藏特征

```
columns = ['user_id', 'movie_id', 'rating']
ratings = train_data[columns].as_matrix()          ◁──  继续，直到终止
test = test_data[columns].as_matrix()                   （函数为真）
self.MAX_ITERATIONS = 100
iterations = 0                                          每个因子都经过100
index_randomized = random.sample(range(0, len(ratings)), 次迭代，每次迭代
                                 (len(ratings) - 1))  ◁ 都训练100次评分

  for factor in range(k):
    factor_iteration = 0
    last_err = 0                                        使用随机梯度下降
    iteration_err = sys.maxsize                         算法，数据的随机
    finished = False                                    化就很重要了

    while not finished:
      train_mse = self.stocastic_gradient_descent(factor,
                                     index_randomized,
                                     ratings)
                                                        在所有训练评分
      iterations += 1                                   上运行随机梯度
                                                        下降算法（详细
      finished = self.finished(factor_iteration,        信息稍后描述）
                               last_err,
                               iteration_err)
      last_err = iteration_err                          计算测试数据的
      factor_iteration += 1                             均方误差

      test_mse = self.calculate_mse(test, factor)  ◁──
```

图 11.17 显示了清单 11.11 中的测试结果，在图中绘制了每个因子的运行情况。

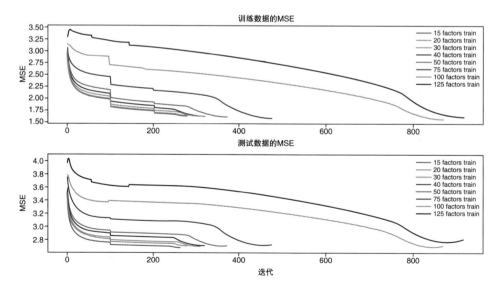

图 11.17　RMSE 绘制了算法的每次迭代。上图所示的是训练数据上的 MSE，下图所示的是测试集上的误差数据上的 MSE

## 11.5 使用Funk SVD构造因子分解

在我的 MacBook（我从 2016 年开始使用的，2.7GHz 的 i7 内核）上运行此测试，大约运行了 12 个小时后，我得出的结论是 40 个因子看起来不错。我还必须修改迭代次数。Funk 写道，他对每个特性进行了 120 次迭代；有了这个数据集，我要么在 100 次迭代中停止，要么在后一个误差小于当前误差时停止。我想也许值得放松一下。因此，如果算法已经开始训练一个新的因子，那么在停止它之前，也许应该让它运行 10 次迭代左右。但我会把它留给你作为测试。

Funk 还提到他对如何计算预测误差有不同的想法。我们有很多设置参数的可能组合，但是最好的方法是提出一个假设，然后像前面所示进行测试。

另一种查看数据的方法是将训练误差与测试误差进行比较，如图 11.18 所示。重要的是，让这些线条基本上与水平轴的夹角为 45°（即斜率为 1），以便使测试误差与训练误差成正比。

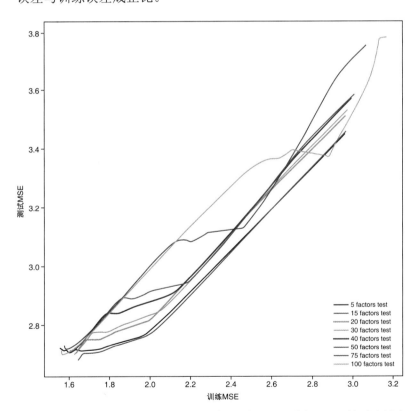

图 11.18 将测试 MSE 与训练 MSE 进行比较，可以看出是否开始过度拟合

有些人会建议你运行测试一定次数，例如，50 次或 100 次，而有些人会建议你在每次迭代中查看 RMSE，当 RMSE 中的变化低于某个值时结束。如果你确实如图

11.18 所示绘制了 MSE，那么最好在图表中查找拐点。拐点通常是算法停止拟合已知数据并开始过度拟合的位置。图 11.18 中的一条线显示了 75 个因子的训练。可以看到，测试 MSE 大约有 400 次迭代。这里你应该只使用 20 个因子，因为 20 个因子的测试曲线在 275 次迭代时有一个小拐点，所以这可能是一个很好的结束的地方。

### 过度拟合

如果你的评分矩阵是稀疏的，那么可能会遇到过度拟合的问题，就是算法学习训练数据学得太好，测试数据的 MSE 开始突然增加。例如，当矩阵 $U$ 和 $V$ 精确计算出现有评分的正确值时，会发生过度拟合，但在预测新评分时，会完全偏离。解决这个问题的一种方法是引入正则化因子，这样需要最小化的就是下面这个值：

$$\min_{uv} \sum_{(u,i) \in \text{known}} (r_{ui} - u_u v_i) + \lambda(\|u\|^2 + \|v\|^2)$$

这里的思想是，希望算法找到最佳的 $U$ 和 $V$，同时不允许它们中的任何一个变得太大。这样做的理由是，不要让因子分解变得过于贴合训练数据的值，因为我们希望它能够很好地预测新数据的评分。

过度拟合是一个有趣的主题，在此我们就不再过多地进行讨论了。[1] 在 Funk SVD 中，可以使用用户因子来限制物品因子，反之亦然（与偏差相同），这可以应对过度拟合的问题。

## 11.6 用 Funk SVD 进行推荐

做完上述工作之后，你拥有了 4 样东西：

1. 物品因子矩阵——其中每列表示由你计算的潜在因子描述的物品内容。
2. 用户因子矩阵——其中每列表示由潜在因子描述的用户。
3. 物品偏差——通常认为某些物品比其他物品更好或更差。偏差描述了全局均值和物品均值之间的差异。
4. 用户偏差——包括不同用户的不同评分标准。

---

[1] 有关过度拟合的更多信息，请参见链接74。

## 11.6 用Funk SVD进行推荐

有了这4样东西,就可以使用前面讨论过的公式(如下所示),为任何用户计算任何物品的预测评分了:

$$\widehat{r_{u,i}} = \mu + b_u + b_i + q_i p_u$$

这很好,因为与以前看到的方法相比,现在可以对所有东西提供预测评分了!但推荐不仅仅是预测评分。你需要找到一个用户评价很高的物品列表。下面描述了两种方法来解决这个问题——暴力算法和邻域算法。

### 暴力推荐计算

暴力法很容易描述:为每个用户计算每个物品的预测评分,然后对所有预测进行排序并返回排名前 $N$ 的物品。当你计算时,也可以保存所有的预测,这样当用户访问时,就可以提前把它们都准备好。

这是一种简单直接的做事方式。需要记住的是,这可能需要一些时间,并且需要你的系统计算许多可能永远都用不上的东西。可以对它进行一点优化,但更好的方法是保存这些因子和偏差,并使用它们来计算推荐。

### 邻域推荐计算

我在第8章中花了很多篇幅描述了邻域,所以我不会再拖你回去。本章的介绍唯一与之不同的是,你可以使用计算出来的因子,而不是使用原始评分数据。这意味着可在一个更小的维度上计算事物之间的相似度,这使得计算变得更容易。

如果你去看看前面介绍的因子空间(如图11.19所示),可看到可以创建基于用户或基于物品的推荐。任何一种方法都可以利用创建的向量表示用户和物品。

### 用户向量

生成推荐的一种方法是,找到这样的物品:其因子向量与当前用户的向量相邻。它们都在同一个空间里,对吧?但是如果你这样做,那么应该考虑将用户放在用户喜欢的所有物品中。如果用户只喜欢一种类型的电影,那没关系。如果你像我一样,喜欢意大利戏剧和超级英雄电影,那么你周围的人将处于你喜欢的一切之间。

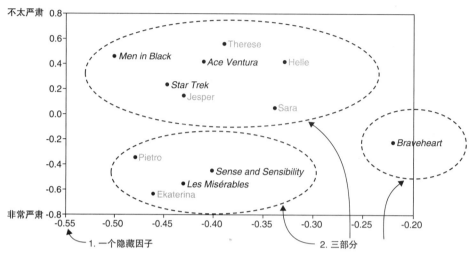

图 11.19 坐标系显示了如何解释隐藏空间的一种方法。在这里,你可以看到 Ekaterina 和 Pietro 喜欢《理智与情感》(Sense and Sensibility)以及《悲惨世界》(Les Misérables)。没有人喜欢《勇敢的心》(Braveheart)

### 用户喜欢的物品

来看一下图 11.20,用户已经正面评价了所有物品,并且找到了相似的物品,或者找到了相似的用户,并推荐了他们喜欢的物品。

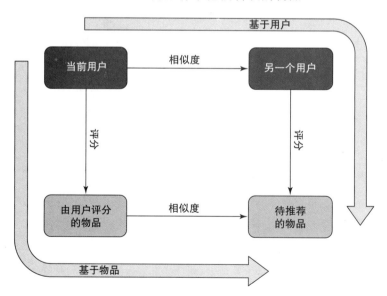

图 11.20 从当前用户到产生推荐有不同的方式,既可以通过查找相似的用户,也可以查看当前用户的物品

## 11.7 MovieGEEKs中的Funk SVD实现

现在让我们回到MovieGEEKs来看一下如何实现Funk SVD。到目前为止，我们已经研究了一些具体实现，所以希望在这里看到的是推荐，以及如何验证模型是否有效。构建矩阵模型的命令如清单11.12所示。

**清单 11.12 构建矩阵模型**

```
Python -m builder.MatrixFactorizationCalculator
```

可在 /builder/matrix_factorization_calculator.py 中找到构建矩阵模型的代码。在下面的内容中，你将看到构建内部会发生什么。

### 训练阶段

训练阶段将初始化所有的偏差和因子，并对评分建立索引，如清单11.13所示。因为我们将多次遍历评分，所以最好预先加载它们，并将其保存在内存中（如果适合的话），可在 /builder/matrix_factorization_calculator.py 中找到此清单的代码。

**清单 11.13 初始化偏差和因子**

创建一个从user_ids到数字的映射字典，这样就可以使用Numpy数组来替代pandas。这样可以运行得更快

创建一个包含所有用户ID的集合

创建一个包含所有电影ID的集合

```
def initialize_factors(self, ratings, k=25):
    self.user_ids = set(ratings['user_id'].values)
    self.movie_ids = set(ratings['movie_id'].values)
    self.u_inx = {r: i for i, r in enumerate(self.user_ids)}
    self.i_inx = {r: i for i, r in enumerate(self.movie_ids)}
    self.item_factors = np.full((len(self.i_inx), k), 0.1)
    self.user_factors = np.full((len(self.u_inx), k), 0.1)
    self.all_movies_mean = self.calculate_all_movies_mean(ratings)
    self.user_bias = defaultdict(lambda: 0)
    self.item_bias = defaultdict(lambda: 0)
```

创建两个因子矩阵，均用0.1初始化

计算所有电影评分的平均值

创建一个从movie_ids到数字的映射字典，这样就可以使用Numpy数组替代pandas。这样也可以运行得更快

我们需要一种方法来测试实际评分和计算评分之间的误差，因此需要一种预测评分的方法，如清单11.14所示，可以在 /builder/matrix_factorization_calculator.py 中查看该方法。该方法与最终使用的预测方法相同。

## 清单 11.14 实现预测评分的方法

```
def predict(self, user, item):
    avg = self.all_movies_mean
    pq = np.dot(self.item_factors[item],self.user_factors[user].T)
    b_ui = avg + self.user_bias[user] + self.item_bias[item]
    prediction = b_ui + pq
    if prediction > 10:
        prediction = 10
    elif prediction < 1:
        prediction = 1
    return prediction
```

注释：
- 计算当前用户因子和当前物品因子的点积
- 偏差求和
- 将结果相加来创建预测
- 确保预测值在 1 到 10 之间

有了这些，就可以开始训练算法了，参见清单 11.15。与前面描述的一样，可以在 /builder/matrix_factorization_calculator.py 中找到此段代码。

## 清单 11.15 训练算法

```
def train(self, ratings_df, k=20):
    self.initialize_factors(ratings_df, k)
    ratings = ratings_df[['user_id', 'movie_id', 'rating']].as_matrix()
    index_randomized = random.sample(range(0, len(ratings)),
                                     (len(ratings) - 1))
    for factor in range(k):
        iterations = 0
        last_err = 0
        iteration_err = sys.maxsize
        finished = False
        while not finished:
            start_time = datetime.now()
            iteration_err = self.stocastic_gradient_descent(factor,
                                                    index_randomized,
                                                    ratings)

            iterations += 1
            finished = self.finished(iterations,
                                     last_err,
                                     iteration_err)
            last_err = iteration_err
        self.save(factor, finished)
```

注释：
- 初始化清单 11.13 中所示的所有因子和常量
- 设置评分数据的格式
- 对数据进行无序处理，以确保排序的趋势不会影响训练
- 迭代每个 k 因子

### 运行训练需要多少次迭代

如前所述，我们很难决定训练何时结束。清单 11.16 显示了我在训练时使用的代码段，可以在 /builder/matrix_factorization_calculator.py 中查看此代码段。

## 11.7 MovieGEEKs中的Funk SVD实现

**清单 11.16 我们快结束了吗**

```
def finished(self, iterations, last_err, current_err):
    if iterations >= 100 or last_err < current_err:
        print('Finish w iterations: {}, last_err: {}, current_err {}'
              .format(iterations, last_err, current_err))
        return True
    else:
        self.iterations +=1
        return False
```

继续；增加迭代次数

如果超过30次迭代，或者误差之间的差异低于1，那么停止迭代并转到下一个因子

### 保存模型

我们不希望丢掉所有这些工作，因此应该将模型保存到多个文件中。将模型保存为 JSON 文件是一种实现方法，具体取决于你希望如何使用它。我选择将这里显示的每个因子矩阵以及偏差保存到一个文件中，参见清单 11.17。可以在 /builder/matrix_factorization_calculator.py 中查看这段代码。

**清单 11.17 保存每个因子矩阵**

```
def save(self):
    print("saving factors")
    with open('user_factors.json', 'w') as outfile:
        json.dump(self.user_factors, outfile)
    with open('item_factors.json', 'w') as outfile:
        json.dump(self.item_factors, outfile)
    with open('user_bias.json', 'w') as outfile:
        json.dump(self.user_bias, outfile)
    with open('item_bias.json', 'w') as outfile:
        json.dump(self.item_bias, outfile)
```

JSON 文件在检索时速度不是很快，你可能希望速度更快一些，但这取决于你接下来要做什么。如果要计算暴力推荐并在数据库中保存所有预测的评分，则需要在所有用户和所有物品之间采用点积。在数据库中保存高于某个阈值的值，并在需要时进行简单的查找。

另一种方法是使用 Cosine 相似度计算相似度，如第 8 章所述。然后按照你在那一章中所用的方法计算评分。在下一节中，我们将制作一个较慢的版本，它在每次需要返回推荐时都要加载文件。

### 在线阶段

清单 11.18 显示了如何通过计算预测评分来执行推荐，然后根据最高的预测评分排序。此代码段可在 /recs/funksvd_recommender.py 中找到。

### 清单 11.18 按最高预测排序，recs/funksvd_recommender.py

```python
def recommend_items_by_ratings(self, user_id, active_user_items, num=6):
    rated_movies = set(active_user_items.values('movie_id'))
    user = self.user_factors.loc[user_id]
    scores = self.item_factors.dot(user)
    scores.sort_values(inplace=True, ascending=False)
    result = scores[:num + len(rated_movies)]
    recs = {r[0]: r[1] + self.user_bias[user_id] + self.item_bias[r[0]]
            for r in zip(result.index, result) if r[0] not in rated_movies}
    sorted_items = sorted(recs.items(),
                          key=lambda item: -float(item[1]['prediction']))[:num]
    return sorted_items
```

- 获取用户已评过分的所有电影的ID
- 从训练期间保存的文件中加载user_factors
- 按降序排列评分
- 在列表的开头只包含你想要返回的足够数量的元素，为找到的所有的用户评过分的物品留出空间
- 创建前端所需要的数据格式，并切断应返回的数字
- 创建内容id-预测评分的字典

做一个手动测试，并检查为某人做的推荐，比如用户 400005，其偏好配置如图 11.21 所示。

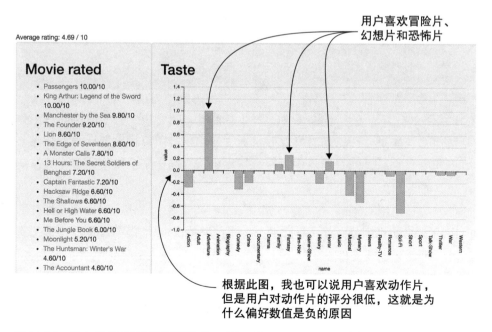

图 11.21 用户 400005 的偏好概况（http://localhost:8001/analytics/user/400005/）

## 11.7　MovieGEEKs中的Funk SVD实现

此用户收到如图 11.22 所示的推荐（截图来自 MovieGEEKs 的分析部分，网址为 http://localhost:8001/analytics/user/400005/）。

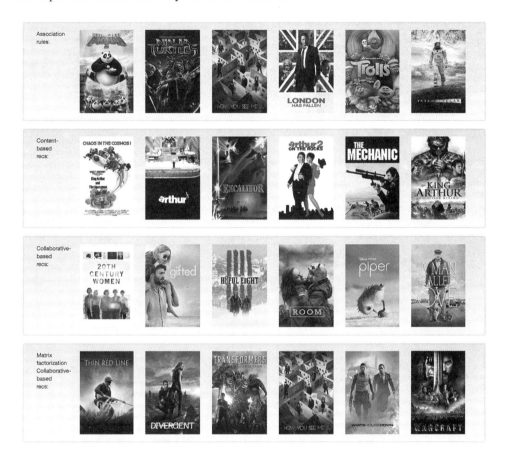

图 11.22　到目前为止你计算的推荐：使用关联规则，然后基于内容和协同过滤，最后是矩阵分解。我认为推荐的电影应该是激情类电影，但是计算出来的推荐其实是和用户观看过的电影相匹配的（当然这是一个主观意见）

观察给一个用户的推荐的问题是，它可能只是系统提供的少数有效推荐中的一个，但你永远无法确定这一点。这就是为什么要查看模型是否良好的唯一真正方法是将其投入生产，至少在预览模式下展示给某人。

### 11.7.1　如何处理异常值

在推荐系统的早期迭代中，我得到了一些在评估时看起来不错的东西，我认为一切都准备好且可以发布了。但后来我遇到一个喜欢卡通的用户,他喜欢《功夫熊猫》

和《乐高蝙蝠侠》，但 Funk SVD 给出了图 11.23 所示的推荐，我觉得有点奇怪。

图 11.23　几个异常值已经潜入在推荐中

推荐的这些电影都与《功夫熊猫》或《乐高蝙蝠侠》无关。该用户的偏好显示他喜欢看冒险片、动画片、犯罪片、幻想片和惊悚片。再仔细观察一下，这些电影就是物品偏差超过 5 的那 5 部电影。该算法将用户和所有物品因子做点积，然后再对它们排序并在从顶部取走它们之前，添加了物品偏差。现在我有点纠结，是否应该在添加物品偏差之前对物品排序。

如果更改算法，在添加物品偏差之前对物品进行排序，那么会改进推荐，但只会在与用户喜欢的因子类似的物品列表中有效。这样更改以后，生成的推荐如图 11.24 所示。

图 11.24　在排序后添加偏差显示了更好的推荐

我做的另一件事是降低偏差的学习率，这也有助于解决这个问题，因为用户因子和物品因子更为多样，它可使偏差更小。这是一个关于什么是更好的偏好的问题，它可以给你带来许多个不眠之夜，但也可以给你一种冒险的感觉。很难说什么是最好的设置，所以应该继续改善它们。

## 11.7.2　保持模型的更新

我们创建的这个模型很快就会过时。在理想情况下，你应该在运行完成后立即开始新的运行，但是，根据数据更改的程度，可以每晚重新计算模型一次，也可以每周重新计算一次。但请记住,每次用户与一个新物品交互时,可能都会有证据显示物品之间的联系,并进一步显示用户的偏好。如果你每周计算一次,还要记住从推荐中删除用户已经消费过的物品。最后,要记住的一点是,如果使用了隐式数据,那么,如果有评分也并不意味着用户已经消费了该物品。

### 11.7.3 更快的实施方法

以前的矩阵分解是使用梯度下降算法完成的,但是如果你有数百万个物品和用户,这可能会是一个缓慢的过程。另一种实现方法是交替最小二乘法(ALS),它不如梯度下降算法精确,但无论如何都能很好地工作。

## 11.8 显式数据与隐式数据

如果你有一组隐式数据,那可以像第 4 章中介绍的那样做,并从中推断评分。或者,可以通过稍微更改一下前面的算法后直接使用它。关于如何实现这一点的更多信息,建议你阅读 Yifan Hu 等人编写的"Collaborative Filtering for Implicit Feedback Datasets"(详情请参见链接 75)。

如果你想直接跳到它的实现中,请看一下隐式框架,它是隐式数据和协同过滤的快速实现。[1] 我听说它可在一些有大量数据的生产环境中使用。

如前所述,实现所使用的算法与此处描述的稍有不同。这是一个很好的练习,可以通过代码来了解执行的其他方法。

## 11.9 评估

当使用 Funk SVD 或其他机器学习算法时,在开始实际评估之前,通常需要调整许多参数。之前,我们讨论了训练数据的误差,并将其与测试数据的误差进行了比较。在调整完这些参数后,就可以进行算法评估了。很多人会说这是同一件事。但最后,你应该在没训练过的数据上测试算法,看看算法是如何工作的。

我们不希望找到执行交叉验证的超参数,因为这需要太长时间。我们几乎总是希望使用交叉验证来评估算法的性能。原理与第 9 章所述原理完全相同,如图 11.25 所示。

---

1 更多详细信息请参见链接76。

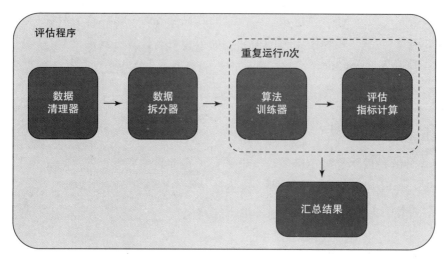

图 11.25　显示评估程序如何工作

清理数据之后，只剩下相关的信息，然后把用户分成 $k$ 个组。将每一个数据组中的用户拆分成训练数据和测试数据。再将这些数据组中的训练数据进行合并，附加到 $k–1$ 个其他组中，用于训练算法。然后，使用第 8 章中描述的任意一个指标来测试算法，最后，将结果汇总。可以通过执行清单 11.19 中的代码来运行评估。

清单 11.19　执行评估

```
> python -m evaluator.evaluation_runner -funk
```

此命令将创建一个 CSV 文件，其中包含用于显示评估的数据。我建议你查看一下代码，看看它是如何完成的。

该脚本不会直接运行交叉验证，需要调整代码才能运行。如果被设置为 0 个分组，这意味着没有交叉验证。我对一个包含 40 个因子的模型进行了评估，并像前面介绍的内容中所做的那样计算了精度和召回率。结果如图 11.26 所示。

从矩阵分解的结果来看，我认为它能为 100% 的用户提供良好的服务，但是结果让我很失望，它只推荐了 0.11% 的物品，也就是 3200 多个物品。（我稍微调整了偏差学习率，从 0.0005 开始，它产生了一个只涵盖大约 200 个物品的模型，调整到 0.002，它产生了超过 3200 个物品的最终推荐。然而，在总共 28 700 件物品中仍然有很多物品没有覆盖到。）出现如此低的百分比的一个原因可能是应该增加更多的因子，以满足更多不同的偏好。但同样，这是一件具有挑战的事情，对你来说是一个很好的练习。

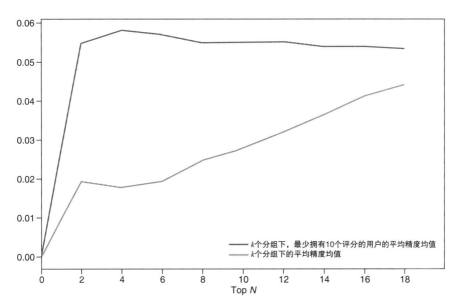

图 11.26　Funk SVD 的平均精度。下部的线条表示测试所有用户，而上部的线条则将测试数据限制在至少有 10 个评分的用户身上

图 11.26 所示的精度要比基于内容的算法好得多，后者的召回率和精度只有前者的一半多一点。可能让你感到惊讶，邻域模型能得到更好的召回率。这里的区别在于你有 100% 的用户覆盖率，所以只对一个物品评过分的用户也被包括在内；但在计算邻域模型之前，把那些只有一个物品评分的用户剔除了。如果像第 8 章中那样删除所有评分很少的用户，那么可能会得到更高的精度和召回率，如图 11.27 所示。

## 11.10　用于Funk SVD的参数

当使用 Funk SVD 算法时，有太多的参数和配置可以被改变和调整。更复杂的是，它们都是相互依赖的，改变一个因子，可能会影响另一个参数。你需要尝试所有的组合，以确定哪一个是最好的。你可以尝试使用网格搜索或类似的方法。[1]

对于只做过一次评分的用户来说，在训练中添加哪些评分对协同过滤算法没有太大帮助，所以最好将其删除。它们唯一能起到的作用就是增加了电影的平均评分。

---

1　更多信息请参见链接77。

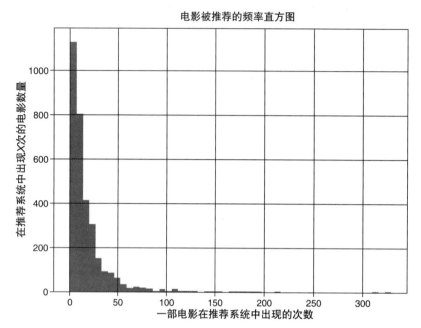

图 11.27　显示了电影在推荐系统中出现的次数。可以看到，超过 1000 部电影只推荐给一个用户

物品因子和用户因子是用户和物品使用你一直在训练的潜在因子的表现。最好检查一下，因子不要太大。我担心是否有向量的值不在 1 左右。可以通过正则化项来调整它；正则化项越大，因子就越接近 0。

偏差的初始化也很重要，因为它决定了在开始时的预测误差会有多大。我们不希望这些误差太大。考虑一下，如果对所有电影都有一个平均评分，那么添加用户偏差和物品偏差时不应该将平均值带到评分范围之外。我们在这里使用的数据集采用的是从 1 到 10 的评分尺度。平均评分在 7 分左右，因此物品偏差和用户偏差不应超过 1.5 分。

确定正确的迭代次数也是一个偏好问题。如果在早期因子上运行过多的迭代，则有可能将所有信号推入第一个维度，而其余因子将只有一个小信号。迭代次数太少，向量永远不会正确对齐。根据确定的迭代次数，还必须针对因子和偏差确定一个学习率：太大，它可能总是超过最佳值；太小，它永远不会从初始位置移动。

这是一个很短的列有需要做的事情的清单。记住，要有一个高质量的测量，然后测试它。获得一个较低的 RMSE/MSE 可能不会产生最好的推荐，但它显示了如何执行一个抓取推荐的函数。同样，记住要做一个假设，确保你知道如何测量结果，并尽可能容易地进行测试。

这是一个复杂的章节，你学到了很多知识。矩阵分解本身就是一个主题，这里我们只触及了表面知识。但是，如果你理解了这一点，就可以在此基础上做更复杂的事情。

## 小结

- SVD 是矩阵分解的一种方法，在许多库中被广泛接受，它是一种很好的方法。但它的缺点是，如果你的矩阵不完整，它就不能正常工作，也就是说，矩阵中不能有空单元格。必须用一些值填满这些单元格，而这又是很难做到的，因为很可能你不知道应该用什么值去填充。
- 基线预测是填充这些空单元格的一种方法。对物品矩阵也是如此。
- 基线预测被用来理解用户偏差和物品偏差。
- 一种允许使用稀疏评分矩阵的方法是使用 Simon Funk 首先尝试的 Funk SVD。
- 梯度下降算法和随机梯度下降算法是解决优化问题的超级工具，比如，一个定义为训练和优化的 Funk SVD。

# 12 运用最佳算法来实现混合推荐

本章由多个小节组成：

- 你将学习如何利用不同类型的推荐系统的优缺点将这些推荐系统组合起来。
- 你将会看到所有类型的混合推荐。
- 你将了解到集成推荐系统。
- 有了集成推荐系统的知识，你将了解如何实现一种被称为"特征加权线性堆叠"（feature-weighted linear stacking，FWLS）的具体算法。

据说有史以来最节能的汽车之一是混合动力车：丰田普锐斯，其核心是结合了两项著名的技术——内燃机和电动发动机。[1] 混合推荐系统基本上是相同的概念——把不同推荐算法组合起来得到一个更强大的工具。这不仅提高了算法结果的平均值，而且还试图缓解算法不能很好地工作的极端情况。

图 12.1 显示了四种最常用的推荐系统及其数据源。我们已经讨论过，每个推荐系统都是在一个狭小的空间里面单独运行的，但是世界远非如此有序。要提供推荐，需要混合使用多个推荐系统。此外，如果你可以访问图中所示的多个数据源，那么最好将它们全部都使用起来！

---

1　更多信息请参见链接78。

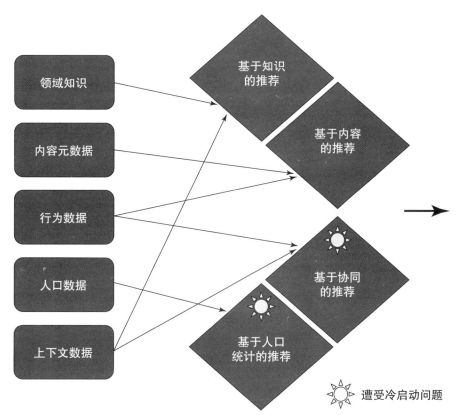

图 12.1 四种常见的推荐分类及其使用的数据类型

组合算法的方式是没有限制的,需要用一整本书才能解释所有的方式。显然一个章节是讲不完的,因此我将对一些常见的、分属不同类别的方式进行一个小调查。然后你将看到 FWLS 算法的详细信息。最后,你将看到如何在 MovieGEEKs 中实现该算法。

## 12.1 混合推荐系统的困惑世界

混合推荐是图 12.2 所示的不同类型推荐系统的常用术语。以下是我如何看待混合推荐系统的介绍。

单体混合推荐系统将不同推荐系统的组成部分用一些新的方式黏合在一起;集成推荐系统运行不同的推荐系统,然后将结果组合起来形成一个推荐;掺杂式混合推荐系统运行多个推荐系统,返回所有的推荐结果。在后面的小节中我们将详细地逐一介绍这些内容。

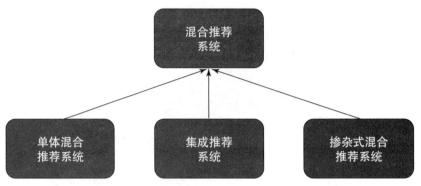

图 12.2 混合推荐系统的三种不同类型

## 12.2 单体

如果你查阅过单体(*monolithic*)这个单词,就会了解到它并不是什么前沿的东西。相反,它指的是用一块石头做成的东西,比如复活节岛上的石像,或者是指那些强大、僵化、变化缓慢的组织。虽然你可能不希望在广告里用"单体"来描述你的公司(听起来不像什么好词),但是这里我们必须用它来描述推荐系统。

在我们的案例中,单体混合推荐系统被定义为推荐系统的"怪物"。它包含来自不同类型推荐算法的内容。通常,推荐系统包含许多不同的组件,例如物品相似度或候选者选举。单体推荐系统混合了来自不同推荐系统的组件,甚至添加了新的步骤以提高整体性能。图 12.3 说明了使用推荐系统 1 的物品相似度部分和推荐系统 2 的候选者选举和评分预测部分的单体推荐。

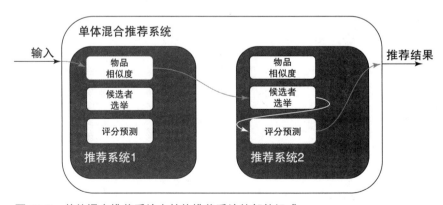

图 12.3 单体混合推荐系统由其他推荐系统的部件组成

举个例子,你可以使用基于内容的方法查找所有内容相似的物品,并将其与协同过滤方法混合，这样可以使用简单的协同过滤（也就是执行个性化的基于内容的推荐）方式计算预测评分。这有着无限的可能。单体推荐系统也可以添加下一节中描述的另一个步骤。

## 12.2.1 将基于内容的特征与行为数据混合，以改进协同过滤推荐系统

混合的关键是要利用更多类型的数据。单体混合推荐系统的一个例子可以是一个协同过滤推荐系统，它有一个额外的预处理步骤，将评分添加到评分矩阵中，这样协同过滤就可以将相关内容连接起来。假设你有一个电影列表，如表 12.1 所示，它们都是科幻类型的。

表 12.1 评分矩阵示例

|  | 科幻电影 1 | 科幻电影 2 | 科幻电影 3 | 科幻电影 4 |
|---|---|---|---|---|
| 用户 1 | 4 | 4 |  |  |
| 用户 2 | 5 | 4 |  |  |
| 用户 3 |  |  | 2 | 4 |

对表 12.1 所示的评分矩阵使用邻域协同过滤，找不到前两部电影和后两部电影之间的任何相似之处，因此你无法向用户进行推荐，因为这几个用户未看过的影片之间无法关联。你需要一个用户来桥接内容。因为你知道你有所有的科幻电影，把另一个喜欢所有这类电影的用户加入矩阵可能会更好。然后你可以更新评分矩阵，如表 12.2 所示。

表 12.2 添加科幻电影爱好者的评分矩阵示例

|  | 科幻电影 1 | 科幻电影 2 | 科幻电影 3 | 科幻电影 4 |
|---|---|---|---|---|
| 用户 1 | 4 | 4 |  |  |
| 用户 2 | 5 | 4 |  |  |
| 用户 3 |  |  | 2 | 4 |
| 科幻电影爱好者 | 5 | 5 | 5 | 5 |

这使你可以将这些科幻电影连接起来，也可以推荐相同类型的电影了。你还可以进行下一步操作，使用在第 10 章中实现的 LDA 模型，在该模型中为每个隐藏主题创建一个伪用户，然后将这些连接添加到组合中。如果你想这样做，还有更多的技术细节需要了解。我建议你阅读 Prem Melville 等人的文章"Content-Boosted

Collaborative Filtering for Improved Recommendations"[1]，了解更多详细信息。

对于单体推荐系统，一般来说，还需要进行更多的工作来调整当前的推荐系统，以使其在混合推荐系统中运行。如果你已经有了推荐系统，可尝试掺杂式混合推荐或集成推荐。

## 12.3 掺杂式混合推荐

掺杂式混合推荐系统不需要进行太多的混合，它可返回所有结果的合集。掺杂式混合推荐的一种使用方法就是我使用的那一种，在这里有一个推荐系统的层次。

把推荐系统看作一个个性化的标尺。让第一个推荐系统给出最个性化的推荐，然后继续让下一个推荐系统给出推荐，直到使用物品流行度来给出推荐。通常，最个性化的推荐系统只推荐一两件东西，下一个推荐系统会多推荐几个，这样一来，你就能得到大量的推荐结果，同时要保证质量，越高越好。图 12.4 展示了一个掺杂式混合推荐系统。

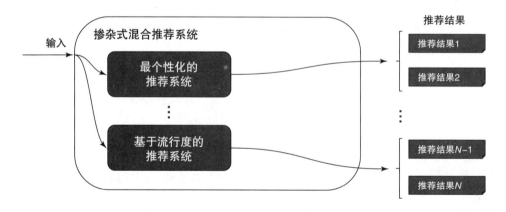

图 12.4　掺杂式混合推荐系统，它只是将几个推荐系统的输出叠加在一起，从最个性化的推荐系统开始，然后是下一个最个性化的推荐系统，以此类推

如果你有几不错的推荐系统，每个都返回一个分数，那么你可以得到一个有序的列表。记住，分数应该被标准化，这样所有的结果都在同一个尺度上。带着让多个推荐系统一起运行的想法，现在我们来了解一下集成推荐。

---

1　更多信息请参见链接79。

## 12.4 集成推荐

集成被定义为将一组事物当成一个整体而非个体。对于集成推荐也是一样的：将来自不同推荐系统的预测组合到一个推荐系统中。

**注意** 集成推荐和混合推荐的区别在于，前者可能不会单独显示一个推荐系统的任何结果，而后者总是显示所有结果。

来自 RecSys 2016 年度推荐系统大会的一个结论是，如果你是一家初创企业，想要进入推荐系统行业，应该从矩阵分解（第 11 章的主题）开始，并添加推荐系统来创建一个集成推荐系统（参见图 12.5），正如 Xavier Amatriain 在他的"Lessons Learned from Building Real-Life Recommender Systems"演讲中所描述的那样，可以去看看 Xavier 的幻灯片，其中包含了更多相关的建议。[1]

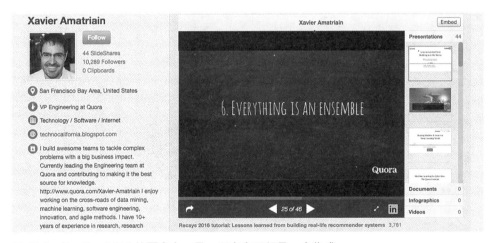

图 12.5 RecSys 2016 的要点之一是，所有东西都是一个集成

如果你已经运行了两个推荐系统，比如基于内容的和使用协同过滤算法的推荐系统，那么为什么不同时运行它们（参见 12.6 所示），然后合并结果以获得更好的结果呢？

集成的思路是使用几个完整的推荐系统计算推荐，然后以某种方式将它们组合起来。可以把多个推荐系统的结果以多种方式组合成一个。例如，可以采用多数表决的方法，其中出现次数最多的那个得票最高，依此类推。

---

[1] 更多信息请参见链接80。

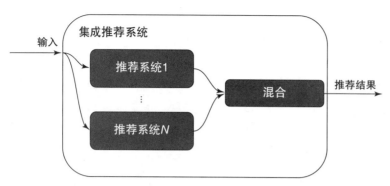

图 12.6 集成混合推荐运行多个推荐系统,并在提交结果前将所有推荐系统的结果组合成一个

图 12.7 显示了集成推荐系统是如何工作的。推荐系统 1 返回排名前 3 的推荐 1、5 和 6,推荐系统 2 返回 5、6 和 3,它们混合后返回 5、6 和 1,这取决于你如何计算。推荐电影 5,是因为电影 5 出现了两次,每个推荐结果中各出现一次;推荐电影 6,是因为它在两个结果中都出现了,但顺序低于电影 5,排名较低。然后它推荐电影 1,因为它作为第一个结果出现在推荐 1 中,而电影 3 被删除。

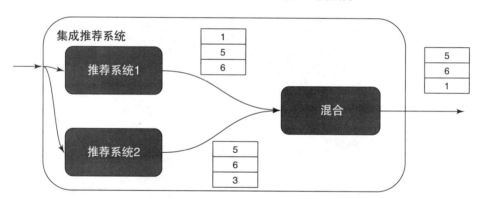

图 12.7 集成推荐系统工作示例

通常,你会听到切换或加权的组合方式。我们接下来看看这些。

### 12.4.1 可切换的集成推荐

一个可切换的集成推荐是最佳工具。如果你有两个或更多的推荐系统,那么一个可切换的集成推荐系统将根据请求的上下文决定使用哪一个推荐系统。

例如,对于两个不同的国家,你可能有两个不同的推荐。当用户出现在某一个国家时,将显示一个推荐系统的结果,如果有人从另一个国家访问,则第二个推荐系统将提供输出。它也可以在一天的某个时间进行切换,也许一个在早上工作,而另一个在晚上才开始工作。或者在报纸上，新闻部分应该充满最新的新闻，而在文化页面中可能更多的是基于内容推荐的特定书籍。

可以根据用户所在的站点区域切换推荐系统。或者，最简单的形式，可以在评分数量低于 20 的用户和评分数量至少为 20 的用户之间进行切换，如图 12.8 所示。评分数量超过 20 的用户从协同过滤推荐系统接收输出，评分总数较低的用户从购物车分析推荐系统接收输出（参见第 6 章）。

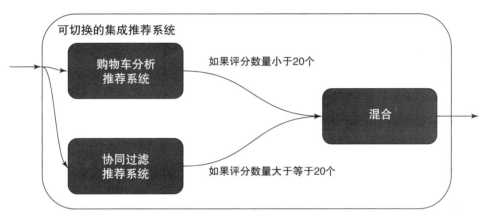

图 12.8　可切换的集成推荐系统的一个例子，其中评分数量超过 20 的用户从一个推荐系统接收推荐，而评分数量低于 20 的用户从另一个推荐系统接收推荐

如果用户已登录，则你可以了解关于该用户的更多详细信息。相比于用户未登录的情况，这可能是一个很好的理由来使用不同的推荐系统。但是，如果你想结合不同推荐系统的力量，请继续阅读并学习加权式特征集成。

### 12.4.2　加权式集成推荐

考虑在本书前面看到的两种算法：协同过滤（现在是邻域过滤还是 SVD 类型无关紧要）和基于内容的过滤。基于内容的过滤能够很好地找到相似的内容。如果你知道用户喜欢某个主题，可以使用基于内容的过滤来查找类似的内容。问题是基于内容的过滤无法区分好坏；它只关心主题或关键字重叠。另一方面，协同过滤并没有把任何重要的特性放到物品中，因为它是关于同一个主题的，只是某些人认为它的质量很好，而其他人并不这么认为。

可以一起使用它们并尝试将它们的优点结合起来。可以给它们不同的权重，这就是加权混合推荐的作用。这很简单，只需训练两个不同的推荐系统，让它们都为你提供候选的推荐结果。当两个或多个推荐系统像这样组合时,我们称它们为特征推荐系统。

可以将所有候选结果都输入这两个推荐系统,然后取两者推荐结果的经验均值,如图12.9所示。要计算一个经验均值,你可选择一个权重,比如60/40,这意味着这个混合模型的预测将使用以下公式进行计算:

$$\hat{r} = 0.6 \times \hat{r}_{协同过滤} + 0.4 \times \hat{r}_{基于内容的过滤}$$

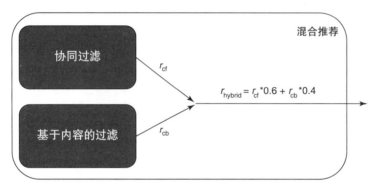

图12.9 特征加权混合。在这里,混合使用了协同过滤和基于内容的过滤的结果,分别使用了0.6和0.4的权重

可以通过几种方式找到特征权重。最简单的方法是猜测,但这并不太科学,可能会导致奇怪的推荐。另一种方法是线性回归。也可以对不同的用户组使用不同的权重进行连续调整,然后使用A/B测试或多臂老虎机算法(multi-armed bandits)(在第9章中都提到过),让我们快速看一下线性回归。

### 12.4.3 线性回归

线性回归是创建一个函数,使其输出值和实际值之间的偏差最小。如果你有两个推荐系统的输出,并且有来自用户的评分(例如,类似表12.3所示的数据),那么可以使用线性回归来找出混合推荐系统应该为每个输出分配多少权重。

表12.3 这是两个推荐系统的预测评分与用户评分的比较

| 物品 | 推荐系统1 | 推荐系统2 | 用户评分 |
| --- | --- | --- | --- |
| 物品1 | 4 | 6 | 5 |
| 物品2 | 2 | 4 | 3 |
| 物品3 | 5 | 5 | 5 |

现在创建一个函数 f，给定两个推荐系统的输出，它能最好地预测用户的评分。我们想要这样一个函数：可以最小化它的输出和用户的评分 r 之间的偏差，例如：

$$\text{RSS} = \sum_{\text{训练数据的所有评分}} (f(u,i) - r)^2$$

这个函数可能看起来更像前面的一个函数：

$$f(u,i) = w_1 \times \text{推荐系统1}(u,i) + w_2 \times \text{推荐系统2}(u,i)$$

我们想要找到 w1 和 w2，使前一个方程的和尽可能小。有很多方法可以求出这些值，其中一些比较复杂。我想我们会像在 *Introduction to Statistical Learning*（Springer，2017）一书中所做的那样，对多元回归系数估计值（之前的方程）的一些复杂形式发表完看法之后，再继续前进。[1] 我要提一下，有许多软件包可以很容易地解决这个问题。[2]

为每个推荐系统设置权重是一件好事，但最好可以根据用户或物品的不同而改变权重。这是我们将在下一节中所做的。

## 12.5　特征加权线性叠加（FWLS）

之前，我们研究了特征加权混合，其中使用固定的权重组合了几个推荐项。这类似于使用不同推荐系统输出的线性函数，例如：

$$b(u,i) = w_1 \times r_{cf}(u,i) + w_2 \times r_{cb}(u,i)$$

其中：

- $b(u,i)$ 是用户 u 和物品 i 的预测评分。
- $w_1$、$w_2$ 是特征权重。
- $r_{cf}(u,i)$ 是协同过滤预测。
- $r_{cb}(u,i)$ 是基于内容的预测。

得到的结果被称为混合结果，它也是这些特征加权混合的名称。在本例中，我们对两个推荐系统的输入进行了加权（权重分别为 $w_1$ 和 $w_2$）。也可以使用两个以上的推荐系统，事实上，使用的推荐系统的数量是没有限制的。在本节中，我们将了

---

1　更多信息可参见链接81所指示的网页中介绍的关于机器学习的一本好书。
2　例如，Scikit-learn，详情可参见链接82。

解如何使用函数代替权重值，它来自 Joseph Sill 等人的一篇文章。[1]

## 12.5.1 元特征：权重作为函数

想让你的推荐系统更加灵活——如果用户只评价了几个物品，那你就要使用基于内容的推荐；如果用户与许多物品有交互，那么可以使用协同过滤——可以使用图 12.10 所示的用函数替换权重值来扩展前面的示例。

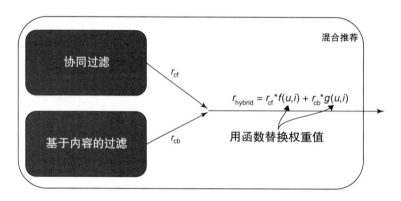

图 12.10　替换权重的 FWLS 推荐系统示例

这些函数被称为元函数或特征权重函数，可使预测函数如下所示：

$$b(u,i) = f(u,i) \times r_{cf}(u,i) + g(u,i) \times r_{cb}(u,i)$$

图 12.11 显示了一系列用于赢得 Netflix Prize 的元函数。它们看起来如此简单，以至于很难相信这些简单的函数有足够的能力赢得 100 万美元。这些函数值得我们尊重！

---

[1] 更多信息请参见链接83所指向的网页。

## 12.5 特征加权线性叠加（FWLS）

获得 Netflix Prize 的模型混合使用的元函数

| | |
|---|---|
| 1 | 一个固定的投票特征（这使得原始的预测器除了与投票特征进行交互之外，还可以进行回归） |
| 2 | 一个二值变量，表示用户是否在特定日期对 3 部以上的电影进行了评分 |
| 3 | 电影被评分的次数的日志 |
| 4 | 用户在不同日期对电影进行评分的日志 |
| 5 | 减去用户的贝叶斯估计平均值后电影平均评分的贝叶斯估计 |
| 6 | 用户评分数量的日志 |
| 7 | 用户的平均评分，以标准的贝叶斯方法缩小到所有用户的简单平均分的平均值 |
| 8 | 基于全局效应的剩余误差训练的 10 因子 SVD 用户的 SVD 因子向量范数 |
| 9 | 基于全局效应的剩余误差训练的 10 因子 SVD 电影的 SVD 因子向量范数 |
| 10 | 用户已评分的电影与要预测的电影的正相关性之和的日志 |
| 11 | 60 因子有序 SVD 预测的标准偏差 |
| 12 | 为电影评过分的用户的平均评分的日志 |
| 13 | 对电影评过分的日期的标准偏差日志。同一日期的多次评分表示计算了多次 |
| 14 | 在用户评过分的相关程度最高的电影中，排名前 20% 的电影在特征 10 中的相性和占比总和 |
| 15 | 特定日期用户某个模型平均值的标准偏差，该模型对每个日期有单独的用户平均值（即偏差） |
| 16 | 用户评分的标准偏差 |
| 17 | 电影评分的标准偏差 |
| 18 | （评分日期－第一个用户评分日期＋1）的日志 |
| 19 | 用户评分数量的日志（日期＋1） |
| 20 | 某部电影与任何其他电影的最大相关性，无论其他电影是否被用户评分 |
| 21 | 特征 3 乘以特征 6，即用户评分数的日志乘以电影被评分的日志 |
| 22 | 在对电影进行评分的成对的用户中，两个用户都评过分的电影集的平均重叠度，这里被定义为既存在于两个集合中评分较小集合又存在于两个集合中评分较大集合的电影的比例 |
| 23 | 电影评分中，用户当天只对一部电影进行评分的百分比 |
| 24 | 对用户评过分的电影（正则化）取平均评分数值 |
| 25 | 首先，创建一个电影矩阵，其中包含一对电影在同一天被评分的概率，条件是用户对这两部电影都进行了评分。然后，对于每部电影，计算出这个概率向量的所有电影和所有电影的评分相关性向量之间的相关性 |

图 12.11 获得 Netflix Prize[1] 的特征加权

### 12.5.2 算法

拥有一个类似前一节中所示的函数是一件不错的事情，但是如何确定这个函数应该是什么样子的呢？图 12.11 所示的函数列表来自对数据的良好了解，但也可能来自大量的猜测。

假如说你有一系列推荐系统，$g_1, g_2, \cdots, g_L$。每个 $g_i$ 都接受用户和物品等的输入，并返回预测的评分。这样你就可以写出这样简单的线性函数：

$$b_{FW}(u,i) = w_1 g_1(u,i) + w_2 g_2(u,i) + \ldots + w_L g_L(u,i)$$

称 FW 为特征加权。正如在前面几章看到的，有一个更简单的方法来表示这个

---

[1] 在 J. Sill 的文章 "Feature-Weighted Linear Stacking" 中可以找到，网址参见链接83。

公式：

$$b_{\text{FW}}(u,i) = \sum_{j=1}^{L} w_j g_j(u,i)$$

看起来太简单了，对吧？将每个 $w_j$ 都变成一个函数，就像你之前看到的那样，它们被称为特征加权函数：

$$b_{\text{FW}}(u,i) = \sum_{j=1}^{L} w_j(u,i) g_j(u,i)$$

现在我们有了一个写线性函数的简单方法，这样就可以添加真正酷的东西了。特征加权函数定义如下：每个权重 $w_j$ 都被定义为带有一个权重 $v$ 的函数之和。如下所示：

$$w_j(u,i) = \sum_{k=1}^{M} v_{kj} f_k(u,i)$$

但这让人很困惑，至少我第一次看到它的时候是这么认为的。每个加权函数是所有元特征的总和。我们的想法是让机器决定什么更好。如果用户评分低于 3 项，那么希望基于内容的推荐系统提供 90% 的推荐；否则，两种推荐系统的推荐结果各占 50。让我们来看一个例子。有两个函数，第一个函数：

$$f_1(u,i) = 1$$

第二个函数：

$$f_2(u,i) = \begin{cases} 1 & \text{如果用户评分低于3项} \\ 0 & \text{否则} \end{cases}$$

对于协同过滤和基于内容的过滤，有两个预测因子。可以使混合推荐函数 $b$ 如下所示：

$$b(u,i) = (v_{11} \times f_1(u,i) + v_{12} \times f_2(u,i))r_{\text{cf}}(u,i) + (v_{21} \times f_1(u,i) + v_{22} \times f_2(u,i))r_{\text{cb}}(u,i)$$

这已经有点长了。但是你能猜出应该给 $v$ 设置的值吗？如果你准备好了在下面的表达式中突出显示的 $v$，那么可以得到你想要的结果：

$$b(u,i) = (\mathbf{0.5} \times f_1(u,i) + (\mathbf{-0.4}) \times f_2(u,i))p_{\text{cf}}(u,i) + (\mathbf{0.5} \times f_1(u,i) + \mathbf{0.4} \times f_2(u,i))p_{\text{cb}}(u,i)$$

## 12.5 特征加权线性叠加（FWLS）

如果用户评分超过 3 项，则 $f_2(u,i) = 0$，$f_1(u,i) = 1$：

$$b(u,i) = (0.5 \times 1 + (-0.4) \times 0)p_{cf}(u,i) + (0.5 \times 1 + 0.4 \times 0)p_{cb}(u,i) = 0.5 \times p_{cf} + 0.5 * p_{cb}$$

如果用户的评分低于 3 项，那么 $f_2(u,i) = 1$，$f_1(u,i) = 1$：

$$b(u,i) = (0.5 \times 1 + (-0.4) \times 1)p_{cf}(u,i) + (0.5 \times 1 + 0.4 \times 1)p_{cb}(u,i) = 0.1 \times p_{cf} + 0.9 * p_{cb}$$

这就是我们想要的。为了回到理论模式，让我们利用前面的表达式并将它们结合起来，这样就可以得到一个更紧凑的 $r_{FWLS}$ 表达式：

$$r_{FW}(u,i) = \sum_{j=1}^{L} w_j g_j(u,i)$$

$$r_{FWLS}(u,i) = \sum_{j=1}^{L} \left[ \sum_{k=1}^{M} v_{kj} f_k(u,i) \right] g_j(u,i)$$

$$w_j(u,i) = \sum_{k=1}^{M} v_{kj} f_k(u,i)$$

有了这个，就有了 FWLS，图 12.12 说明了这一点。可以使用权重值来融合推荐系统的输出，而这个权重值是可以使推荐结果变得更加灵活的函数。

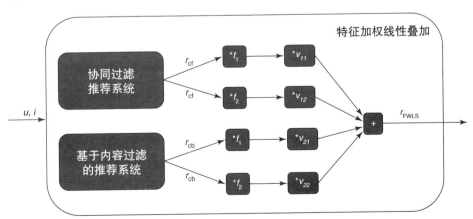

图 12.12　包含协同过滤推荐系统和基于内容过滤的推荐系统的 FWLS 推荐系统示例

手动设置值是一种方法，但我们希望由机器进行数据查阅并自动决定哪个值更好。要想训练算法，这将使用到机器学习。

训练算法或多或少地可以认为与上一章中看到的问题相同。我们希望获取数据库中的数据，并使用这些数据计算出权重值应该是多少。例如，假设有表 12.4 中所示的用户评分矩阵。

表 12.4 评分矩阵示例

| | 喜剧 | 动作片 | 喜剧 | 动作片 | 剧情片 | 剧情片 |
|---|---|---|---|---|---|---|
| Sara | 5 | 3 | | 2 | 2 | 2 |
| Jesper | 4 | 3 | 4 | | 3 | 3 |
| Therese | 5 | 2 | 5 | 2 | 1 | 1 |
| Helle | 3 | 5 | 3 | | 1 | 1 |
| Pietro | 3 | 3 | 3 | 2 | 4 | 5 |
| Ekaterina | 2 | 3 | 2 | 3 | 5 | 5 |

因为有 6 个用户和 6 个物品，所以有 6×6-3（减 3 表示表中的空单元格）共 33 个数据，每个数据包含一个用户 ID、一个物品 ID 和一个评分，例如，(Sara, *Star Trek*, 3)。如果在函数中输入 (Sara, *Star Trek*)，那么希望它返回 3。对其他 32 个数据也是如此。

我们希望混合推荐函数产生输出，使表达式和实际评分之间的差异尽可能小。仅查看 (Sara, *Star Trek*) 示例，希望最小化以下内容：

$$r_{FSWL}(Sara, Star\ Trek) - 3$$

我们还需要做更多的事情。如果在前面的表达式中将评分设置为 0，结果将是 -3，这是能得到的最小值。我们的目标是将下面的表达式最小化：

$$(r_{FSWL}(Sara, Star\ Trek) - 3)^2 \quad (1)$$

这样才可以尽可能接近零的目标。表达式（1）仅适用于我们拥有的 33 个数据之一。要确保该函数适用于所有的用户和物品，需要为所有用户和物品执行此操作。要做到这一点，需得到以下信息：

## 12.5 特征加权线性叠加（FWLS）

$$\sum_{u \in \text{users}} \sum_{i \in \text{items}} (r_{\text{FSWL}}(u,i) - r_{u,i})^2$$

$r_{\text{FWLS}}$ 是什么？在下面的表达式中插入 $r_{\text{FWLS}}$：

$$\sum_{u \in \text{users}} \sum_{i \in \text{items}} \left( \sum_{j=1}^{L} \sum_{k=1}^{M} v_{jk} f_k(u,i) g_j(u,i) - r_{u,i} \right)^2$$

这就是我们想要得到的尽可能小的值。这就是算法。

有很多不同的方法可以得到它，但要保持简单。要用手动的方式找到权重完成这个示例，可用下面这个函数：

$$b(u,i) = (0.5 \times f_1(u,i) + -0.4 \times f_2(u,i)) p_{\text{cf}}(u,i) + (0.5 \times f_1(u,i) + 0.4 \times f_2(u,i)) p_{\text{cb}}(u,i)$$

如果想知道推荐系统会如何预测 Sara 给电影 Avengers 的评分，可以调用这两个特征推荐系统（假设它们分别预测为 4 和 5），并运行这两个函数。两者都返回 1。这意味着混合推荐计算如下：

$$b(u,i) = (0.5 \times 1 + (-0.4) \times 1) \times 4 + (0.5 \times 1 + 0.4 \times 1) \times 5 = 4.9$$

现在，让我们回到权重，看看如何通过机器学习解决这个问题。

### 当特征推荐系统不能给出结果时

有一件事情你需要提前考虑，那就是当一个或多个特征推荐系统没有给出任何推荐时，你应该做些什么。最简单的方法是剔除推荐系统没有给出响应的数据。这减少了训练集中的数据，可能不是一个可行的解决方案。还可以尝试通过添加用户的平均评分、物品、二者的平均值或第 11 章中介绍的基线预测值来给出推荐（猜测）。

在下面的实现中，我们将采用第一种解决方案，并将所有不包含任何一个特征推荐系统预测过评分的数据行删除。在没有为所有数据行定义一个特征权重函数的情况下，也可以删除该数据行或给出一个默认值。

### 训练野兽

要准备进行混合推荐，需要做一些事情。当有一系列流程时（参见图 12.13），很容易出现小错误，小错误会变成大错误。需要完成以下操作步骤：

- 将数据分为两组进行训练和测试（图 12.13 中未显示）。
- 训练特征推荐系统。

- 为每个训练数据生成预测。
- 对所有训练数据执行每个特征加权函数。
- 对每个训练数据，计算每个预测评分与每个特征加权函数结果的乘积。
- 使用线性回归找出未知值。
- 在测试集中测试混合推荐。

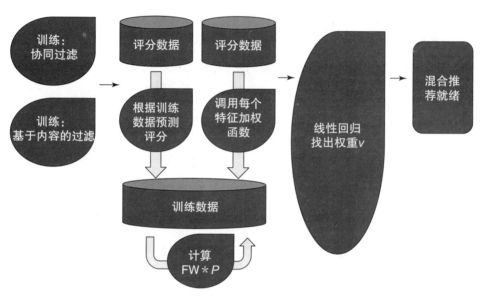

图 12.13　FWLS 混合推荐系统训练流程

### 拆分数据

在开始之前，最好拆分数据并移出大约 20% 的数据，用于检查算法的性能。如果使用所有的数据来训练算法，那么将会测量算法在已经出现过的数据上的性能。而如果取出部分数据，就可以看到算法在未出现过的数据上的性能。如前一章所述，在训练特征推荐系统之前拆分数据意味着特征推荐系统不会对测试数据进行训练。

要正确执行此操作，应该将数据拆分为训练集、验证集和测试集。仅使用训练数据来训练特征推荐系统和混合推荐系统，然后使用验证数据来验证混合模型是否是一个好的模型，并对超参数进行微调。测试集提供了对模型的无偏验证。

### 训练特征推荐系统

在这里，我们需要很多在前面章节中学到的知识。在开始使用混合推荐系统之前，需要准备混合推荐将使用的推荐系统。首先，需要准备物品-物品协同过滤推

## 12.5 特征加权线性叠加（FWLS）

荐系统和基于内容的推荐系统。也可以使用其他推荐系统，但我选择的是这两个。

### 为每个训练数据生成预测

在这里，你可能会遇到一个奇怪的问题：当试图预测已经存在的评分时，推荐系统会如何反应？这依赖于你如何实现它。协同过滤系统可能决定使用它能找到的与当前物品最相似的物品，当前物品和预测出来的那个相似物品其实是同一个。在这种情况下，推荐系统将返回实际评分，而不是预测评分。这不是一个好主意，因为它会影响混合推荐系统的训练。

在这里，可以通过假设当前物品没有被当前用户评过分来解决这个问题。表12.5 显示了当前的评分。

表 12.5 《黑衣人》（MIB）的训练数据

| 用户 | 物品 | 实际评分 |
| --- | --- | --- |
| Sara | MIB | 5 |
| Jesper | MIB | 4 |
| Therese | MIB | 5 |
| Helle | MIB | 4 |

当推荐系统经过训练并准备好被测试时，我们将使用训练数据，这是用来教混合算法推荐的数据，并让每个推荐系统运行它，以查看它们对每个用户-物品组合的预测。预测将提供如表 12.6 所示的数据。

表 12.6 添加用于预测的训练数据

| 用户 | 物品 | 预测协同过滤 | 预测基于内容的过滤 | 实际评分 |
| --- | --- | --- | --- | --- |
| Sara | MIB | 4.5 | 3.5 | 5 |
| Jesper | MIB | 4 | 5 | 4 |
| Therese | MIB | 4 | 4 | 5 |
| Helle | MIB | 3 | 5 | 4 |

### 对所有训练数据执行每个特征加权函数

现在，需要通过对这两个函数的运行来获得结果，如表 12.7 所示。

表 12.7 添加了预测和函数结果的训练数据

| 用户 | 物品 | 预测协同过滤 | 预测基于内容的过滤 | 函数1 | 函数2 | 实际评分 |
| --- | --- | --- | --- | --- | --- | --- |
| Sara | MIB | 4.5 | 3.5 | 1 | 0 | 5 |
| Jesper | MIB | 4 | 5 | 1 | 1 | 4 |
| Therese | MIB | 4 | 4 | 1 | 1 | 5 |
| Helle | MIB | 3 | 5 | 1 | 1 | 4 |

对于每个训练数据，计算每个预测评分与每个特征加权函数结果的乘积，然后将预测值与元特征函数相乘。结果如表 12.8 所示。

表 12.8 具有计算预测和函数结果的训练数据

| 用户 | 物品 | 预测协同过滤 * 函数 1 | 预测协同过滤 * 函数 2 | 预测基于内容的过滤 * 函数 2 | 预测基于内容的过滤 * 函数 2 | 实际评分 |
|---|---|---|---|---|---|---|
| Sara | MIB | 4.5 | 0 | 3.5 | 0 | 5 |
| Jesper | MIB | 4 | 4 | 5 | 5 | 4 |
| Therese | MIB | 4 | 4 | 4 | 4 | 5 |
| Helle | MIB | 3 | 5 | 3 | 5 | 4 |

现在训练数据就准备好了。

### 查找未知值与使用线性回归的对比

要找到 $v$（未知值）的值，可使用线性回归。这意味着需要尝试找到一个函数，该函数产生的输出尽可能接近实际数据。这样的函数可能找不到，我们稍后将对其进行讨论。

线性回归是在任何机器学习课程中首先要学习的内容之一，有很多现成的资料可以参考。[1] 但是我可以告诉你，这个概念基本上和我们在上一章中学到的一样，当试图在 Funk SVD 中找到未知数时，线性回归会尽量减少所有数据的平方差。

### 在测试集中测试混合推荐

完成线性回归后，现在可以检查混合推荐系统的质量（与遗漏的测试集的评分数据相比），并决定它是否可行了。为此，需要检查混合推荐的预测与实际评分的吻合程度。现在你已经了解了所有的理论知识，是时候去看一下实现混合推荐的代码了。

## 12.6 实现

让我们来看看 FWLS 混合推荐是如何在 MovieGEEKs 中运行的。我们将按照与前面相同的步骤进行操作，但现在需要使用代码。如果你还没有下载 MovieGEEKs 的代码，我建议你现在就下载，这样你就可以知道到底发生了什么。对于 MovieGEEKs，只需几个步骤就可以完成准备并实现运行。下载代码后（下载地址参见链接 10），请按照 readme 文件中的安装说明进行操作。

---

1 可参阅 G. James 等人编著的 *Introduction to Statistical Learning*（斯普林格，2017），这本书不是全部关于线性回归的知识，但其中有一章很好地介绍了线性回归。

## 12.6 实现

在安装过程中会同步下载 MovieTweetings 数据集。当按照说明操作并填充了所有数据后,就可以运行清单 12.1 所示的脚本来训练 FWLS 混合推荐算法了。

**清单 12.1　训练 FWLS 推荐系统**

```
> python -m builder.fwls_calculator
```

在脚本运行时可以看到它是如何工作的。当然,最开始是加载和拆分数据。

### 加载数据

现在我们开始加载评分数据(这些数据是从用户那里收集的评分数据,显式的或隐含的)。数据通过提供输入和(预期的)输出来优化混合。可在 /builder/fwls_calculator.py 中找到清单 12.2 所示的脚本。

**清单 12.2　加载评分数据**

```
def get_real_training_data(self):
    columns = ['user_id', 'movie_id', 'rating', 'type']
    ratings_data = Rating.objects.all().values(*columns)
    df = pd.DataFrame.from_records(ratings_data, columns=columns)
```
← 给这些数据创建一个 Panda 数据帧

要获取数据,需要将所有评分加载到内存中。

把整个评分表载入内存不是一个好主意。但是对于这个例子中的评分表的规模大小是可以的;如果评分表太大,那么必须一块一块地传输数据或者对数据进行采样。最简单的方法可能是将旧数据去掉,直到其余数据能全部放入内存。继续下一步。

### 拆分数据

在这里,我们将数据分为两组:训练数据和测试数据。这样做是为了测试我们的工作成果有多好。我们将使用这些数据来训练特征推荐系统和混合推荐系统。对于混合推荐系统,我们将使用训练数据为权重选择一个合适的值,同时使用测试集来检查选择的权重值表现如何。代码参见清单 12.3。

**清单 12.3　分割用于训练和测试的数据**

```
self.train, self.test = train_test_split(self.train, test_size = 0.2)
```

### 训练特征推荐系统

特征推荐系统需要被训练,但是不需要在这里进行训练,因为在前面的章节中已经对它们进行过训练。但是如果想评估算法,应该只在训练数据上训练它们;至少对于协同过滤推荐系统来说是这样的。基于内容的推荐系统使用内容数据,因此将用户从中隐藏不会有太大的变化。要训练特征推荐系统,请更新清单 12.4 中所示的这行。

**清单 12.4 调用训练方法**

```
fwls.train() # run fwls.train(train_feature_recs=True)
➥ to train feature recs
```

### 为每个训练数据生成预测

加载评分后,可以获取训练数据中的每个数据,并查看每个特征推荐系统预测的内容。这些将被添加到数据帧中。

下面是将调用的预测方法。第一个是协同过滤,在第 8 章中有详细描述。代码如清单 12.5 所示。请注意,该方法获取 `movie_ids` 的列表,这样做是为了确保它不会错误地使用用户已经对物品进行的评分。调用该方法时,除了要预测的物品,还将使用用户评过分的所有物品的列表。可以在 /recs/neighborhood_based_recommendar.py 中找到清单 12.5 所示的脚本。

**清单 12.5 协同过滤**

```
def predict_score_by_ratings(self, item_id, movie_ids):
    top = 0
    bottom = 0
    mc = self.max_candidates
    ids= movie_ids.keys()
    candidate_items = (Similarity.objects.filter(source__in=ids)
                                    .filter(target=item_id)
                                    .exclude(source=item_id))
    candidate_items = candidate_items.distinct()
                                    .order_by('-similarity')[:mc]

    if len(candidate_items) == 0:
        return 0

    for sim_item in candidate_items:
        r = movie_ids[sim_item.source]
        top += sim_item.similarity * r
        bottom += sim_item.similarity

    return top/bottom
```

确保不使用用户已进行的评分

## 12.6 实现

第二个推荐系统（参见清单 12.6）是使用 LDA 的基于内容的推荐系统。在第 10 章中详细描述了 LDA，但没有介绍这种方法，它用相似度和用户的评分来预测评分。在这里，使用的是来自 LDA 的相似度，而不是基于用户行为的相似度，就像在协同过滤中那样。

**清单 12.6　基于内容的推荐系统**

```python
def predict_score(self, user_id, item_id):
    active_user_items = (Rating.objects.filter(user_id=user_id)
                         .exclude(movie_id=item_id)
                                     .order_by('-rating')[:100])

    movie_ids = {movie['movie_id']: movie['rating'] for movie in
     active_user_items}
    user_mean = sum(movie_ids.values()) / len(movie_ids)

    sims = LdaSimilarity.objects.filter(Q(source__in=movie_ids.keys())
                                        & Q(target=item_id)
                                        & Q(similarity__gt=self.min_sim)
                                        ).order_by('-similarity')
    pre = 0
    sim_sum = 0
    if len(sims) > 0:
        for sim_item in sims:
            r = Decimal(movie_ids[sim_item.source] - user_mean)
            pre += sim_item.similarity * r
            sim_sum += sim_item.similarity

    return Decimal(user_mean) + pre / sim_sum
```

我们将对训练数据中的每个评分使用这两种方法，将它们应用于每一行，并将结果插入新的列，如清单 12.7 所示。该脚本位于 /builder/fwls_calculator.py/ 中。

**清单 12.7　计算训练数据的预测**

```python
def calculate_predictions_for_training_data(self):
    self.training_data['cb'] = self.training_data.apply(lambda data:
self.cb.predict_score(data['user_id'], data['movie_id']))
    self.training_data['cf'] = self.training_data.apply(lambda data:
self.cf.predict_score(data['user_id'], data['movie_id']))
```

现在我们有了一个类似表 12.2 所示的结构。

### 对所有训练数据执行每个特征加权函数

在这一步中使用的函数很简单，没有什么可谈的，但我认为它们足以显示

FWLS 是如何工作的，如清单 12.8 所示。可以在 /builder/fwls_calculator.py/ 中找到这个脚本。

**清单 12.8　显示 FWLS 的工作原理**

```
def fun1(self):           ←── 总是返回1
    return 1.0
                              当用户评分数量低于3时，返回1，否则返回0
def fun2(self, user_id):  ←──
    user_ratings = self.rating_count['user_id']==user_id
    rating_count = self.rating_count[user_ratings]['movie_id'].values[0]
    if rating_count < 3.0:
        return 1.0
    return 0.0
```

与先计算函数并保存数据不同，我们将使用这些函数，并在一个步骤中计算它们结果的乘积。

### 对每个训练数据计算每个特征的预测评分

对于每个预测，我们希望返回一列，其中包含预测和每个函数的乘积。我们有两个预测器和两个函数，因此需要获得 4 个新列，如清单 12.9 所示，可在 /builder/fwls_calculator.py/ 中找到该脚本。

**清单 12.9　计算训练数据的特征函数**

计算基于内容的预测和函数1的乘积

计算基于内容的预测和函数2的乘积

```
def calculate_feature_functions_for_training_data(self):
    self.training_data['cb1'] = self.training_data.apply(lambda data:
                                    data.cb*self.func1())
    self.training_data['cb2'] = self.training_data.apply(lambda data:
                                    data.cb*self.func2(data['user_id']))
    self.training_data['cf1'] = self.training_data.apply(lambda data:
                                    data.cf*self.func1())
    self.training_data['cf2'] = self.training_data.apply(lambda data:
                                    data.cf*self.func2(data['user_id']))
```

计算基于邻域的预测和函数1的乘积

计算基于邻域的预测和函数2的乘积

现在已经完成了寻找 $v$ 的线性回归的准备工作，这也被称为特征生成。通常，在执行机器学习应用程序时，这将是花费最多时间的地方。

### 特征加权函数结果

在前面的步骤中我们计算了特征加权函数,但在现实生活中这样做并不总是一个好主意。有时候,根据具体的场景,最好只做一些小的操作。

现在是线性回归,可在 /builder/fwls_calculator.py 中的训练方法中找到这些脚本(参见清单 12.10)。

**清单 12.10 线性回归**

```
regr = linear_model.LinearRegression(fit_intercept=True,
                                     n_jobs=-1,
                                     nomarlize=True)
regr.fit(self.train_data[['cb1', 'cb2', 'cf1', 'cf2']],
         self.train_data['rating'])
```

拟合权重,建立线性函数

实例化Scikit-learn的线性回归模型类[1]

要使用这些权重,需要先保存它们。可以将它们放在数据库中,以便以后再次使用,也可以将它们保存到一个文件中,如清单 12.11 所示。

**清单 12.11 保存权重**

```
with open(self.save_path + 'fwls_parameters.data', 'wb') as ub_file:
    pickle.dump(result, ub_file)
```

### 在线推荐预测

可以通过预先计算推荐并将其保存到数据库中来实现混合推荐。更懒的方法是调用所有特征推荐系统,然后混合结果。

为了确保良好的排序,要求两个推荐系统提供用户要求 5 倍大小的 Top $N$。这是为了让线性函数有足够的元素来正确地对它们进行排序,代码如清单 12.12 所示。可以在 /builder/fwls-calculator.py 中的训练方法中找到这些脚本。

---

1 更多信息请参见链接84。

### 清单 12.12　排序元素

```python
def recommend_items(self, user_id, num=6):
    cb_recs = self.cb.recommend_items(user_id, num * 5)   # 调用基于内容的推荐系统,要求的元素数量是需要的5倍
    cf_recs = self.cf.recommend_items(user_id, num * 5)   # 调用基于邻域的推荐系统,要求的元素数量是需要的5倍
    combined_recs = dict()
    for rec in cb_recs:                                    # 添加邻域模型中的所有物品
        movie_id = rec[0]
        pred = rec[1]['prediction']
        combined_recs[movie_id] = {'cb': pred}
    for rec in cf_recs:                                    # 运行所有的推荐系统,并为所有的字典创建一个字典。添加基于内容的推荐系统中的所有物品
        movie_id = rec[0]
        pred = rec[1]['prediction']
        if movie_id in combined_recs.keys():
            combined_recs[movie_id]['cf'] = pred
        else:
            combined_recs[movie_id] = {'cf': pred}
    fwls_preds = dict()
    for key, recs in combined_recs.items():                # 运行模型,并从遗漏的推荐系统获取评分预测
        if 'cb' not in recs.keys():
            recs['cb'] = self.cb.predict_score(user_id, key)
        if 'cf' not in recs.keys():
            recs['cf'] = self.cf.predict_score(user_id, key)
        pred = self.prediction(recs['cb'], recs['cf'], user_id)  # 使用清单12.13所示的预测方法计算字典中所有元素的预测评分
        fwls_preds[key] = {'prediction': pred}
    sorted_items = sorted(fwls_preds.items(),
        key=lambda item: -float(item[1]['prediction']))[:num]    # 根据预测对结果排序
    return sorted_items
```

预测方法类似清单 12.13 中所示的方法。

### 清单 12.13　预测方法

```python
def prediction(self, p_cb, p_cf, user_id):                # 计算物品的预测评分
    p = (self.wcb1 * self.fun1() * p_cb +
         self.wcb2 * self.fun2(user_id) * p_cb +
         self.wcf1 * self.fun1() * p_cf +
         self.wcf2 * self.fun2(user_id) * p_cf)
    return p + self.intercept

def fun1(self):                      # 函数1
    return Decimal(1.0)
def fun2(self, user_id):             # 函数2
    count = Rating.objects.filter(user_id=user_id).count()
    if count > 3.0:
        return Decimal(1.0)
    return Decimal(0.0)
```

## 12.6 实现

在下面的部分中，你将看到混合推荐系统提供的一些推荐。

### 如何对比混合推荐

特征推荐与混合推荐存在一定的相关性，但是混合推荐与单个推荐相比如何呢？要理解这一点，我们会再次看到三个推荐（协同推荐、基于内容的推荐和混合推荐）中哪一个最接近实际评分。

在用户只有一个评分的例子中，邻域模型不返回任何内容（参见图 12.14）。然后，如果你看到一个提交了多个评分的用户，两个推荐系统的组合会显示那些不会进入基于内容或基于邻域推荐前 6 名的物品（参见图 12.15）。

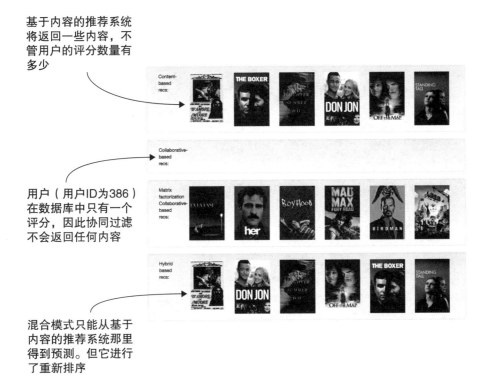

基于内容的推荐系统将返回一些内容，不管用户的评分数量有多少

用户（用户ID为386）在数据库中只有一个评分，因此协同过滤不会返回任何内容

混合模式只能从基于内容的推荐系统那里得到预测。但它进行了重新排序

图 12.14　混合推荐系统返回的推荐示例

用户有几个评分，所以无论是基于邻域还是基于内容的推荐系统都返回前6名

线性函数重新排列两个特征推荐系统返回的物品（基于内容和基于协同过

图 12.15　混合推荐系统的推荐，其中包含了两个特征推荐系统的推荐

### 在测试集中测试混合推荐

它起作用了吗？如何测试它？好吧，我们在第 9 章中学到了离线评估，那就是进行交叉验证的地方，如图 12.16 所示。

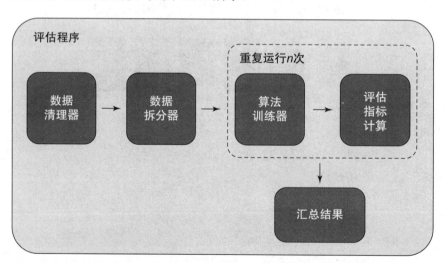

图 12.16　评估程序用于评估算法。这是一个流水线，首先清理数据，然后将其拆分为 k 个分组进行交叉验证。再对每一个分组重复训练算法来评估它。这些步骤全部完成后，把结果汇总起来

## 12.6 实现

这个评估程序与第 9 章中描述的类似，只是在这里需要训练所有包含的推荐系统。可以通过执行清单 12.14 所示的代码来运行评估。

**清单 12.14　执行评估**

```
>python-m evaluator.evaluation_runner-fwls
```

评估器生成了如图 12.17 所示的数据。这种评估与我们所看到的其他评估相比比较特殊，因为它建立在三种机器学习算法之上。但这并不是说，当两个特征推荐系统都是最佳的时候，最终的结果就是最好的。

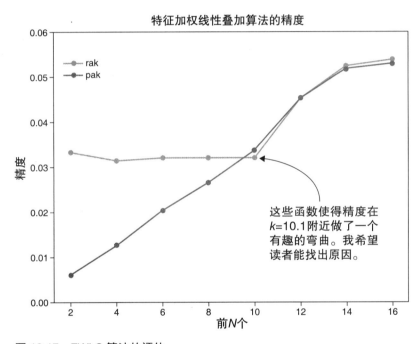

图 12.17　FWLS 算法的评估

如果想把这个系统投入生产，那么可能需要预先计算出许多算法来加快速度。让训练更快的一个方法是对用于线性回归的评分进行抽样，就像在清单 12.15 中所做的那样。

**清单 12.15　执行评估**

```
self.train_data=self.train_data.sample(self.data_size)
```

问题是，样本容量多大才能代表整个数据集，应考虑到我们训练的是四个权重。这是机器学习中一个典型的困境。我可以说我对几百个数据有很好的经验，但那并不是很多！图 12.17 所示的精度表示该算法看起来还不错。

许多术语和组合在这一章中被反复使用。如果你不熟悉线性回归，那么强烈建议你深入研究它。当了解了它之后，会觉得它是很简单的，可以用它做很多事情，如果你的工具箱里没有它，那就很遗憾了。

## 小结

- 通过增加几种算法的输出，可以大大优化推荐系统。
- 混合推荐可以让我们结合不同推荐系统的优点，得到更好的结果。
- 并不是所有复杂的东西都能在现实世界中发挥作用，就像赢得 Netflix Prize 的算法也因为太过复杂而无法投入生产。
- 特征加权线性叠加（FWLS）算法使系统能够以函数加权的方式使用特征推荐系统，并使推荐系统更加健壮。

# 13 排序和排序学习

你将在本章学习如何进行排序。

- 将把推荐问题重新定义为一个排序问题。
- 将了解 Foursquare 的排序方法以及它如何使用多个资源。
- 将学习不同类型的排序学习（LTR）算法，并学习如何区分 Pointwise、Pairwise 和 Listwise 排序。
- 将了解贝叶斯个性化排序（BPR）算法，这是一个很有前途的算法。

所有这些关于推荐算法的章节看起来都一样吗？如果是这样，那你很幸运，因为从现在开始你要做一些完全不同的事情了。之前我们将推荐作为一个评分预测问题来关注，但有时查看物品应该如何堆放是更有意义的一个做法。用户将发现相关性最高的项在目录列表的最上面，其次是第二项，依此类推。这样定义相关性就不需要预测评分了。你不需要知道用户对某个东西的评价有多好，只需要知道他们喜欢它，或者知道喜欢它超过其他所有可用的东西。

> **注意** 内容目录中可能不包含用户喜欢的内容，即使是在这种情况下，我们仍然希望提供一个列表，列出可以利用现有资源做出的最好的东西。

我认为这将是一个激动人心的篇章。你将了解一种在信息检索（IR）系统领域首次引入的算法——这是当今搜索引擎领域的时髦词汇。排序为微软搜索引擎必应

（Bing）以及大多数其他搜索引擎提供了动力，Facebook 和 Foursquare 也在使用它。你会发现信息检索系统想要的和推荐系统想要的是有区别的，但最终，信息检索世界中所做的大部分研究都对推荐系统有用。

我们将以一个学习如何从 Foursquare 进行排序的例子开始这一旅程，这样你就会有排序的意识。然后，我们再回过头来看看一般的 LTR 算法，它们被分为三类。要获得 LTR 算法的具体示例，我们将研究 BPR 算法，它包含一些复杂的数学知识，但可通过在 MovieGeeks 中编写算法来重新审视它，这样就能看到它的实际应用了。

## 13.1　Foursquare的排序学习例子

Foursquare 是一个城市指南。我经常用它来找到可以满足我的咖啡瘾的地方（我向自己保证，写完这本书后，一定要戒掉咖啡）。想象一下，我站在罗马美丽的圣彼得大教堂前。在排了很长时间的队才看到教堂内部后，我决定喝杯咖啡，于是我拿出手机，打开 Foursquare 应用程序，寻找"我身边的咖啡厅"，结果如图 13.1 所示。

图 13.1　使用 Foursquare 寻找罗马圣彼得大教堂附近的咖啡厅

## 13.1　Foursquare的排序学习例子

正如你所看到的，这些推荐并不是按评分或距离排序的，那么它们是如何排序的呢？Foursquare是如何得出这个列表的呢？

Foursquare发表了一篇关于其推荐系统如何工作的优秀文章，描述了开发人员对排序学习的实现。[1] 推荐你阅读它，因为这是一篇关于在用户附近寻找感兴趣地点的挑战的精彩文章。在本章你将看到一个稍微简单一些的版本，用来作为排序学习的入门的例子。

就像第12章中介绍的混合推荐一样，排序学习是一种将不同类型的数据源（如流行度、距离或推荐系统输出）组合在一起的方法。不同之处在于，排序不一定要来自（或部分来自）推荐系统。在排序时，你要寻找输入源，它将为你提供对象的排序。图13.2显示了特征列表的概述（在机器学习术语中称为特征），这些特征在Foursquare中得到了使用。

| Feature | Description |
| --- | --- |
| Spatial score | $P(l \mid v)$ |
| Timeliness | $P(t \mid v)$ |
| Popularity | Smoothed estimate of expected check-ins/day at the venue |
| Here now | # of users currently checked in to the venue at query time |
| Personal History | # of previous visits from the user at the venue |
| Creator | 1 if the user created the venue, 0 otherwise |
| Mayor | 1 is the user is the mayor of the venue, 0 otherwise[5] |
| Friends Here Now | # of the user's friends currently checked in at query time |
| Personal History w/ Time of Day | # of previous visits from the user at the venue at the same time of the day |

图13.2　Foursquare算法中用于对用户附近的地点进行排序的特征列表

我们无法访问图13.2中列出的特征，我们在这里只使用两个特征，看看你能否理解图13.1所示页面上的咖啡厅的排序原理。页面中显示了各地点的平均评分，然后我用谷歌地图找到了步行距离。如果将这些数据放入表中，它们看起来如表13.1所示。

表13.1　来自Foursquare的咖啡厅推荐

| Foursquare上的排序 | 咖啡厅名称 | 步行时间（距离因素） | 平均评分 |
| --- | --- | --- | --- |
| 1 | Al Mio Caffè | 2 min | 7.4 |
| 2 | Makasar | 4 min | 7.7 |
| 3 | Wine Bar de' Penitenzieri | 4 min | 7.5 |
| 4 | Castroni | 10 min | 9.2 |

如果你看一下表格，很容易发现排序不是基于评分的。如果是的话，那么

---

[1] 可参阅Blake Shaw等人编写的"Learning to Rank for Spatiotemporal Search"，详情请参阅链接85所指向的网页。

Castroni将会排在榜首。它也没有按距离排序，否则Makasar将与Wine Bar并列第二。让我们在这里尝试一下特征工程，看看是否可以仅使用这两个特征——距离和平均评分——来预测这四个元素的排序。

首先，需要对数据进行调整，用较高的值表示较短的距离和较高的平均评分。对咖啡厅来说，距离远不是一件好事，所以需要把距离倒过来。将距离倒过来，短的步行距离（时间）内的位置具有更高的数值。要做到这一点，找到最大值，也就是10分钟的步行时间，然后用最大值减去每次步行的时间。这样它们的距离数值为——Al Mio Caffè：10 - 2 = 8、Castroni：10 - 10 = 0。重新排列所有的数据使它们都在0和1之间，因为如果不这样做，某些算法可能就不能正常工作。[1] 范围转换可以使用以下公式：

$$x' = \frac{x - \min(x)}{\max(x) - \min(x)}$$

对数据进行标准化处理后得到表13.2所示的数据。

表13.2 与表13.1相同，只是使用了标准化数据

| Foursquare 上的排序 | 咖啡厅名称 | 步行时间（距离因素） | 平均评分 |
| --- | --- | --- | --- |
| 1 | Al Mio Caffè | 1.00 | 0.00 |
| 2 | Makasar | 0.75 | 0.17 |
| 3 | Wine Bar de' Penitenzieri | 0.75 | 0.06 |
| 4 | Castroni | 0.00 | 1.00 |

有了这个改变，你的距离排序接近于Foursquare的排序。因为第2项和第3项的步行时间排序是并列的，所以需要参考评分获得排序。

现在的核心问题是，要教会机器根据评分和距离的输入对这些地点进行排序。可以更正式地说，希望系统学习权重（$w_0$和$w_1$），当插入下面的表达式时产生一个值，使四个地点按照Foursquare页面上的顺序排列：

$$f(距离, 评分) = w_0 \times 距离 + w_1 \times 评分$$

因为想让函数产生像Foursquare一样的顺序，所以需要尝试根据输出进行优化排序的算法。

在这个例子中，不难猜测$w_0$和$w_1$的值，如果将它们设置为$w_0=20$和$w_1=10$，将得到表13.3所示的分数值。

---

[1] 有关范围转换的详细信息请参阅链接86。

## 13.1 Foursquare的排序学习例子

表 13.3 咖啡厅的数据，其中一列显示了用函数 $f$ 计算的得分

| Foursquare 上的排序 | 咖啡厅名称 | 步行时间（距离因素） | 平均评分 | 得分 |
|---|---|---|---|---|
| 1 | Al Mio Caffé | 1 | 0 | 20 |
| 2 | Makasar | 0.75 | 0.17 | 16.7 |
| 3 | Wine Bar de' Penitenzieri | 0.75 | 0.06 | 15.6 |
| 4 | Castroni | 0 | 1 | 10 |

解决这个问题的另一种方法是，使用线性回归找出最能代表数据集的那条线。从距离 (0,0) 最远的点开始，向内进行，使用这条线来查找每个地点的排序，如图 13.3 所示。线的角度决定了这两个特征（评分或距离）哪个最重要。

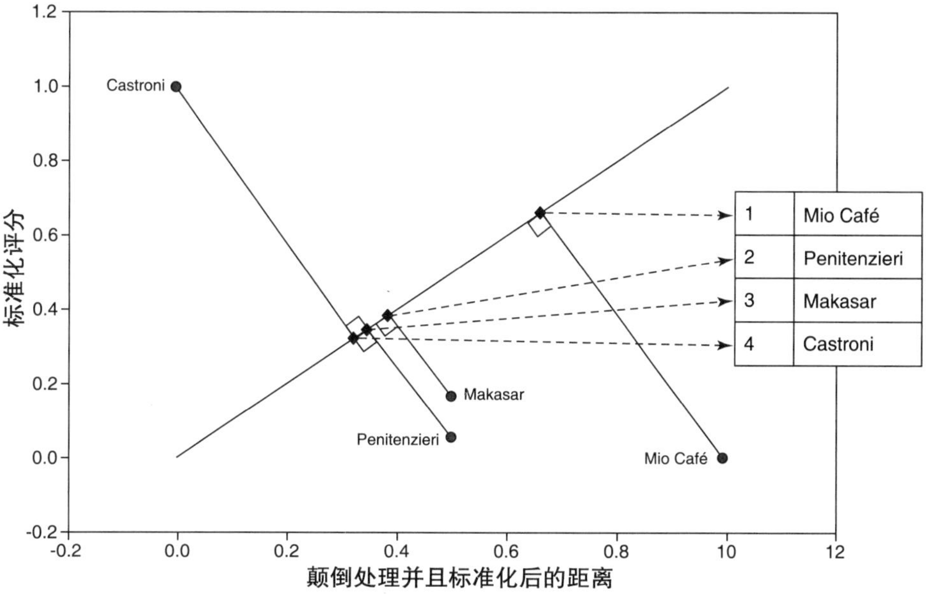

图 13.3 将点投影到一条线上显示了物品的排序

图 13.3 还提供了我们试图在这里解决的问题的视图。有两个不同的维度：距离和平均评分。通过我画的这条线，得到了如图 13.3 所示的顺序。如果改变线的角度，咖啡厅可能会以不同的顺序出现。

回到 Foursquare 的例子：如果你是 Foursquare，可能会有一个如图 13.4 所示的流程。现在问题变得有点不同了，因为如果你不知道它应该返回什么，你该如何（假装你是 Foursquare）优化函数？你可以使用登记功能（请阅读前文推荐的文章了解更多细节）。在这里我想让你注意到，找到描述它应该是什么样子的数据并不总是那么简单。

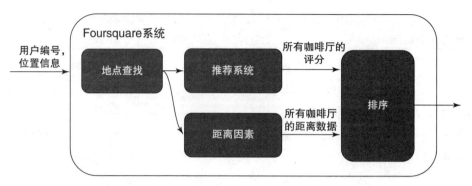

图 13.4　Foursquare 排序系统的简化视图

## 13.2　重新排序

在上一章读到混合推荐时，你可能会问这和特征加权混合推荐有什么区别。记住，你在优化两个不同的事物。混合推荐系统总是预测评分，而 LTR 算法则生成排序。我们将在下一节中了解如何定义排序。

某些用户会将 Foursquare 排序称为重新排序，因为它使用空间索引查找地址列表，这意味着它会查找离你最近的地址，然后重新排序该列表，这同时也符合评分标准。

在推荐系统中重新排序的一个简单示例是使用流行度排序作为基础，然后使用推荐系统对物品重新排序。流行度将列表缩小为只显示最流行的物品，并减少显示特殊（可能不受欢迎）品位的物品的风险。但请记住，如果用户更喜欢不寻常的物品，而不是流行的物品，那么不寻常的物品仍然会在列表中出现。

例如，再次查看图 13.3，找到 Castroni。它离我们很远，但是因为它的平均评分很高，所以它成功地登上了前四名。Mio Caffè 没有很好的评分，但你可能此刻就站在咖啡厅旁边，所以即使它不受欢迎，它还是排在第一位，因为它是最近的选择。

协同过滤算法倾向于推荐少数人喜欢的物品，但是这些人是真的喜欢这些物品的。该算法没有流行度的概念，流行度可以用于重新排序，但不是排序的唯一依据。Netflix TechBlog 中也描述了这个例子。[1]

与其重新排序物品和预测评分，为什么不从排序的目标开始，然后构建优化的算法呢？这是 LTR 算法的目标。

---

1　有关 Netflix 技术博客的更多信息，请参阅链接87。

## 13.3 什么是排序学习

推荐系统或产生排序列表的另一种数据驱动应用程序使用一系列被称为排序学习（LTR）的算法进行训练。排序推荐系统有一个物品目录。对于某个用户，系统会检索与该用户相关的物品，然后对它们进行排序，以使列表顶部的物品最适用。

排序是使用排序模型来完成的。[1] 排序模型是使用 LTR 算法来训练的，LTR 算法是一种有监督的学习算法，这意味着你要向它提供输入和输出的数据。在我们的例子中，用户 ID 作为输入，输出的是物品的排序列表。这个算法家族有三个子群——Pointwise、Pairwise 和 Listwise，我们马上快速学习一下。

### 13.3.1 三种类型的 LTR 算法

三种类型的 LTR 算法的区别在于它们在训练过程中评估排序列表的方式。图 13.5 展示了三种不同的风格。

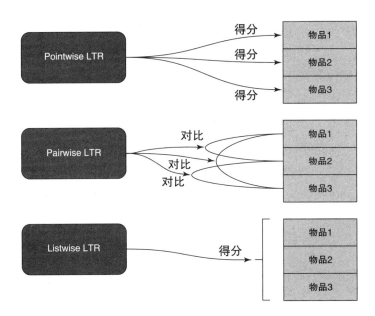

图 13.5　LTR 算法的三个不同类别：Pointwise、Pairwise 和 Listwise

---

1　这个定义大致取自李航（Hang LI）的文章"A Short Introduction to Learning to Rank"，详情请参见链接88。

### Pointwise

Pointwise 方法与我们在前几章中看到的推荐方法相同。它为每个物品生成一个分数，然后对它们进行相应的排序。评分预测和排序之间的差异在于，对于排序，我们并不关心一个物品的得分是 100 万还是在一个评分范围内，只需要知道该得分在排序中的位置如何。

### Pairwise

Pairwise 是一种二元分类器。它是一个函数，接受两个物品并返回这两个物品的排序。当讨论 Pairwise 排序时，我们通常会优化输出，因此与最优排序相比，获得了最少次数的物品交换。交换意味着两个物品的位置发生了变化。

要做 Pairwise 排序，需要所谓的绝对排序。绝对排序意味着，对于目录中的任意两个内容项，我们可以说其中一个比另一个的相关性更高或者相关性是一样的。

> **注意** 如果使用第 8 章中的邻域模型通过预测评分来进行 Pairwise 排序，不会有绝对的排序，因为该算法不能预测所有物品的评分。

### Listwise

Listwise 是所有 LTR 子类的王者，因为它检索整个排序列表并对其进行优化。Listwise 排序的优势在于，它可以直接指明，排在列表顶部的物品比在底部更重要。Pointwise 和 Pairwise 不能区分物品在排序列表中的位置。

考虑一下，比如有一个 Top 10 的推荐，对于 Pairwise 推荐，弄错前两项的顺序和弄错后两项的顺序给你带来的危害程度是一样的。到目前为止，你知道这并不好，因为用户关注更多的是列表的顶部。如果要对其使用算法，那么这还意味着需要浏览完整的列表，而不是每一对条目。

当这样解释时，听起来很简单：必须创建一个排序，以便所有物品始终都能被正确排序。但事实证明，很难通过编程计算一个列表是否优于另一个列表。

要查看 Listwise 排序算法，我建议使用 CoFiRank（用于排序的协同过滤），它是在 2007 年的 NIPS（神经信息处理系统）上提出的[1]，在下一节中，我们将看到一种使用 Pairwise 排序的算法。

---

[1] 可参阅 Weimer 等人编写的"CoFiRank Margin Matrix Factorization for Collaborative Ranking"，具体参见链接89所指示的网页。

## 13.4 贝叶斯个性化排序

再说一次,最好确保你和你的同事在前面说的那个 Top 10 推荐的问题上想法达成一致。生活中的很多事情都是如此。让我们从想要解决的问题或完成的任务的定义开始。要解决这个问题,可以使用一种叫作贝叶斯个性化排序(BPR)的算法,这是 Steffen Rendle 等人在一篇论文中提出的。[1]

### 要完成的任务

总体思路是,你希望向客户提供一个物品列表,其中最上面列出的物品是最相关的,然后是次好的物品,然后是再次之的物品,依此类推。到目前为止,我很确定我们彼此互相理解:对于每个用户来说,我们都希望将最相关的内容放在最上面。这就是你需要用你和机器都能理解的方式来描述的东西。

我们需要定义一个顺序,即无论我们持有哪两个物品,该顺序都将使一个物品的排序优于另一个物品。要实现这一点,需要三条规则:整体性、反对称性和传递性。例如,对于给定的用户,我们希望编写一个命令,如 $>_u$,并定义如下:

- 整体性——对于 $I$(所有物品)中所有的 $i, j$,如果 $i \neq j$,要么存在 $i>_u j$,要么存在 $j>_u i$。
- 反对称性——对于 $I$ 中所有的 $i, j$,如果 $i>_u j$ 并且 $j>_u i$,那么将得到 $i=j$。
- 传递性——对于 $I$ 中所有的 $i, j, k$,如果 $i>_u j$ 并且 $j>_u k$,那么将得到 $i>_u k$。

在此顺序上花费这么多时间似乎并不重要,但这对于使 BPR 正确工作是必要的。

### 如果你有隐式数据

我们讨论的算法通常只用于隐式反馈。但这里的问题是,我们从来没有任何负面反馈,因为只有"购买"的事件。没有负面数据使得机器学习算法很难理解什么时候做错了,所以它同样也不知道什么时候做对了。

没有购买事件可能表明用户不知道该物品的存在(他们还没有看到它);他们看见了,但不喜欢;或者他们看到了,喜欢上了,但还没有买下来。在任何一种情况下,都可以假设"未购买"比"已购买"更糟糕,如图 13.6 所示。用户是否购买了物品(方框),导致用户-物品关系有不同的假设条件。

---

[1] 可参阅 Steffen Rendle 等人编写的"BPR: Bayesian Personalized Ranking from Implicit Feedback",详情参见链接 90 所指示的网页。

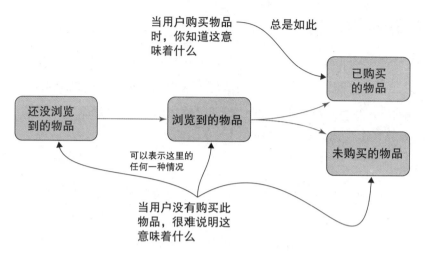

图 13.6 用户－物品关系的不同状态。当用户购买了一件物品时，你知道它已经被购买了，但是如果用户没购买物品，这意味着什么呢

如果有两件衣服，你买了一件，没买另一件，那么当谈论排序时，可以定义买的衣服总是比没买的更具吸引力。明白了这一点之后，现在我们可以转向物品对，其中有两个物品应该购买或不购买，但是现在还没有关于它们的任何数据。

在图 13.7 中，可以看到用户的购买日志转换为了一个订单矩阵。图 13.8 显示了如何扩展数据，因为每个用户都有自己的矩阵。

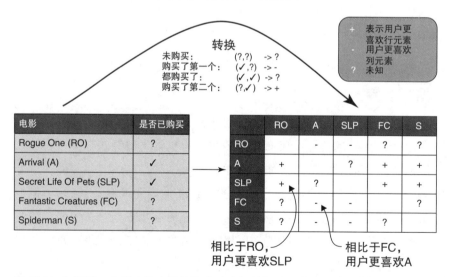

图 13.7 如何将一个用户的交易转换为一个订单矩阵。在左侧，√表示用户购买了该物品。在右侧矩阵中，＋表示用户更喜欢行元素，－表示用户更喜欢列元素；例如，A 优先于 RO

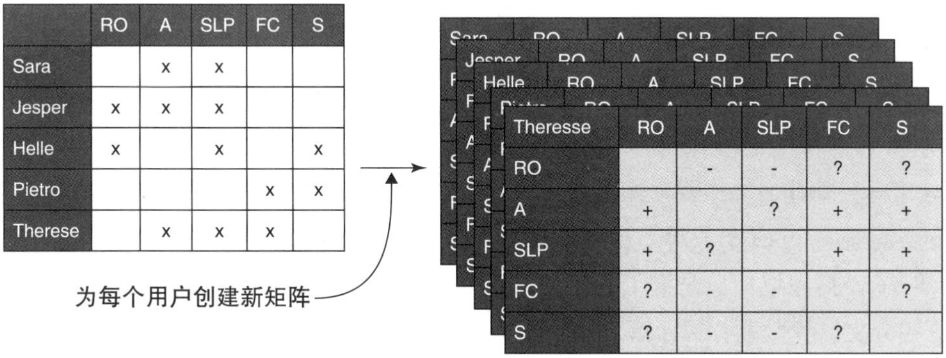

## 13.4 贝叶斯个性化排序

图 13.8 算法为每个用户创建一个排序矩阵。5 个用户在评分矩阵中，将生成 5 个矩阵

这些都很好，你有评分数据，那么如何在这里使用呢？如果想要更细粒度地抽样，应该看看 MF-BPR（多反馈贝叶斯个性化排序）。请在 YouTube 上收听 2016 年推荐系统会议的一个演讲：Bayesian Personalized Ranking with Multi-Channel User Feedback[1]。

### 使用显式数据集

如果你有显式的评分数据，那么可以通过说明未评分物品低于已评分物品（评分的物品 = 已购买的物品）来进行类似的排序。你可以决定是否将未评分的物品评估为平均评分的物品，或者评估为低于所有物品评分的物品。在图 13.8 中，我们假设已评分即为已购买。

### 训练数据集

使用上一节描述的方法，现在可以收集用于训练排序推荐系统的数据集。这个数据集将包含所有元组 ($u$、$i$、$j$)，其中用户购买了 $i$ 并对其进行了评分，而用户没有购买 $j$ 或者购买了却没有对其评分。

### 13.4.1 BPR 排序

让我们开始这段残酷的学习吧。我们希望为数据库中的所有物品和所有用户找到一个个性化的排序。对于个性化排序，我们将使用贝叶斯统计。贝叶斯统计基于下面这个简单的方程：

---

1 需要收听请访问链接91。

$$p(A|B) = \frac{p(B|A)p(A)}{p(B)}$$

这个方程说明，在 $B$ 发生的前提下 $A$ 发生的概率（$p$）。其等于 $A$ 发生的概率乘以 $A$ 发生的时候 $B$ 发生的概率，再除以 $B$ 发生的概率。为了解释这一点，可以这样举例：$A$ 表示下雨事件，$B$ 表示外面的街道湿了。然后贝叶斯说，鉴于街道已经湿了，外面下雨的概率（$p(A|B)$）等于已经下雨的概率（$p(A)$）乘以下雨时街道是湿了的概率（$p(B|A)$），再除以街上是湿了的概率（$p(B)$）。这个简单的方程变成了统计学中的一个有趣分支，我鼓励你去了解一下。

排序问题，可以用每个用户的排序喜好来明确表达，用 $>_u$ 表示用户 $u$ 的总体排序，从目录中给出任何两个内容项 $i$ 和 $j$，用户会喜欢其中某一个。还可以这样说，$\theta$ 是你需要为推荐系统（或者实际上是任何机器学习预测模型）找到的参数列表。如果你正在讨论 Funk SVD，请记住，排序问题可以归结为生成两个矩阵，可以用它们来计算预测，如下所示：

$$\begin{bmatrix} 5 & 3 & 0 & 2 & 2 & 2 \\ 4 & 3 & 4 & 0 & 3 & 3 \\ 5 & 2 & 5 & 2 & 1 & 1 \\ 3 & 5 & 3 & 0 & 1 & 1 \\ 3 & 3 & 3 & 2 & 4 & 5 \\ 2 & 3 & 2 & 3 & 5 & 5 \end{bmatrix} = \begin{bmatrix} u_{1,1} & u_{1,2} \\ u_{2,1} & u_{2,2} \\ u_{3,1} & u_{3,2} \\ u_{4,1} & u_{4,2} \\ u_{5,1} & u_{5,2} \\ u_{6,1} & u_{6,2} \end{bmatrix} \begin{bmatrix} v_{1,1} & v_{1,2} & v_{1,3} & v_{1,4} & v_{1,5} & v_{1,6} \\ v_{2,1} & v_{2,2} & v_{2,3} & v_{2,4} & v_{2,5} & v_{2,6} \end{bmatrix}$$

当讨论 $\theta$ 和上图的关系时，$\theta$ 是所有 $u_{i,j}$ 和 $v_{i,j}$ 的集合。

在 BPR 中，我们希望找到所定义的模型 $\theta$，以便模型能够为所有用户生成一个完美的排序。概率可以这样写：

$$p(\theta| >_u)$$

（可以这样读：在给定排序为 $>_u$ 的情况下，看到 $\theta$ 的概率。）根据贝叶斯定理，我们知道如果想使这个概率最大化，那么它和让以下 $\theta$ 最大化是一样的，因为它们是成比例的：[1]

$$p(>_u|\theta)p(\theta)$$

注意，排序 $>_u$ 和模型 $\theta$ 已经发生了变化。现在我们要做的是，在给定一个特定的模型 $\theta$ 的情况下看到排序 $>_u$ 的概率，然后把它乘以看到的那个模型的概率。

---

[1] 更多信息请参见链接92。

## 13.4 贝叶斯个性化排序

**注意** 在下一节中我们需要做一些数学魔术。如果你对细节不感兴趣可以跳过。

然而，在进入魔术之前，让我们详细说说到底发生了什么。假设在一个完美的世界中，有一种方法可以完美地为每个用户排序所有的内容项，这就是我一直提到的总排序。如果有这样一个排序，那么就有可能有一个可以产生它的推荐算法。

$p(\theta|>_u)$ 是我们要问的问题。假设存在这种排序，那么找到一个产生它的模型的概率是多少？把贝叶斯混入其中，然后重新表述这个问题。求 $p(\theta|>_u)$ 等同于问已经有 $\theta$ 的概率乘以如果拥有 $\theta$ 的概率，然后就有了排序。现在清楚了吗？

### 13.4.2 数学魔术（高级巫术）

让我们来看一下前一节中表达式的两个部分。重温一下：

$$p(>_u|\theta)\,p(\theta)$$

#### 假设前面是正态分布

让我们从方程的最后一部分开始：($p(\theta)$)。假设模型的各参数相互独立，且均是正态分布的（$p(\theta) \sim N(0,\Sigma_\theta)$），均值为 0，方差-协方差矩阵为 $\Sigma_\theta$。[1] 假设可以把最后一部分写成：

$$p(\theta) = \sqrt{\frac{1}{2\pi}} e^{-\frac{1}{2}\lambda \|\theta\|^2}$$

由此推断 $\Sigma_\theta = \lambda_\theta I$。

#### 似然函数

继续看 $p(>_u|\theta)$。我们说 $>_u$ 只有一个用户，但想让它对所有用户都能达到最大化，这意味着要最大化

$$p(>_{u_1}|\theta) * p(>_{u_2}|\theta) * \ldots * p(>_{u_n}|\theta)$$

这个方程可以更简洁地写成 $\prod_{u \in U} p(>_u|\theta)$。在给定这样的模型的情况下，我们有每个用户都有排序的概率的乘积。一个用户拥有排序的概率必须与所有物品对中只购买了其中一个物品的概率相同——这样就有了排序。

---

[1] 相关详细信息请参阅链接93。

通过一些常识和一些技巧，可以将以前的乘积简化为包含每个数据点 $(u,i,j)$ 排序的概率的乘积，这意味着所有的数据 $D_s$ 都变成了

$$\prod_{u \in U} p(>_u|\boldsymbol{\theta}) = \prod_{(u,i,j) \in D_s} p(i>_u j|\boldsymbol{\theta})$$

可以再前进一步。因为 $\boldsymbol{\theta}$ 是一个推荐系统模型，我们知道 $i>_u j|\boldsymbol{\theta}$ 意味着在求一个可以预测出 $r_{ui} - r_{uj} > 0$ 这种评分的推荐系统的概率。可以把上面的乘积写为如下形式：

$$\prod_{(u,i,j) \in D_s} p(i>_u j|\boldsymbol{\theta}) = \prod_{(u,i,j) \in D_s} p(r_{ui} - r_{uj} > 0)$$

## 放松点

早些时候我说过，排序的问题是二元的，从某种意义上说，它表示物品 $i$ 是否受欢迎。而且因为你已经获得了总排序，所以这里描述了一个称为 Heaviside 的函数（参见图 13.9）。结果是 $i>_u j$ 吗？对于特定的模型，表达式 $i>_u j$ 的结果只能是 { 是，否 }（是或否）。这意味着 $p(i>_u j|\boldsymbol{\theta})$ 不是 0 就是 1。

你只会看到用户购买了其中一个物品而没有购买另一个物品的数据。这意味着函数没有滑动。它是 0，直到有一条直线垂直于 1：

$$p(i>_u j|\boldsymbol{\theta}) = \begin{cases} 1 & \text{如果 } i>_u j \\ 0 & \text{否则} \end{cases}$$

在第 11 章中我们讨论过优化模拟，将其比作站在雾蒙蒙的山顶上寻找水，如果前一分钟的函数值是 1，下一分钟是 0，那么 Heaviside 函数就不起作用了。使用 Heaviside 函数，你无法看到哪种方式更安全。为了解决这个问题，可以用另一个几乎一样的函数，叫作 sigmoid 函数。sigmoid 函数也在 0 到 1 的区间内运行，移动方式几乎与 Heaviside 函数相同。sigmoid 的定义为：

$$\delta(x) = \frac{1}{1 + e^{-(x)}}$$

图 13.9 显示了正在运行的 sigmoid 函数。从图中可以看出，可以在不会损失太多完整性的情况下插入 sigmoid 函数。可得到：

$$p(i>_u j|\boldsymbol{\theta}) = p(r_{ui} - r_{uj} > 0) = \delta(r_{ui} - r_{uj}) = \frac{1}{1 + e^{-(r_{ui} - r_{uj})}}$$

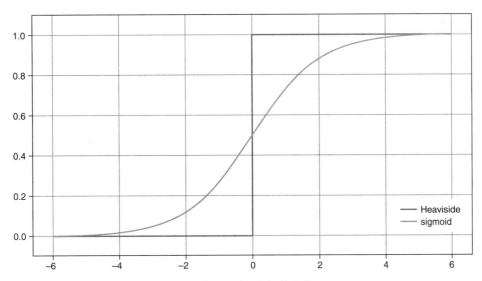

图 13.9　Heaviside 和 sigmoid 函数在 –6 到 6 之间的图像

其中 $r_{ui} - r_{uj}$ 是推荐系统的预测评分。现在我们有了将所有东西放在一起的构建块，且可以导入一些 Python 代码并做一些排序的事情了。

同样，我们希望为模型找到一组参数 $\boldsymbol{\theta}$，如此就有很高的概率为所有用户生成排序。

我们想得到以下表达式的最大化结果（当想找到使表达式最大化的参数时，可使用 argmax）：

$$\mathop{\mathrm{argmax}}_{\theta} \, p(\boldsymbol{\theta}|>_u)p\boldsymbol{\theta}$$

在这里可用到一个技巧，最大化上面的表达式和最大化下面的表达式是一样的，因为函数 ln 是连续的并且总是在增加的：

$$\mathop{\mathrm{argmax}}_{\theta} \, \ln(p(\boldsymbol{\theta}|>_u)p\boldsymbol{\theta})$$

插入导出的结果，可得到

$$\mathop{\mathrm{argmax}}_{\theta} \, \ln\left(\prod_{(u,i,j)\in D_s} \delta(r_{ui} - r_{uj}) * \sqrt{\frac{1}{2\pi}} \, e^{-\frac{1}{2}\lambda\|\theta\|^2}\right)$$

其中 $D_s$ 是数据（用户 $u$ 购买/评分了一个物品 $i$，对物品 $j$ 则没有）的所有组合。上面添加的函数（ln）是自然对数的缩写，它有如下一些很好的性质：[1]

---

1　更多信息请参见链接94。

$$(\ln(a*b) = \ln(a) + \ln(b) \quad \text{和} \quad \left(e^{-\frac{1}{2}\lambda\|\boldsymbol{\theta}\|^2}\right) = -\frac{1}{2}\lambda\|\boldsymbol{\theta}\|^2)$$

可设置 $\lambda := \frac{1}{2}\lambda$，使用它来简化表达式，至少可以简化一点点。还可以在 argmax 内部调用 BPR 优化标准（BPR-OPT）：

$$\underset{\boldsymbol{\theta}}{\arg\max} \sum_{(u,i,j)\in D_s} \ln(\delta(r_{ui} - r_{uj})) - \lambda\|\boldsymbol{\theta}\|^2$$

要做的任务就是这个。大家都做到这一步了吗？让我们回顾一下。

得到的表达式就是问题的根源：我们想找到推荐系统。运行一组参数集 $\boldsymbol{\theta}$ 使整个表达式最大化，这意味着 $\boldsymbol{\theta}$ 的概率最大，这样系统就会生成一个匹配所有用户偏好的排序 $>_u$。

现在还需要做更多的工作才能找到解它的算法。还记得第 11 章讲的随机梯度下降法吗？这里也会用到类似的内容。

要找到前面表达式的梯度，才能理解应该以何种方式移动才能更接近最优排序。我声明（无须证明）BPR-OPT 的梯度与以下表达式成正比（∝ 表示与之成正比）：

$$\frac{\delta BPR-OPT}{\delta \boldsymbol{\theta}} \propto \sum_{(u,i,j)\in D_s} \frac{e^{-(r_{ui}-r_{uj})}}{1+e^{-(r_{ui}-r_{uj})}} * \frac{\delta}{\delta \boldsymbol{\theta}}(r_{ui} - r_{uj}) - \lambda\boldsymbol{\theta}$$

这就是我们想要找出用来优化排序方法的方向的函数。这样，我们就可以离开数学魔术模式，继续进行优化，就像没有发生任何奇怪的事情一样。

### 13.4.3 BPR 算法

在描述 BPR 的文章中，作者还提出了一个名为 LearnBPR 的算法，算法如下：

```
1: procedure LEARNBPR(D_S, Θ)
2:     initialize Θ
3:     repeat
4:         draw (u, i, j) from D_S
5:         Θ ← Θ + α ( e^{-x̂_uij}/(1+e^{-x̂_uij}) · ∂/∂Θ x̂_uij + λ_Θ · Θ )
6:     until convergence
7:     return Θ̂
8: end procedure
```

我敢打赌这有点像看一部复杂的侦探电影，然后最后 10 分钟直接睡了过去（但就在这最后 10 分钟解释了为什么管家要这么做）。我们已经得到了一个输出排序的

算法，但到目前为止，还没有对推荐算法做过多的介绍，实际上，程序的步骤

$$\theta \leftarrow \theta - \alpha \frac{\delta BPR- OPT}{\delta \theta}$$

取决于插入了哪个推荐系统。大多数科学文章中都推荐使用矩阵分解算法，所以我们也可以这样做。需要考虑的是，如果使用相同的算法和同样的启发式方案来解决它，就像在第 11 章中做的那样，它会产生相同的结果吗？

我知道你很困惑，但现在有了新的目标。还记得第 11 章的目标是减少数据库中的评分和推荐系统预测的评分之间的差距吗？在这里，我们不关心预测的是什么类型的评分，只关心预测的顺序——排序——这使得学习更加"自由"（因为没有更合适的词了）。此时，值得一提的是 draw 函数，它可以用几种不同的方法和不同的策略实现。在实现中，我使用了最简单的方法，但还有其他方法。

## 13.4.4 具有矩阵分解的 BPR

如果你不记得矩阵分解是什么，可以到第 11 章中复习一下，我们会在这里做很多矩阵分解。在矩阵分解中，预测评分可以归结为将用户矩阵 $W$ 中的一行与物品矩阵 $H$ 中的一列相乘，这是通过下面的求和来完成的：

$$r_{u,j} = \sum_{f=1}^{K} w_{u,f} * h_{j,f}$$

其中 $K$ 是隐藏因子的个数。

要将 $r_{u,j}$ 放入示例的表达式中，需要考虑梯度应该是什么样子的。我们求 $\theta$ 的梯度，它是所有要找的参数的集合，也就是所有 $W$ 和 $H$ 的。仔细想想，会发现只有三种情况比较有趣（就像非零的情况一样）：

$$\frac{\delta}{\delta \theta}(r_{u,i} - r_{u,j}) \begin{cases} (h_{u,i} - h_{u,j}) & \text{如果 } \theta = w_u \\ w_u & \text{如果 } \theta = h_i \\ -w_u & \text{如果 } \theta = h_j \\ 0 & \text{其他情况} \end{cases}$$

在实现这一点之前，你可能需要先仔细看看这个梯度表达式。但我得把它留作练习，让你来做。

## 13.5 BPR的实现

在13.4节中对BPR进行了描述。作者与其他几个人在C#中实现了一个名为MyMediaLite的推荐系统算法库；接下来看到的代码就是受此启发而编写的。[1] 图13.10显示了将在本节中实现的内容。

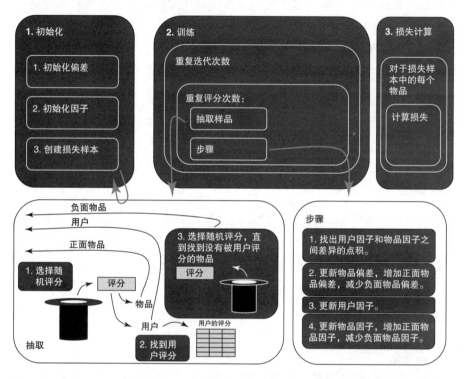

图 13.10 展示了在本节中要实现的内容。首先要初始化所有东西，然后再进行训练。对于每次迭代，都要运行相同数量的评分，对于每个步骤，都要抽取一个用户样本及一个正面和一个负面物品。然后把所有的因子和偏差往正确的方向移动

要运行训练集，请从GitHub上下载代码（下载地址参见链接10），并遵循readme文件中的安装说明进行操作。然后切换到MovieGEEKs文件夹并执行清单13.1所示的代码。

**清单 13.1 运行 BPR 训练算法**

```
> python -m builder.bpr_calculator
```

---

[1] 更多信息请参见链接95。

## 13.5 BPR的实现

它输出如下内容:

```
2017-11-19 16:23:59,147 : DEBUG : iteration 6 loss 2327.0428779398057
2017-11-19 16:24:01,776 : INFO : saving factors in ./models/bpr/2017-11-19
    16:22:04.441618//model/19/
```

要使用这个模型,需要获取保存模型的文件夹名称,并将其插入推荐系统的类中。这可以在真实系统中自动完成。但最好有一个手动步骤,这样能确保在生产环境中不会突然出现有问题的模型。在文件 recs/ bpr_recommendation.py 的第 17 行中插入路径,或者将路径作为 init 方法的默认参数,如清单 13.2 所示。注释中提到的是日志中的相对路径。这就是清单 13.1 输出的内容吗?如果是这样,请说明完整的路径。

**清单 13.2　BRP 推荐系统的 `init` 方法**

```
def __init__(self, save_path='<insert path there>'):    ◁── 插入路径。日志只打印
    self.save_path = save_path                              出相对路径,但是这里
    self.load_model(save_path)                              需要完整的路径。
    self.avg =
      list(Rating.objects.all().aggregate(Avg('rating')).values())[0]
```

### 将评分转换为可用于 BPR 的数据

在开始使用实际算法之前,需要将评分数据转换为可以使用的内容。BPR 使用隐性反馈,可以是点击或购买。如果你考虑第 4 章中描述的用户-物品生命周期,那么就可以说用户所评价的任何物品都是他们购买过的。也可以说所有的评分都是用户购买某物的信号。接下来的问题是,你是否希望丢掉关于用户是否给某样物品打了高分的信息。

如果想使用用户的明确反馈,那需要将所有评分转换到某个阈值以上,该阈值表示购买,其余的则删除。这是直觉的问题。这里采用了第一个解决方案,因此将有更多的数据可以使用。

### 学习 BPR 方法

首先,我们有了整体的构建方法,可以在其中控制所有的构建。构建方法如清单 13.3 所示,可以在 /build/bpr_calculator.py 中查看清单 13.3 所示的代码。

### 清单 13.3　整体构建方法

```
def train(self, train_data, k=25, num_iterations=4):
    self.initialize_factors(train_data, k)        # 初始化因子
    for iteration in range(num_iterations):       # 循环 num_iterations 4次
        for usr, pos, neg in self.draw(self.ratings.shape[0]):
            # 循环遍历 generate_samples 方法中创建的所有样本
            self.step(usr, pos, neg)              # 调用 step 方法
```

如果你期待出现一个大亮点，那么我想你可能会失望，所以让我们继续前进吧。initialize_factors 方法初始化所有内容。它不会产生任何令人惊讶的效果，所以如果你感兴趣的话，我把它留给你查一查。[1]

在初始化方法循环 num_iterations 参数中指示的次数之后，在每次迭代中，它循环遍历 u、i、j 的所有样本，就是购买了物品 i 而没有购买物品 j 的用户。对我们来说，这意味着随机选择。对于其中的每一个，都调用一个 step 方法（参见清单 13.4）。

### 清单 13.4　调用 step 方法

```
def step(self, u, i, j):
    lr = self.LearnRate                          # 为学习率和正则
    ur = self.user_regularization                # 化常数创建别名
    br = self.bias_regularization

    pir = self.positive_item_regularization
    nir = self.negative_item_regularization

    ib = self.item_bias[i]                       # 展示出物品偏差
    jb = self.item_bias[j]                       # 之间的相同点

    u_dot_i = np.dot(self.user_factors[u, :],
                     self.item_factors[i, :] - self.item_factors[j, :])
    x = ib - jb + u_dot_i                        # 取用户因子与两
    z = 1.0/(1.0 + exp(x))                       # 个物品向量之差
                                                  # 的点积
    ib_update = z - br * ib                      # 更新物品
    self.item_bias[i] += lr * ib_update          # 偏差

    jb_update = - z - br * jb
    self.item_bias[j] += lr * jb_update

    update_u = ((self.item_factors[i,:] - self.item_factors[j,:]) * z
                - ur * self.user_factors[u,:])
    self.user_factors[u,:] += lr * update_u      # 更新用户的因子向量
```

---

[1] 更多信息请参见链接96。

## 13.5 BPR的实现

```
update_i = (self.user_factors[u,:] * z
           - pir * self.item_factors[i,:])
self.item_factors[i,:] += lr * update_i
update_j = (-self.user_factors[u,:] * z
           - nir * self.item_factors[j,:])
self.item_factors[j,:] += lr * update_j
```
> 更新物品因子

step 方法与我们在第 11 章中实现的矩阵分解方法完全相同。我建议你再次通读一遍以获得详细信息（请参阅 bpr_calculator.py 和第 11 章中的代码）。这一章更有趣的是样本是如何完成的，预测函数和损失函数是怎样的。

### draw 方法

一个样本由一个用户 ID 和两个物品 ID 组成，其中用户优先选择其中一个物品。可以通过以下方式实现：首选项是用户购买的物品，另一个是用户没有购买的物品（或者一个是被评过分的，另一个不是）。要使用评分数据抽取这样一个样本，可以执行以下操作：

- 抽取一个随机用户评分，以获得用户 ID 和正面物品。
- 继续随机抽取评分，直到有一个物品是用户没有评过分的。

这就留下了你应该记住的关于评分的假设。在这个数据集中，MovieTweeings 只包含有评分的内容，所以所有的内容都会返回评分数据。此外，受欢迎的物品比其他物品出现的频率高，因为它们的评分更高。

清单 13.5 中的 draw 方法使用 yield 而不是 return，因此当它到达 yield 时，就会交付结果。但它仍然在 for 循环中，因此 draw 将遍历整个索引。可以通过将所有样本推入一个列表，然后返回该列表来实现这一点。但 yield 似乎是一种更好的方式。请注意，清单 13.5 所示的脚本可以在 /build/bpr_calculator.py 中找到。

**清单 13.5　draw 方法**

```
def draw(self, no=-1):
    if no == -1:
        no = self.ratings.nnz
    r_size = self.ratings.shape[0] - 1
    size = min(no, r_size)
    index_randomized = random.sample(range(0, r_size), size)
    for i in index_randomized:
        r = self.ratings[i]
        u = r[0]
        pos = r[1]
```
> 因为想要对数据进行重新洗牌，所以在索引中创建一个包含所有数字的数组（0直到结束），重新洗牌

> 遍历重新洗牌的索引

```
        user_items = self.ratings[self.ratings[:, 0] == u]
        neg = pos
        while neg in user_items:
            i2 = random.randint(0, r_size)
            r2 = self.ratings[i2]
            neg = r2[1]
        yield self.u_inx[u], self.i_inx[pos], self.i_inx[neg]
```

看一下这个第一次通过循环约束的愚蠢方法

选择一个评分,现在查找所有用户的评分。(在这里,可以优化代码,这样就不必每次都过滤所有的评分)

循环直到负数,即循环到用户没有评分的物品

loss 函数(清单 13.6 中所示的 create_loss_samples)指示是否进入正确的方向。它将遍历初始化过程中创建的损失样本。

**清单 13.6　损失函数**

```
Build\bpr_calculator.py
def create_loss_samples(self):
    num_loss_samples = int(100 * len(self.user_ids) ** 0.5)
    self.loss_samples = [t for t in self.draw(num_loss_samples)]
```

抽取的样本的数目

应该采集的样本数量

清单 13.7 中所示的 loss 函数遍历这个损失样本并进行计算:

$$\sum_{(u,i,j)\varepsilon D_s} \ln(\delta(r_{ui} - r_{uj})) - \lambda\|\theta\|$$

**清单 13.7　计算损失样本数据的误差**

```
def loss(self):
    br = self.bias_regularization
    ur = self.user_regularization
    pir = self.positive_item_regularization
    nir = self.negative_item_regularization

    ranking_loss = 0
    for u, i, j in self.loss_samples:
        x = self.predict(u, i) - self.predict(u, j)
        ranking_loss += 1.0 / (1.0 + exp(x))

    c = 0
    for u, i, j in self.loss_samples:
        c += ur * np.dot(self.user_factors[u], self.user_factors[u])
        c += pir * np.dot(self.item_factors[i], self.item_factors[i])
        c += nir * np.dot(self.item_factors[j], self.item_factors[j])
        c += br * self.item_bias[i] ** 2
        c += br * self.item_bias[j] ** 2
    return ranking_loss + 0.5 * c
```

为常量创建简短的昵称

计算排序损失

正则表达式

排序损失加上正则结果的一半

## 13.5　BPR的实现

`loss` 函数使用一种预测方法，但预测的是数值，而不是评分。清单 13.8 说明了如何将这些值与另一项的预测进行比较，这显示了如何对这两项进行排序。

**清单 13.8　进行排序**

```
def predict(self, user, item):
    i_fac = self.item_factors[item]
    u_fac = self.user_factors[user]
    pq = i_fac.dot(u_fac)       ◁── 物品因子和用户因子
                                      之间的点积是多少
    return pq + self.item_bias[item]   ◁── 添加物品偏差并返回
```

运行这个算法需要很长时间。但是在很多地方可以灵活地优化它，用一些技巧可使它的运行速度提高几百倍。我的 MacBook 2017 每次迭代大约需要两小时。按照这个速度，20 次迭代将花费 40 个小时，所以你可以尝试对它进行一下优化。当算法运算完成时，可以使用它来产生推荐。接下来我们来看看怎么做。

### 13.5.1　执行推荐

要手动测试推荐系统，可以启动 MovieGEEKs。如果你对模型进行了训练，它将使用清单 13.9 所示的方法从 BPR 生成推荐。可在 /recs/bpr_recommond.py 中找到本节中的清单代码。

**清单 13.9　使用 BPR 模型产生 Top N 的推荐方法**

```
                                                确保模型已经看到用户；否则，
创建一个活跃用户的电影字典，                        不能返回任何推荐
这在验证你没有推荐用户已经看
过的任何内容时非常有用

    def recommend_items_by_ratings(self, user_id, active_user_items, num=6):
        rated_movies = {movie['movie_id']: movie['rating']
                        for movie in active_user_items}
        recs = {}
        if str(user_id) in self.user_factors.columns:  ◁
            user = self.user_factors[str(user_id)]
```

```
                scores = self.item_factors.T.dot(user)
                sorted_scores = scores.sort_values(ascending=False)
                result = sorted_scores[:num + len(rated_movies)]

                recs = {r[0]: {'prediction': r[1] + self.item_bias[r[0]]}
                        for r in zip(result.index, result)
                        if r[0] not in rated_movies}
                s_i = sorted(recs.items(),
                             key=lambda item: -float(item[1]['prediction']))
                return s_i[:num]
```

降序排列数值 — 计算活跃用户因子和所有物品因子向量之间的点积，以便可以计算出哪个更相似

遍历结果项，添加物品偏差

再次排序并返回预期数字

将列表中的数量减少到应该返回的数字加上用户拥有的评分数

首先应使用清单 13.10 所示的代码加载模型，并在训练的最后一步保存模型。

**清单 13.10　加载模型**

```
def load_model(self, save_path):
    with open(save_path + 'item_bias.data', 'rb') as ub_file:
        self.item_bias = pickle.load(ub_file)
    with open(save_path + 'user_factors.json', 'r') as infile:
        self.user_factors = pd.DataFrame(json.load(infile)).T
    with open(save_path + 'item_factors.json', 'r') as infile:
        self.item_factors = pd.DataFrame(json.load(infile)).T
```

## 13.6　评估

如何测试算法？一种方法是使用我们在第 9 章中了解到的离线评估，使用交叉验证，如图 13.11 所示。

清单 13.11 显示了我添加的计算方法，这将创建如图 13.12 所示的数据。可以在 /evaluator/evaluation_runner.py 中查看此清单中的代码。

## 13.6 评估

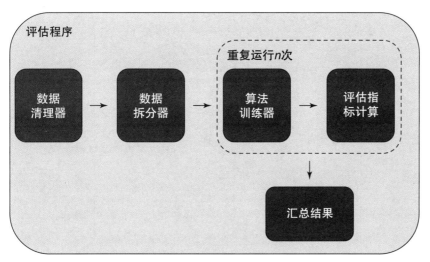

图 13.11　算法的评估。数据首先被清理，然后被分割成 k 个组，用来进行交叉验证。对于每个分组，它重复训练算法，然后计算它。当完成时，将汇总出结果

**清单 13.11　评估方法**

```
def evaluate_bpr_recommender():
    timestr = time.strftime("%Y%m%d-%H%M%S")
    file_name = '{}-bpr-k.csv'.format(timestr)

    with open(file_name, 'a', 1) as logfile:
        logfile.write("rak,pak,mae,k,user_coverage,movie_coverage\n")

        for k in np.arange(10, 100, 10):
            recommender = BPRRecs()
            er = EvaluationRunner(0,
                                  None,
                                  recommender,
                                  k,
                                  params={'k': 10,
                                          'num_iterations': 20})
            result = er.calculate(1, 5)

            user_coverage, movie_coverage = 
  RecommenderCoverage(recommender).calculate_coverage()
            pak = result['pak']
            mae = result['mae']
            rak = result['rak']
```

得到的测量精度如图 13.12 所示，这没什么特别的。我有信心它可以变得更好：它很好，但是在 k 较小时它不是很好。我还计算了覆盖率，它也很好。物品覆盖率为 6.4%，用户覆盖率为 99.9%。

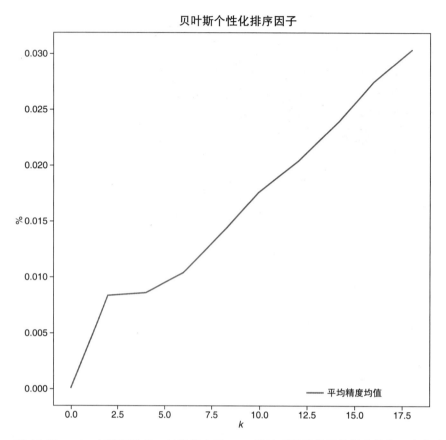

图 13.12 对一条较短的 Top N 推荐应用 BPR 算法后得到的平均精度均值。这个结果不是那么令人印象深刻,但我确信它可以被调整得更好

$k$ 较大时,算法的效果会突然变得很好,如图 13.13 所示。关于图 13.13 中所示的这些数字,它们对于这个数据集来说是局部的,除了作为一个可以改进的基准之外,我们不能真正地使用它们。这个推荐系统只推荐了 6% 的物品,这并不多。应该将它与基于内容的推荐系统混合使用,或者使用其他方法,向系统中引入更多物品。

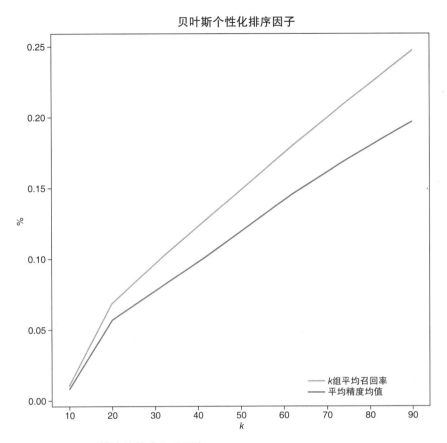

图 13.13  BPR 算法的精度和召回率

## 13.7  用于BPR的参数

BPR 是一个复杂的算法，在运行之前需要做很多决策。不幸的是，我忽略了其中的许多东西，比如应该包含多少个因子，以及学习率设置为多少能够使系统最优地优化学习问题？这并不意味着它们在这里不重要，而是取决于我们如何使用在前几章中学到的知识来评估元参数。让我们快速浏览一下。

我们有物品偏差和用户因子，所以需要决定要使用多少个因子。因子的数量应该由数据域的复杂程度决定。例如，电影被分成小的类型（或流派），所以它们可能不需要太多的因子。但如果你正在做一个葡萄酒推荐，那么可能需要更多因子。这是应该基于数据集进行测试的内容。

很难就学习率提供好的建议。我发现过高的学习率会给出很大的用户因子值，这意味着偏差没有太多可说的，而过低的学习率则允许偏差主导决策。标准化试图将事情控制在一定范围内，但如果它们需要太大的值，那么这可能就是学习率过高的信号。

我喜欢比较物品，然后把它们推向不同的方向（这里我指的是物品偏差）。这可以通过对正面物品和负面物品进行标准化调整。这也会影响一个负面物品的推出量，如果还没有多少用户使用过这些物品，那么新物品可能会受到影响。

我们使用的数据集包含评分，所以可以删除那些低评分的物品，这样它们就不会在训练集中显示为积极的物品。但是即使用户不喜欢一部电影，而它仍然是他们消费过的东西，使用这些也很好。

在本章结束时，你是否了解了所需的一切？ 如果没有，那么可以重新阅读本章。除非你要实现 BPR，否则可能不需要记住所有的细节。 但是，如果你计划使用 BPR 实现推荐程序，那么最好了解它的工作原理。 排序学习也是你在使用搜索机器时必须考虑的事情，因此了解排序的知识并不是一件坏事。

## 小结

- 排序学习（LTR）算法解决了与预测评分的经典推荐问题不同的问题。
- Foursquare 使用排序算法将评分和位置结合起来，这是一个将相关数据组合成一个推荐的很好的例子。
- LTR 算法的一个挑战是不容易找到一个可以优化的连续函数。
- 本章涉及贝叶斯定理，所以即使它不是这本书的主题，你也应该研究它，因为它在很多情况下都会被用到。我推荐阅读 Avi Pfeffer 编著的 *Practical Probablistic Programming*（Manning, 2016）一书。
- 贝叶斯个性化排序（BPR）可以用在第 10 章介绍的矩阵分解方法中，也可以用在其他类型的算法中。

# 14 推荐系统的未来

在最后一章中,我们将展望一下未来:

- 你将会看到这本书的简短回顾。
- 如果你想继续探索令人兴奋的推荐系统世界,我将为你提供接下来要学习的主题列表。
- 虽然没有人知道推荐系统的未来具体会怎样,但我将给出个人建议。

我花了三年时间才写完本书,我希望你的旅程能快一点儿。我希望我能说,现在你知道了关于推荐系统的一切,你可以作为一个了解所有推荐算法的专家来继续冒险了。更重要的是,你再也不会对这个话题感到惊讶了。你已经走了很长一段路,但是从这里到成为一个专家仍然会是一个漫长的旅程。

在这本书中,我们学习的基础知识足以让你开始深入研究这个主题。但不要只停留在纸面上,请动手尝试新的算法或者深入熟悉书中描述的算法,你将会发现有许多可以改进的地方和技巧,可让系统更好地工作。

但愿 MovieGEEKs 网站提供了如何加载不同类型数据的基础知识,并让你体验了从本书中学到的一些东西。我实现的 MovieGEEKs 是为了让推荐系统和算法易于理解,并且能让你发现有很多地方可以进行优化。

# 第 14 章 推荐系统的未来

但在你独自进入推荐系统的世界之前,我想谈一些在这本书中没有涉及的内容。我的编辑本来打算把它们作为我下一本书的悬念,但我妻子说不行,所以我不会有下一本书了。首先,快速复习一遍我们在本书中看到的主题。

## 14.1 本书内容总结

在本书中,你了解了推荐系统,可以通过图 14.1 所示的流程来描述。

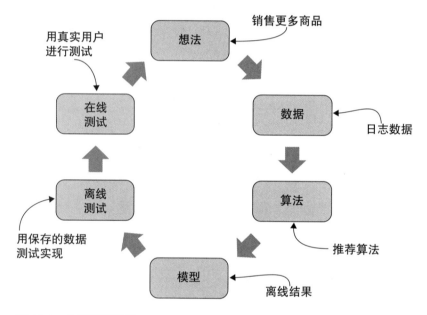

图 14.1 推荐系统流程

你开始学习收集数据或数据接入。Pedro Domingo 在其著名论文"A Few Useful Things to Know about Machine Learning"中指出,拥有更多的数据胜于使用更复杂的算法。[1] 对推荐系统也是如此,但是所收集的数据未必总能反映真实情况。

显式评分可能是情绪的反映,也可能是社会影响的结果,并不能总是相信它表明用户想要什么。顾名思义,隐式评分是隐式的,你或机器必须分析每个用户和物品之间发生的事件集合所指示的内容。毫无疑问,人们的喜好会随着时间而改变,所以旧的数据可能具有误导性。理解行为数据的含义并不总是这么简单直接的。将

---

1 更多信息请参见链接97。

事件转换为评分和将用户聚类是为创建推荐模型准备数据的一部分,这个过程通常被称为数据预处理。

虽然数据对理解用户想要什么很重要,但是同样重要的是,要有一种方法来查看系统的执行情况。这就是为什么要进行分析,因为这将有助于监视事情的进展。

计算推荐时通常使用一个模型,所以你要查看模型训练。可以将不同类型的推荐按个性化程度进行分级,从完全非个性化到非常个性化,如图 14.2 所示。本书从非个性化开始介绍,因为这不需要对用户有很好的了解,或者坦白地说,不需要很多其他的数据。这样,你可以通过软发布向你的网站添加推荐。

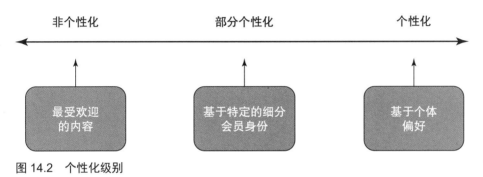

图 14.2 个性化级别

首先,你看到了非个性化的推荐,这些推荐可帮助你找到最畅销的物品、最受欢迎的物品,或者仅仅是热门物品。所有的用户一开始都是冷用户,所以我们用了一章(第 6 章)的篇幅来讨论推荐系统中一个比较困难的问题,那就是如何处理新用户和新物品。可以尝试分析购物车来为新用户解决推荐问题。

然后,我们开始研究如何对内容进行分组(第 7 章),以进行半个性化或特定年龄段方面的推荐。

在进行个性化推荐之前,需要度量物品之间和用户之间的距离和相似度,这几乎是每个推荐系统算法都要考虑的问题。

第一个个性化推荐方法是协同过滤(第 8 章),它根据用户之间或物品之间的相似行为提供推荐。协同过滤可以根据用户显式地插入系统的评分来实现,也可以从日志中的数据隐式地推断来实现。

有两种类型的协同过滤。从一个基于邻域的方法开始,在这个方法中,算法使用相似度来查找当前物品或用户的邻近物品或邻近用户。有了一种算法之后,就可以评估算法了(第 9 章)。查看用于评估推荐系统的多个不同指标,然后为系统实现平均精度均值（MAP）。

如果你没有太多的用户数据（或者你有很详细的内容），那么基于内容的推荐方法是值得考虑的。有几种方法可以做到这一点，但核心是查看内容并在此基础上计算相似度。你了解了如何使用词频－逆向文档频率（TF-IDF）创建向量，然后使用隐含狄利克雷分配（LDA）主题建模创建主题向量（第 10 章）。

在 LDA 之后，我们回到了协同过滤，现在只看基于模型的过滤。你可以用许多方法进行基于模型的筛选，但主要的方法是矩阵分解（第 11 章）。从那一章开始我们认真研究如何训练机器学习算法。我们讨论了传统的奇异值分解（SVD），然后讨论了 Funk SVD，它在 Netflix Prize 中获得了优异的成绩。

有了不同推荐算法的优秀工具箱后，我们开始研究如何组合它们，可以用多种方法来做。在混合推荐一章中探索了几种方法，其中实现了一种称为特征加权线性叠加（FWLS）的方法，该方法获得了 Netflix Prize。接下来，研究了一种称为"排序学习"（Learning to Rank，LTR）的新算法，它并不关心如何正确预测评分，而是关注如何生成正确排序的物品列表。算法可分为三种不同类型，如图 14.3 所示。

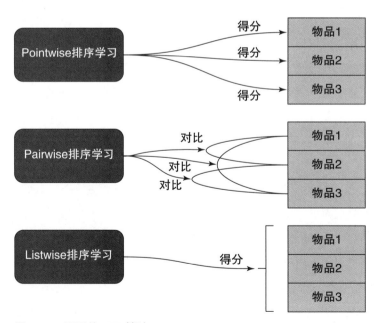

图 14.3　不同的 LTR 算法

每种排序方法都有优缺点。我选择了一个排序学习时经常被引用的方法——贝叶斯个性化排序（BPR）算法。

此时，你可能会问应该实现哪种算法？这取决于你有什么样的数据。我建议用矩阵分解。实现后，可以在它之上构建 LTR 模型。或者你可以添加另一个实现并将其组合到一起。

最后，我们到达了你的推荐之旅的未来和推荐系统的未来。

## 14.2　接下来要学习的主题

以下是我的建议，可作为你继续探索推荐系统的下一步。

### 14.2.1　延伸阅读

首先，如果你想了解更多的细节和更多的推荐方法，还需要深入研究很多内容。我衷心推荐你阅读 Francesco Ricci 和 Lior Rokach 编写的 *Recommender Systems Handbook*（Springer, 2015）一书。这是一本大部头的书，它所涵盖的内容比我在这本书中所写的要多。

我希望本书能涵盖更多关于在线测试的内容。我确实在第 9 章中谈到了一些 A/B 测试的内容，但是对于这部分内容，你需要学习的下一个主题是利用 / 探索（exploit/explore）方法和多臂老虎机问题。为此，我推荐你阅读 LinkedIn 的 Deepak Agarwal 和 Bee-Chung Chen 编写的 *Statistical Methods for Recommender System*（剑桥大学出版社，2016）一书。

除了书籍，可关注 GroupLens（网址参见链接 98），并寻找 ACM 推荐系统（RecSys）会议。许多有趣的论文出自那个会议，YouTube 视频也有自己的推荐系统频道（网址参见链接 99）。

读完这本书，你可能会有这样的印象，正如第 8 章中提到的，协同过滤在很大程度上是一种历史的方法，但它现在仍然是一种被进行大量研究的方法，也是许多公司用于推荐系统的方法。例如，RecSys 2016 年的年度论文是"Local Item-Item Models for Top-N Recommendation"。[1] 你可以在 YouTube 上看到作家 Evangelia Christakopoulou 是如何谈论这个话题的。

推荐算法是机器学习的一个分支。很少有人会只使用被认为是推荐算法的算法。

---

1　更多信息参阅链接 100。

我建议，要想继续你的旅程，成为一名推荐系统相关的专家，除了需要在本书中学到的知识，你还需要学习机器学习。值得一看的两本书是 Henrik Brink 等人编写的 *Real-World Machine Learning*（Manning，2016）和 Douglas G. McIlwraith 等人编写的 *Algorithms of the Intelligent Web*，$2^{nd}$（Manning，2016）。

搜索引擎是另一个与推荐系统密切相关的主题。我认为搜索引擎是一种萌芽期的推荐系统，所以搜索是推荐系统的一个特例。但 Doug Turnbull 这样的搜索引擎专家曾说过，推荐系统是搜索机器。这可能很快就会变成一个先有鸡还是先有蛋的讨论。在大多数实施推荐的地方，都有一个搜索索引需要管理，推荐你阅读 Doug Turnbull 等人编写的 *Relevant Search*（Manning，2016）一书。

### 14.2.2 算法

现在回过头来看一下算法，排序学习（LTR）非常流行。同样流行的还有 Listwise，它比我们在第 13 章中看到的要复杂。

如今，每一个认真的机器学习者都希望通过深度学习来让其在各个方面得到提高，同时他们也在做有关推荐系统的深入研究。技术发展得很快，今天在这里提出的所有建议，在本书出版之前都可能过时。不过，可以看看 2016 年推荐系统大会上深度学习研讨会的有关资料（网址参见链接 101）。

本书中描述的算法的一个问题也是推荐系统中一个很大程度上尚未解决的问题，即大多数推荐都经过优化，以显示与用户已经看过的内容尽可能相似的内容。但是，你希望推荐系统推荐的是那些未被发现的、给人带来惊喜的、新颖的东西，这取决于你的推荐系统所应用的业务领域以及你有多需要这样的推荐，这个问题值得好好考虑，这样做会使推荐结果有一点混乱。另一个问题是，人们可能不想一遍又一遍地看到相同的 Top $N$ 推荐清单。

### 14.2.3 所处环境

推荐系统正在从固定（台式机）向移动（各种移动设备）转变。用户可能这次在欧洲使用，而下一次使用可能是在美国，因为设备是移动的，它还可能受到天气和其他条件的影响。

我在整本书中都讨论了这个想法，但没有提供任何具体的解决方案。根据你所处的领域，还需要考虑一下推荐系统的环境问题。例如，在第 11 章中介绍的 Funk

SVD，它可以扩展到处理环境，或者可以使用第 13 章中描述的重排序方法。

### 14.2.4 人机交互

作为一名数据科学家或机器学习狂人，你可能想忘掉关于前端的任何事情，但要创建一个好的推荐系统,你还需要以最好的方式为它服务。用户界面是很重要的。[1]

### 14.2.5 选择一个好的架构

让我们面对现实吧。MovieGEEKs 网站的性能不是很好。对于一个并发用户来说，这是可以的，但是我担心它不能处理更多的用户请求！寻找一个更强大的平台来运行推荐和网站是一个好主意。

Django 是高性能的，但它需要一个真实数据库。我使用 SQLite 是因为它需要设置的内容最少，但我建议你最好使用 PostgreSQL 或类似的数据库。我这样说并不意味着你要将所有东西都迁移到一个新的体系结构，并且购买新的硬件。首先，弄清楚推荐系统是否会提供你想要的东西。如果你不能在一开始就对所有流量进行测试，那也没有关系，做一些更小的东西，只向 1% 的客户展示，看看他们的反馈。只需要记住，你给推荐系统提供的数据越多，它的效果就越好（这是一条普遍的规律）。

假设你已经完成了这一步，并且想全面推出你的推荐系统，那还应该考虑下面的内容。

#### 云不能解决你所有的问题

我们被各种各样的广告狂轰滥炸，说云服务如何一个接一个地击败其他服务，正在成为最好、最快、最便宜的服务。但在迁移到云之前，请考虑以下问题：

- **数据需要在云上才能使用**。如果你有一个内部解决方案（意味着你的服务器是本地的），那么你必须以某种方式将所有数据移到云上，以便系统为提供推荐执行计算。带宽、存储等可以很快地将一个经济的解决方案变成高成本方案。

---

1 更多信息请参见链接102。另一个问题是，推荐物品的方式是否需要对所有人都相同？不同的人有不同的性情和情绪，所以你的推荐系统需要对一些人更加谨慎，对一些人更加直言不讳。

- 现成的推荐系统，如 Microsoft Cognitive Services Recommendation API，可能启动起来比较容易。但是，你的目录中可以包含的物品数量或调用这些 API 的频率可能会受到限制。仔细研究这些限制，让你的应用程序或站点依赖这样的第三方解决方案成为可能。
- 应该重视隐私。如果你有敏感数据，请记住，在云上的意思是，服务器所在的国家决定了应用于存储在云上的数据的法律。
- 数据是你最有价值的资产。在想清楚你能为你的竞争对手提供哪些价值之前，不要把它展示给别人。

从积极的一面来看，云服务消除了维护服务器运行的大部分压力，并在高峰时期进行了扩展。我并不是说你应该忽视这样的服务，但一定要考虑到使用环境。

### 选择什么样的处理平台

最后，它来了……啦啦……对 Spark 有如此多的宣传，如果我一次都没提到它，那么这就不是一本好的有关数据的书籍。

Spark 是一个分布式计算平台，能够以分布式、高性能的方式处理机器学习。如果你对在多台计算机上进行计算感兴趣，那么 Spark 是一个很好的选择。使用 Spark.MLlib 包，可以创建我们在第 11 章中讨论的矩阵分解。如果你想做一个基于内容的推荐，比如第 11 章中介绍的那种，有一个 LDA 模型的实现，但是我还没有找到关于它的教程。请关注我的博客（网址参见链接 103），可能很快就会出现这个内容。

## 14.3 推荐系统的未来是什么

预测未来是一件很困难的事情，只有那些预测正确的人才会被记住，所以让我们一起期待下面的内容会被记住吧。但要知道，未来很可能会完全不同。

我可以肯定的一点是，推荐系统会在任何地方出现，它们将成为 Web 和应用程序的新 JavaScript。在所有的决策过程中，它们都会竭尽所能，提供适时的服务。

### 用户配置文件

在丹麦，关于所有东西都电子化并且只能在网上访问的事实，我们进行了很多讨论。丹麦政府已停止发送纸质信件，将只使用电子邮件进行通信。然而，国家政策和光速创新并没有让丹麦的所有人都倾向于赶时髦。这就使得跟风者和不跟风者之间的差距越来越大。

## 14.3 推荐系统的未来是什么

赶时髦的人是我们推荐系统工程师喜欢的人,因为他们给我们提供了更多的证据以验证推荐系统。追随和了解如何使用互联网的人只会增加,这意味着我们可以更好地了解他们喜欢什么。Facebook 和 LinkedIn 正在教人们建立一个公众可读的个人简介(profile)。我认为在不远的将来,Facebook 或其他公司都将为机器学习算法提供一个公共的机器可读的个人简介。

拥有一个公开的个人简介将使你的系统能够访问和使用这些文件来了解你的客户。一个人喜欢的电影或书籍列表对娱乐行业的发展很有用。但是公开的个人简介也可能包含细分的信息,如图 14.4 所示,某人是否是房主、车主或父母,这将有助于其他类型的推荐系统。

图 14.4 用户个人简介可以包含用户喜欢的电影和书籍,以及他是否是一个父母或房主、是否喜欢自行车等信息

像这样一个机器可读的配置文件还将使人们更清楚地知道要共享什么信息，或者是否应该共享信息。目前，像 Facebook 这样的网站允许人们使用他们的个人简介登录不同的网站，而不用太费事。实际上，你是在允许另一家公司访问你的个人简介。从某种意义上说，个人简介已经在那里了，这意味着任何人随时都可以得到数据。为机器可读的个人简介设置一种格式可以更好地保护隐私，因为你可以决定自己想要透露多少信息，比如是否让系统知道你最近读了 Peter F. Hamilton 的最新小说，你对有机生食菜肴的新趋势非常着迷。

对于那些不允许访问他们的详细信息的人，有一些公司可以生成用户的个人简介，这是一门生意，而且这种公司的数量在增加。这意味着，无论你做什么，某个线上业务可能从第一天开始就对你有所了解。

要向那些不上网但使用非互联网移动应用程序的用户提供推荐可能会更加困难。但是，这部分用户可能会越来越少，因为新一代用户成长起来了，这一代人成长在互联网和智能手机时代，不知道人们拥有智能手机之前世界是什么样子。在不久的将来，仍然会遇到冷客户的问题。

### 背景

设备和选择正变得更加动态。我相信推荐系统会在许多不同的场合被使用。不仅因为现在几乎所有的设备都是便携的，使用 GPS 和其他工具来理解当前的背景信息（参见图 14.5），而且因为很快所有的设备都将包含如此多的内容，以至于人们将需要一个推荐系统来被指导该做什么。我说的不仅仅是买东西，在许多其他场景中，推荐系统也将被用于做出决策。

例如，在市场营销和银行业，Next Best Action 推荐系统的规模正变得越来越大。这并不一定是为了最终用户，而是为了帮助银行家向客户推荐更好的选择，或者帮助律师处理案件，甚至是帮助人们找到人生的挚爱。

目前的研究和大多数公开的关于推荐系统的知识都是关于离线计算的算法的。这有助于进一步的研究，并允许你在测试集中验证算法。你甚至可以寻求其他人的帮助，以得到更好的结果。正如本书中提到的几处，这并不能保证你会用这种方法得到一个好的推荐系统。我认为推荐系统的未来在于动态推荐算法，当然，离线计算的核心与你在这里学到的类似。强化学习的理念将发挥更重要的作用。

## 14.3 推荐系统的未来是什么

图 14.5 背景信息可以包括很多内容。天气会产生影响，不管用户是高兴还是悲伤，是独自一人还是和朋友在一起，甚至是开车还是只是躺在家里的沙发上

背景信息也可能是你的手机与智能手表相连，智能手表会查看你的健康状况，并预测你需要喝点什么，因为你的水分不足，所以它建议你在拐角处开一家果汁吧。或者它注意到你的心率，发现你可能有一点压力，所以它播放了一些平静的音乐。

为了更深入地讨论情境感知推荐系统，我再次推荐 Francesco Ricci 等人编写的 *Recommender Systems Handbook* 一书。其关于情境感知推荐系统的章节可以在网上找到。[1]

### 算法

当我第一次研究推荐系统时，我认为它们是搜索引擎的自然进化。对每件事都有如此多的过载数据，以至于在推荐之前需要过滤信息。从这个角度来看，推荐系统就变成了类似数据检索的工具，在数据检索中，你的查询是你的带有背景信息的喜好配置文件、你的情绪等的组合。

Netflix 的高级工程师 Mohammed Hossein Taghavi 在 2016 年推荐系统大会的演讲中表示，他们的推荐系统的理想状态是，如果你打开 Netflix，那么对你来说最好的内容就会自动开始播放（详情参见链接 105）。但要做到这一点，你需要的算法要包含一个更大的模型，还包括对当前用户的更多了解：用户是否快乐、是否与他人在一起、是否疲倦、是否在写书，等等。

---

[1] 详情请参见链接104。

在第 12 章中，我们讨论到所有的东西都是一个整体，其可以支持更多的输入和更多不同的模型。同样，深度学习也被认为可以改善一切。即将推出的算法很难说，也许你会是下一个大事件的创造者。

### 隐私

有了社交网络，就会有越来越多的关于人和他们的社会关系的数据。即使协同过滤是好的，因为它连接了用户的行为，但在未来，你也会看到人们想要的是基于亲密和信任的朋友的推荐，而不是一群碰巧有相同喜好的人的推荐。基于信任的推荐已经出现，这一领域还会继续发展。

在我写作本书的时候，Facebook 的数据丑闻正在发酵。再加上欧盟的 GDPR 等新的隐私法的颁布，可能会让这一话题在未来几年成为一个爆炸性的讨论领域。我担心，即使有了新的立法，人们也很快就会忘记所有的"伤疤"，回到把自己的隐私拱手让给免费服务的时代，然后对自己的数据被出售感到惊讶。但我希望所有这些麻烦能让人们意识到，他们需要考虑自己在互联网上放了什么，企业在处理用户数据时会更加谨慎。作为一名数据科学家，我提醒你明智地使用数据，尊重他人的隐私。

### 体系结构

有太多选择的地方自然会要求建立推荐系统。在未来，我想会有无数的选择无处不在，不仅仅是在像 Netflix 这样的娱乐行业。由于数据量巨大，推荐算法将开始出现问题，基于 TB 级数据的推荐太耗时。我们必须寻找新的算法来处理巨大的数据负载，或者至少优化现有的算法。

推荐系统将成为无处不在的东西，你将需要运行在更小的设备上的推荐系统。但随着手机和其他设备的快速发展，这很可能不会成为一个问题，因为它们将具有与我们今天的服务器相同的功能。例如，我可以想象一个主题模型，其可以针对大量数据进行训练，然后该模型可以在你的手机本地使用，在你的本地库上执行基于内容的推荐。

### 令人惊讶的建议

推荐系统最大的问题之一是它们不擅长提供令人惊讶的推荐。我们需要找到更好的方法来跨越类别，并在更大范围内推荐目录中的内容。这将是未来需要解决的一大问题。

你会看到很多关于如何实现这一目标的建议。在 *Novelty and Diversity Metrics for Recommender Systems: Choice, Discovery and Relevance* 一书中，Pablo Castells 等人列出了衡量推荐的新颖性和多样性的不同方法。[1] 但要成功做到这一点绝非易事。

## 14.4  最后的想法

我必须承认，我从来没有读过机器学习类图书的最后一部分。我认为大多数作者不会写下任何最终想法，但我将留下一些我自己的想法。

我遇到过很多人，他们曾表示也有写类似图书的想法。如果他们费心去写的话，想必会写一本比你现在读的这本好得多的书。然而，这些人中的大多数从来没有开始过这个项目，这是有原因的。

写一本书是一项庞大的工程，它将教会你很多东西，无论是关于你所写的主题，还是写作的艺术。此外，它还将考验你与你亲密无间的人之间的纽带的强度。

关于写作和推荐系统，我还有很多要学习的。关于我的个人关系的纽带的强度，我很高兴地说，它们足够强大，即使我至少需要几年时间来弥补曾经失去的与家人和朋友在一起的时间。如果你确实有写一本技术图书的疯狂想法，那么我再怎么推荐 Manning 出版公司也不为过，因为他们可以给你带来很棒的体验。

通过写这本书，我学到了很多东西。我认识了很多人，结交了很多新朋友。我很开心，希望你们在阅读时也能读得开心。希望你学到了你想学的。我将用这句至理名言来结束本书：

> 当我们真正想要的只是有用的东西时，我们会被技术所束缚。
> ——道格拉斯·亚当斯（2002）

---

1 详情请参见P. Castells 等人编著的*Novelty and Diversity Metrics for Recommender Systems: Choice, Discovery and Relevance*一书，可在链接106所示的地址查阅到电子文件。